チャート式®問題集シリーズ

35日完成！ 大学入学共通テスト対策

物理

数研出版編集部 編

本書の構成とねらい

●「物理」の大学入学共通テストの対策を 1 日 1 項目，35 日で完成！

大学入学共通テストで問われそうな重要な内容を 35 日分にまとめました。特に，31 ～ 35 日目は，新たに出題が予想される傾向の問題で構成しました。短期間で効率よく学習することができます。

●「例題→演習問題」の徹底反復で各項目を完全攻略！

1 つの項目は「例題→解説→演習問題」(6 ～ 8 ページ) で構成されています。まず，例題の問題を解いてみて，解説を確認して，完全に自分のものにしてしまいましょう。そのあと，仕上げとして演習問題を解き，その項目の内容の完全定着を図りましょう。

数研出版
https://www.chart.co.jp

大学入学共通テストとは

2021 年 1 月より始まる「大学入学共通テスト」は,「各教科・科目の特質に応じ, 知識・技能を十分に有しているかの評価を行いつつ, 思考力・判断力・表現力を行うものとする。」という方針のもと, 課題に対して「把握」,「探究」,「解決」する力をはかるものです。「物理」では, 知識を活用し, グラフ・図・資料の読み取りや, 特定の事象に対して考えを深める問題, 文章から必要な情報を読み解く問題などの出題が予想されます。

本書の特色

これまで実施された「大学入試センター試験」及び「共通一次試験」を中心に構成しました。「大学入学共通テスト試行調査」での問題も収録されているので, 従来のセンター試験から踏襲される傾向への対策に加え, 新たに「思考力」「判断力」「表現力」を養成することで, 本番の試験を意識しながら学習できます。

問題を解く前に

本書の巻頭・巻末の見返しでは, 問題を解答するために重要な公式が収録されています。問題, 解答・解説の内容を正しく理解するためにも, 問題を解く前に, これらの公式をきちんと理解しているか, 確認しておきましょう。

知識の定着に ～数研 Library ～

スマートフォン(iPhone・Android)・タブレット(iPad)対応アプリ

数研 Library －数研の教材をスマホ・タブレットで学習－

App Store からダウンロード

Android 版は Google Play より

「数研 Library」では, 本書籍掲載の「物理基礎で学んだ重要公式」と「重要公式・事項のおさらい」,「Chart」の確認テストを行うことができます (無料)。書籍とあわせてご利用いただくと, より高い学習効果が期待できます。

■入手方法

①アプリストアより「数研 Library」をインストールし, アプリを起動する。
②「My 本棚」画面下の「コンテンツを探す」を押す。
③「チャート式問題集シリーズ　35 日完成！大学入学共通テスト対策 物理　基礎知識確認カード」を選択し,「本棚に追加」を押す。

アプリについてより詳しくは
数研出版スマホサイトへ！
(数研 Library 紹介ページへ)

動作環境
・iOS 版　：iOS 8.0 以降。iPhone, iPad に対応。
・Android 版　：Android 4.1 以降。Android OS 搭載スマートフォンに対応(一部端末では正常に動作しないことがあります)。
その他
・記載の内容は予告なく変更になる場合があります。
・本アプリはネットワーク接続が必要となります(ダウンロード済みの学習コンテンツ利用はネットワークオフラインでも可能)。ネットワーク接続に際し発生する通信料はお客様のご負担となります。
・Apple, Apple ロゴ, iPhone, iPad は米国その他の国で登録された Apple Inc. の商標です。App Store は Apple Inc. のサービスマークです。
・Android, Google Play は, Google Inc. の商標です。

本書の使用法

例題【問題ページ】

目安時間を参考にまず例題を解いてみる。

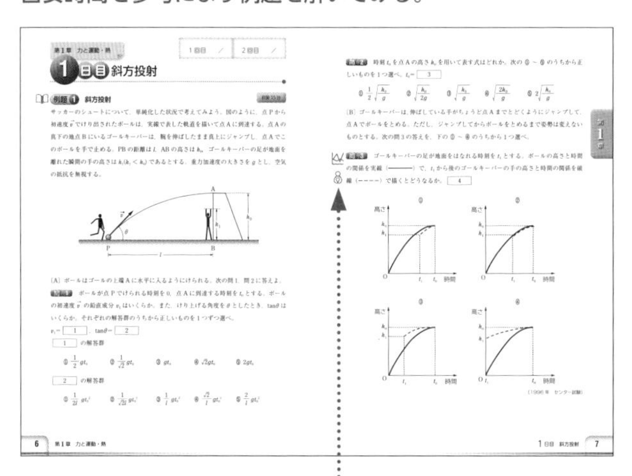

第1章　力と運動・熱

1日目 斜方投射

1回目　／　2回目　／

例題1　斜方投射

サッカーのシュートについて，単純化した状況で考えてみよう。図のように，点Pから初速度$\vec{v}$でけり出されたボールは，実線で表した軌道を描いて点Aに到達する。点Aの真下の地点Bにいるゴールキーパーは，腕を伸ばしたまま真上にジャンプし，点Aでこのボールを手で止める。PBの距離はl，ABの高さはh_0。ゴールキーパーの足が地面を離れた瞬間の手の高さは$h_1(h_1 < h_0)$であるとする。重力加速度の大きさをgとし，空気の抵抗を無視する。

〔A〕ボールはゴールの上端Aに水平に入るようにけられる。次の問1，問2に答えよ。

ボールが点Pでけられる時刻を0，点Aに到達する時刻をt_0とする。ボールの初速度$\vec{v}$の鉛直成分v_1はいくらか。また，けり上げる角度をθとしたとき，$\tan\theta$はいくらか。それぞれの解答群のうちから正しいものを1つずつ選べ。

$v_1=$ [1]，$\tan\theta=$ [2]

[1] の解答群

① $\frac{1}{2}gt_0$　② $\frac{1}{\sqrt{2}}gt_0$　③ gt_0　④ $\sqrt{2}gt_0$　⑤ $2gt_0$

[2] の解答群

① $\frac{1}{2l}gt_0^2$　② $\frac{1}{\sqrt{2}l}gt_0^2$　③ $\frac{1}{l}gt_0^2$　④ $\frac{\sqrt{2}}{l}gt_0^2$　⑤ $\frac{2}{l}gt_0^2$

6　第1章　力と運動・熱

問2　時刻t_0を点Aの高さh_0を用いて表す式はどれか。次の①～⑤のうちから正しいものを1つ選べ。$t_0=$ [3]

① $\frac{1}{2}\sqrt{\frac{h_0}{g}}$　② $\sqrt{\frac{h_0}{2g}}$　③ $\sqrt{\frac{h_0}{g}}$　④ $\sqrt{\frac{2h_0}{g}}$　⑤ $2\sqrt{\frac{h_0}{g}}$

〔B〕ゴールキーパーは，伸ばしている手がちょうど点Aまでとどくようにジャンプして，点Aでボールをとめる。ただし，ジャンプしてからボールをとめるまで姿勢は変えないものとする。次の問3の答えを，下の①～④のうちから1つ選べ。

問3　ゴールキーパーの足が地面をはなれる時刻をt_1とする。ボールの高さと時間の関係を実線（――――）で，t_1から後のゴールキーパーの手の高さと時間の関係を破線（－－－－）で描くとどうなるか。 [4]

（1996年　センター試験）

第1章

1日目　斜方投射　7

◀1日，1例題で構成。各項目のポイントをつかむための良問で構成されている。

◎ 大学入学共通テストを想定し，重要と考えられる問題にアイコンを設置。

〈アイコンの種類〉

→グラフ・図・資料に関する問題

従来から出題されてきた，適切なグラフ・図を選ぶ問題のほか，与えられたグラフ・図・資料を分析し，解答を導きだす問題。グラフや資料は値どうしの関係性や特徴，図は何を示したもので，足りない情報は何かを考えてみよう。

→文章を読み解く問題

情報量の多い文章から要点を読み取り，解答を導きだす問題。問われている内容に対して，何が必要かに着目し，足りない情報が文章のどこにあるかを考えてみよう。

→考察力を必要とする問題

物理現象の因果関係や，実験や資料に対する考察力が問われる問題。なぜそのような現象が起こるのか，実験の条件を変えると何が変化し，どのような結果がもたらされるか，などの点に注目してみよう。

例題【解答・解説ページ】

解答・解説で要点を確認する。

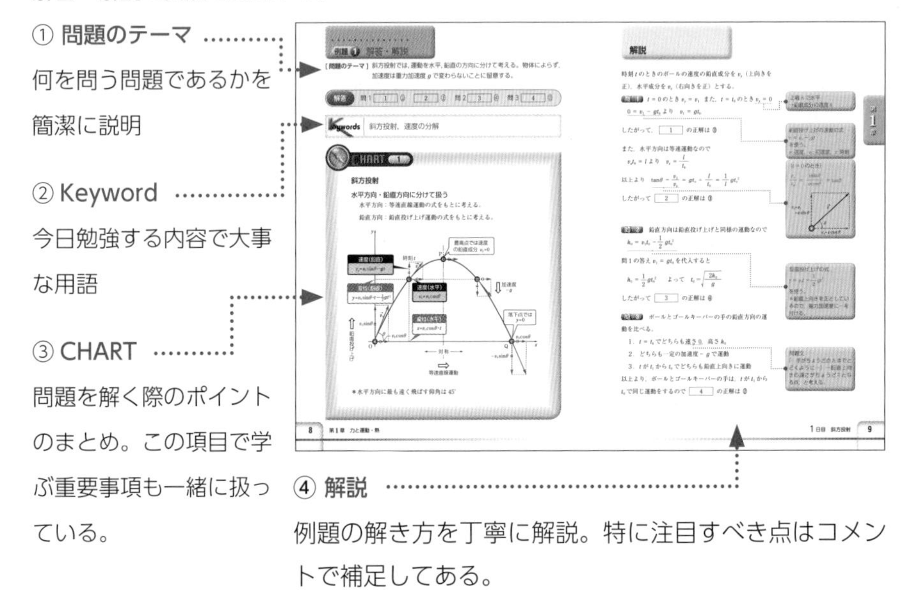

例題の解き方を丁寧に解説。特に注目すべき点はコメントで補足してある。

↓例題の内容を理解したら演習問題の演習に進む。

演習問題 各項目の仕上げの問題。例題の内容を確認したり，少し難しい問題にチャレンジする。→解答編で解答，解説などを確認し，1日の学習完了！

解答編 演習問題の解答・解説。1日毎の見開き構成なので，該当の問題が探しやすく便利。

見返し

前見返し…「物理」の前に学ぶ「物理基礎」の重要公式。学習に入る前に確認しておこう。

後見返し…この書籍で扱う重要公式・事項の一覧。学習後，ちゃんと覚えているか確認しよう！

目　次

1回目　／	2回目　／

1日目 斜方投射

例題 1 斜方投射

目安15分

サッカーのシュートについて，単純化した状況で考えてみよう。図のように，点Pから初速度 $\vec{v}$ でけり出されたボールは，実線で表した軌道を描いて点Aに到達する。点Aの真下の地点Bにいるゴールキーパーは，腕を伸ばしたまま真上にジャンプし，点Aでこのボールを手で止める。PBの距離は l，ABの高さは h_0，ゴールキーパーの足が地面を離れた瞬間の手の高さは $h_1(h_1 < h_0)$ であるとする。重力加速度の大きさを g とし，空気の抵抗を無視する。

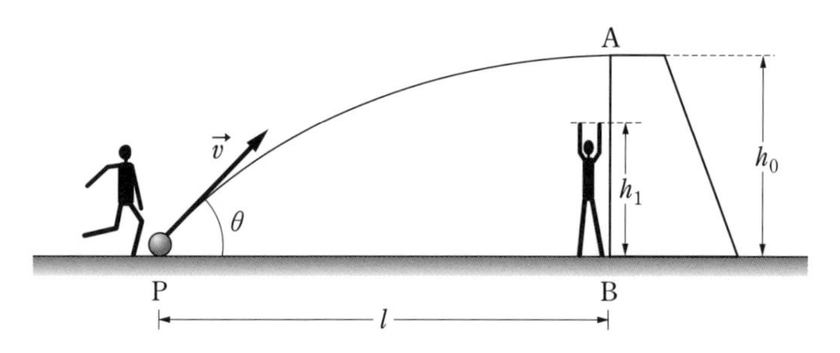

〔A〕ボールはゴールの上端Aに水平に入るようにけられる。次の問1，問2に答えよ。

問 1　ボールが点Pでけられる時刻を0，点Aに到達する時刻を t_0 とする。ボールの初速度 $\vec{v}$ の鉛直成分 v_1 はいくらか。また，けり上げる角度を θ としたとき，$\tan\theta$ はいくらか。それぞれの解答群のうちから正しいものを1つずつ選べ。

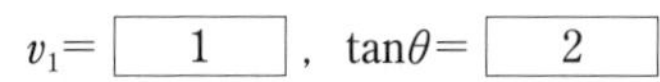

$v_1 =$ [1]，$\tan\theta =$ [2]

[1] の解答群

① $\frac{1}{2}gt_0$　② $\frac{1}{\sqrt{2}}gt_0$　③ gt_0　④ $\sqrt{2}gt_0$　⑤ $2gt_0$

[2] の解答群

① $\frac{1}{2l}gt_0^2$　② $\frac{1}{\sqrt{2}l}gt_0^2$　③ $\frac{1}{l}gt_0^2$　④ $\frac{\sqrt{2}}{l}gt_0^2$　⑤ $\frac{2}{l}gt_0^2$

問 2　時刻 t_0 を点Aの高さ h_0 を用いて表す式はどれか。次の ① ～ ⑤ のうちから正しいものを1つ選べ。$t_0=$ [3]

① $\dfrac{1}{2}\sqrt{\dfrac{h_0}{g}}$　　② $\sqrt{\dfrac{h_0}{2g}}$　　③ $\sqrt{\dfrac{h_0}{g}}$　　④ $\sqrt{\dfrac{2h_0}{g}}$　　⑤ $2\sqrt{\dfrac{h_0}{g}}$

〔B〕ゴールキーパーは，伸ばしている手がちょうど点Aまでとどくようにジャンプして，点Aでボールをとめる。ただし，ジャンプしてからボールをとめるまで姿勢は変えないものとする。次の問3の答えを，下の ① ～ ④ のうちから1つ選べ。

問 3　ゴールキーパーの足が地面をはなれる時刻を t_1 とする。ボールの高さと時間の関係を実線（────）で，t_1 から後のゴールキーパーの手の高さと時間の関係を破線（－－－－）で描くとどうなるか。[4]

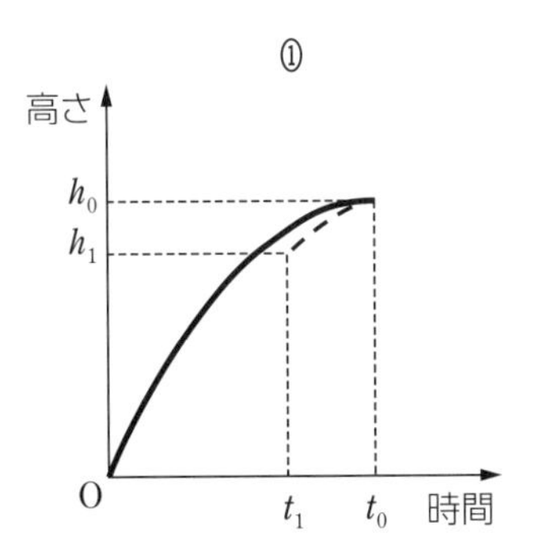

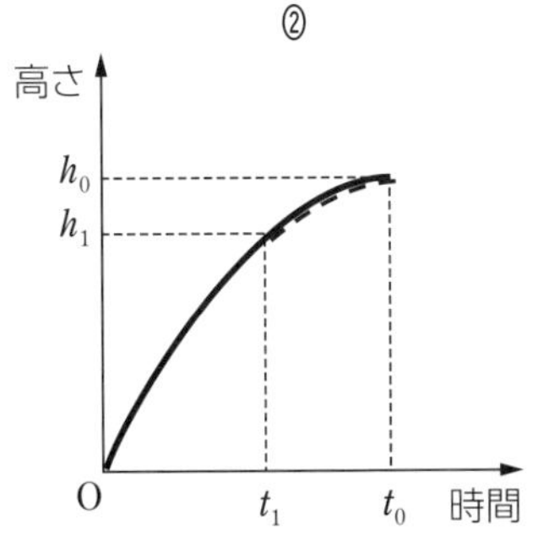

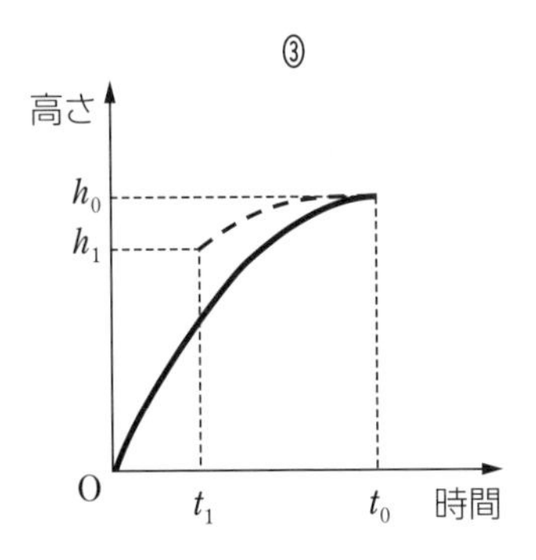

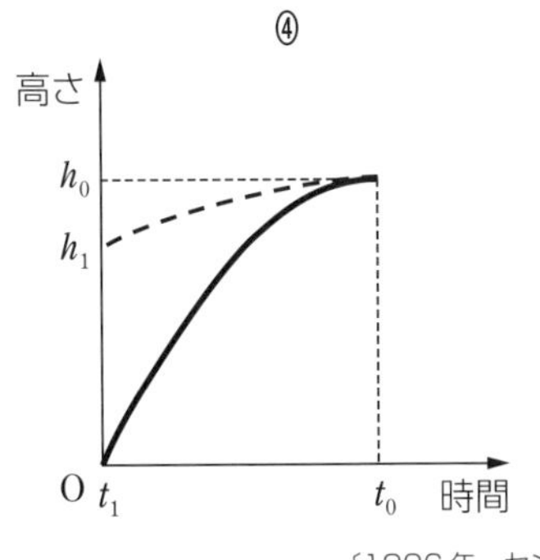

〔1996年　センター試験〕

第1章

例題 1 解答・解説

[問題のテーマ] 斜方投射では，運動を水平，鉛直の方向に分けて考える。物体によらず，加速度は重力加速度 g で変わらないことに留意する。

解答　問1 [1] ③　[2] ③　問2 [3] ④　問3 [4] ②

Keywords　斜方投射，速度の分解

CHART 1

斜方投射

水平方向・鉛直方向に分けて扱う

水平方向：等速直線運動の式をもとに考える。

鉛直方向：鉛直投げ上げ運動の式をもとに考える。

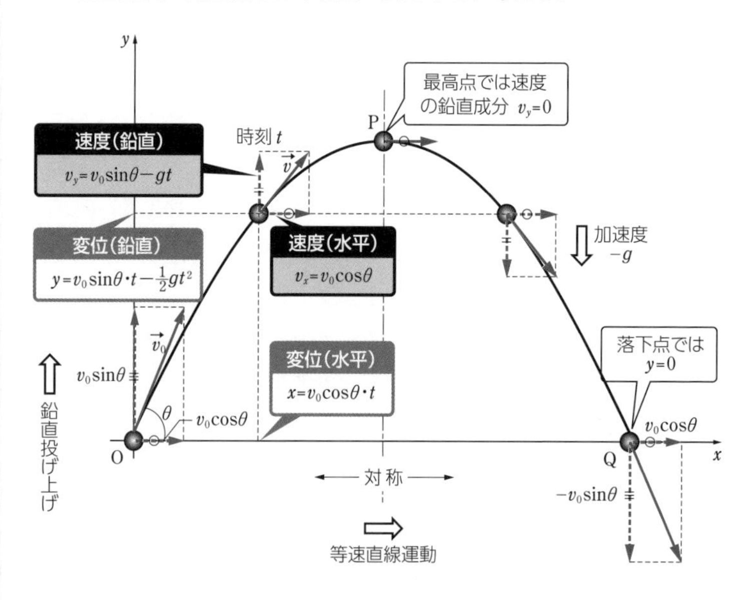

＊水平方向に最も遠く飛ばす仰角は 45°

解説

時刻 t のときのボールの速度の鉛直成分を v_y（上向きを正），水平成分を v_x（右向きを正）とする。

問 1　$t = 0$ のとき $v_y = v_1$　また，$t = t_0$ のとき $v_y = 0$

上端 A で水平
→鉛直成分の速度 0

$0 = v_1 - gt_0$ より　$v_1 = gt_0$

鉛直投げ上げの速度の式
$v = v_0 - gt$
を使う。
v: 速度，v_0: 初速度，t: 時刻

したがって，［ 1 ］の正解は ③

また，水平方向は等速運動なので

$v_x t_0 = l$ より　$v_x = \dfrac{l}{t_0}$

以上より　$\tan\theta = \dfrac{v_1}{v_x} = gt_0 \div \dfrac{l}{t_0} = \dfrac{1}{l} gt_0^2$

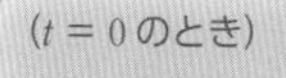

（$t = 0$ のとき）

$\dfrac{v_y}{v_x} = \dfrac{v\sin\theta}{v\cos\theta} = \tan\theta$

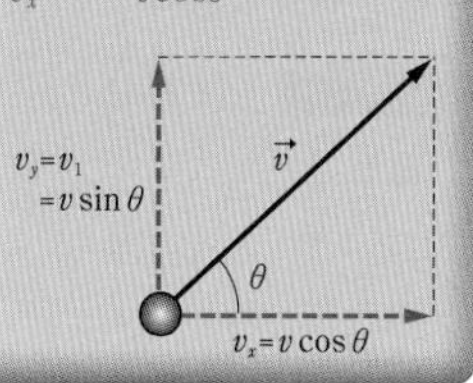

したがって［ 2 ］の正解は ③

問 2　鉛直方向は鉛直投げ上げと同様の運動なので

$h_0 = v_1 t_0 - \dfrac{1}{2} gt_0^2$

問 1 の答え $v_1 = gt_0$ を代入すると

$h_0 = \dfrac{1}{2} gt_0^2$　　よって　$t_0 = \sqrt{\dfrac{2h_0}{g}}$

鉛直投げ上げの式
$y = v_0 t - \dfrac{1}{2} gt^2$
を使う。
＊鉛直上向きを正としているので，重力加速度に－を付ける。

したがって［ 3 ］の正解は ④

問 3　ボールとゴールキーパーの手の鉛直方向の運動を比べる。

1．$t = t_0$ でどちらも速さ 0，高さ h_0

2．どちらも一定の加速度 $-g$ で運動

3．t が t_1 から t_0 でどちらも鉛直上向きに運動

問題文
「…手がちょうど点 A までとどくように…」→鉛直上向きの速さがちょうど 0 となる点，と考える。

以上より，ボールとゴールキーパーの手は，t が t_1 から t_0 で同じ運動をするので［ 4 ］の正解は ②

演習問題

1 斜方投射の最高点と水平到達距離

目安 10 分

図のように，なめらかな斜面 AB とそれにつづく水平面があり，斜面上の点 A に質量 m の小物体を置く。点 A から静かにすべり出した小物体は点 B から空中に飛び出し，水平面上の点 C に落下する。点 A の水平面からの高さは h，点 B で飛び出すときの速さは v_0，そのときの角度は水平面に対し θ ($0^\circ \leqq \theta \leqq 90^\circ$) とする。

また，重力加速度の大きさを g とし，空気の抵抗は無視できるものとする。

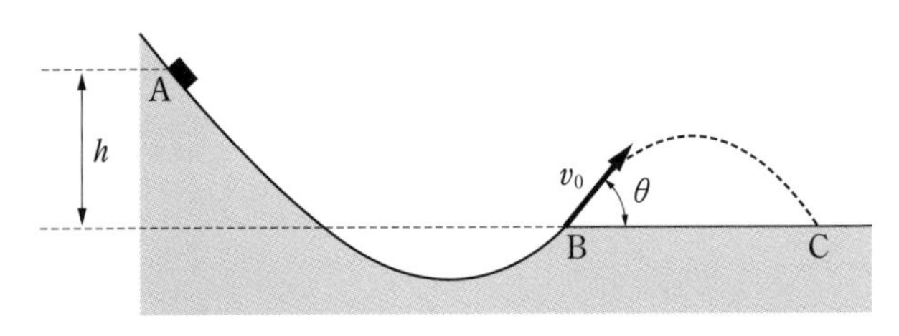

問 1 点 B での小物体の速さ v_0 はいくらか。次の ①～④ のうちから正しいものを 1 つ選べ。$v_0 =$ [1]

① $\sqrt{mgh}$　② $\sqrt{2gh}$　③ $\dfrac{1}{\sqrt{2gh}}$　④ $\dfrac{1}{\sqrt{mgh}}$

問 2 点 B を飛び出した小物体はある時間の後，軌道の最高点に達する。水平面から測った最高点の高さはいくらか。次の ①～④ のうちから正しいものを 1 つ選べ。[2]

① $\dfrac{{v_0}^2}{2g}\cos^2\theta$　② $\dfrac{{v_0}^2}{2g}\sin^2\theta$

③ $\dfrac{{v_0}^2}{2g}\sin\theta\cos\theta$　④ $\dfrac{{v_0}^2}{2g}\sin^2\theta\cos^2\theta$

問 3 小物体は最高点を通過したのち点 C に落下する。2 点 BC 間の水平距離 l はいくらか。次の ①～④ のうちから正しいものを 1 つ選べ。$l=$ [3]

① $\dfrac{2{v_0}^2}{g}\sin\theta\cos\theta$　② $\dfrac{2{v_0}^2}{g}\sin^2\theta\cos\theta$

③ $\dfrac{2{v_0}^2}{g}\sin\theta\cos^2\theta$　④ $\dfrac{{v_0}^2}{g}\sin\theta\cos\theta$

問 4 角度 θ をいくらにとると，水平到達距離 l が最大となるか。次の ① ～ ⑤ のうちから正しいものを1つ選べ。$\theta=$ [4]

① 30°　② 40°　③ 45°　④ 50°　⑤ 60°

〔1997年　センター試験〕

目安8分

2 2球が衝突する条件

図のように，水平な地面上のP地点から質量 M の小物体Aを鉛直に打ち上げ，同時にQ地点から質量 m の小球Bを打ち上げる。小球Bの打ち上げ角度 α とPQ間の距離 l は変化させることができる。小物体Aの打ち上げの初速度の大きさを V，小球Bの初速度の大きさを v とする。また，重力加速度の大きさを g とし，空気による抵抗は無視する。

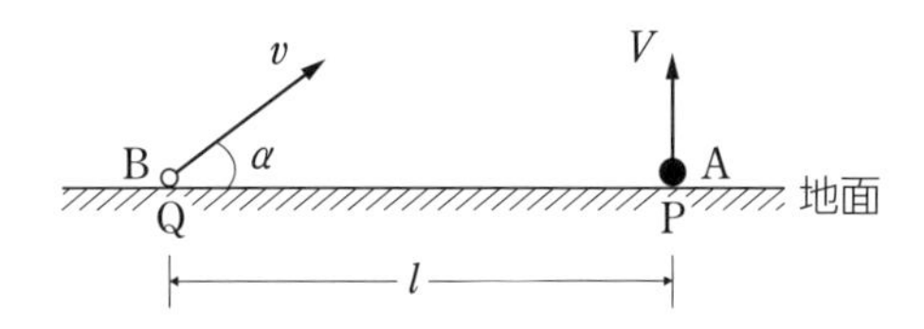

問 1 AがBと衝突しない場合，Aは打ち上げから着地までどれほど時間がかかるか。正しいものを，次の ① ～ ⑥ のうちから1つ選べ。[1]

① $\dfrac{g}{V}$　② $\dfrac{2g}{V}$　③ $\dfrac{g}{2V}$　④ $\dfrac{V}{g}$　⑤ $\dfrac{2V}{g}$　⑥ $\dfrac{V}{2g}$

問 2 BをAに衝突させるには，角度 α をいくらにしなければならないか。$\sin\alpha$ として正しいものを，次の ① ～ ⑥ のうちから1つ選べ。[2]

① $\dfrac{V}{v}$　② $\dfrac{v}{V}$　③ $\dfrac{mV}{Mv}$　④ $\dfrac{mv}{MV}$　⑤ $\dfrac{MV}{mv}$　⑥ $\dfrac{Mv}{mV}$

問 3 Aが最高点に達したときに衝突が起こるようにしたい。そのためには l をいくらにしなければならないか。正しいものを，次の ① ～ ④ のうちから1つ選べ。

[3]

① $\dfrac{V^2}{g}$　② $\dfrac{Vv}{g}$　③ $\dfrac{V^2}{g\cos\alpha}$　④ $\dfrac{Vv\cos\alpha}{g}$

〔2000年　センター試験〕

1回目 ／　2回目 ／

2日目 剛体

例題2 剛体にはたらく力のつりあい

目安8分

水平な地面に停めたクレーン車で，荷物をつり上げて移動させることを考える。このクレーン車は，図1のように，質量 M_1 の車体部と長さ L で質量 M_2 の一様なアーム（腕の部分）からなり，車体部はその中心から l の距離にある前後の車輪で支えられている。アームは車体部の前後方向に平行な鉛直面（図の紙面）内でのみ運動し，アームが鉛直方向となす角度 θ が変化する。ただし，θ の変化以外にクレーン車の変形はなく，ロープは質量が無視でき摩擦なく動くものとする。また，上端からロープでつる荷物の質量を m とし，重力加速度の大きさを g とする。

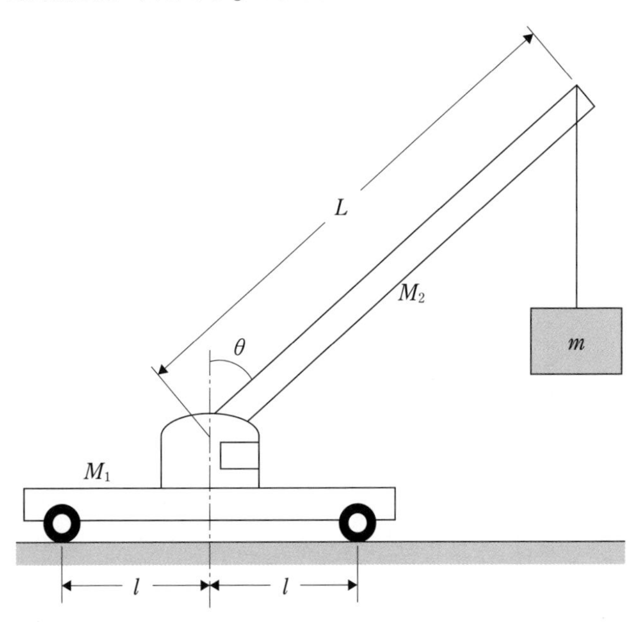

図1

問 1 静止したクレーン車には，図2のように，重力 M_1g，M_2g，ロープから受ける張力 mg 以外に，後輪Rと前輪Fを通して地面から大きさ G_1 と G_2 の垂直抗力がはたらく。これらの力が満たすつりあいの式として正しいものを，下の ① ～ ④ のうちから1つ選べ。 [1]

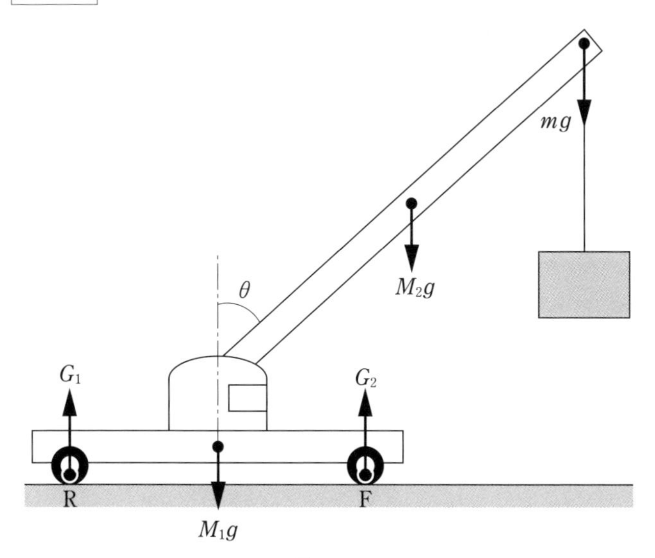

図2

① $G_1 + G_2 = M_1g + M_2g + mg$　　② $G_1 - G_2 = M_1g + M_2g + mg$

③ $G_1 + G_2 = M_1g + M_2g - mg$　　④ $G_1 - G_2 = M_1g + M_2g - mg$

問 2 荷物の質量 m がある値 m_c をこえると，後輪Rが浮いて，クレーン車が転倒することがわかった。$m = m_c$ では，後輪Rを通してはたらく垂直抗力 G_1 は0になる。このときの前輪Fのまわりの力のモーメントのつりあいの式として正しいものを，次の ① ～ ④ のうちから1つ選べ。 [2]

① $M_1gl = M_2g\left(\dfrac{L}{2}\sin\theta + l\right) + m_cg\,(L\sin\theta - l)$

② $M_1gl = M_2g\left(\dfrac{L}{2}\sin\theta - l\right) + m_cg\,(L\sin\theta + l)$

③ $M_1gl = M_2g\left(\dfrac{L}{2}\sin\theta - l\right) + m_cg\,(L\sin\theta - l)$

④ $M_1gl = M_2g\left(\dfrac{L}{2}\sin\theta + l\right) + m_cg\,(L\sin\theta + l)$

〔2008年　センター試験〕

例題 2 解答・解説

［問題のテーマ］剛体にはたらく力のつりあいと力のモーメントの問題である。どの点のまわりの力のモーメントを考えるかが重要である。

解答　問1 [1] ①　問2 [2] ③

Keywords　力のモーメント，剛体にはたらく力のつりあい

力のモーメント

$$M = Fl$$

符号：反時計回りを正とすると，時計回りは負

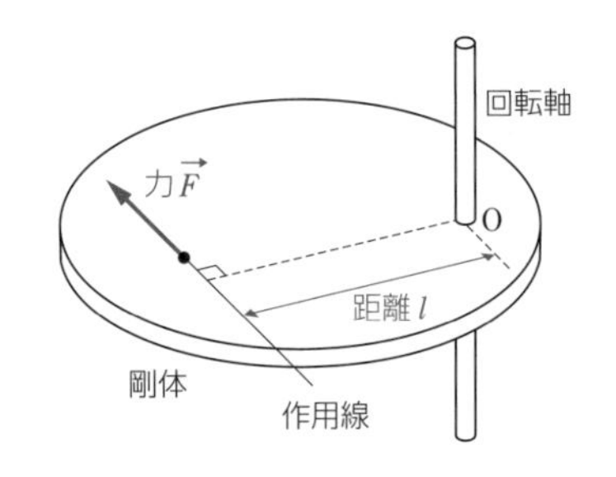

剛体にはたらく力のつりあい

① 剛体にはたらく合力は 0

$$\vec{F} = \vec{F_1} + \vec{F_2} + \vec{F_3} + \cdots = \vec{0}$$

② 任意の点のまわりの力のモーメントの和は 0

$$M = M_1 + M_2 + M_3 + \cdots = 0$$

＊②の「任意の点」はどこか 1 点で成りたてばよい。

＊②の別の表現（平行でない 3 力の場合）➡ 作用線は 1 点で交わる。

解説

問 1 クレーン車にはたらく力は，いずれも鉛直方向の力である。
鉛直上向きを正の向きとして，それらのつりあいの式は

基準の向きを決める

$G_1 + G_2 - M_1g - M_2g - mg = 0$ より

$$G_1 + G_2 = M_1g + M_2g + mg$$

したがって，正解は ①

問 2 前輪 F のまわりの力のモーメントのつりあいの式は，反時計まわりを正の向きとすると，下の図より

$$M_1gl - M_2g\left(\frac{L}{2}\sin\theta - l\right) - m_cg(L\sin\theta - l) = 0$$

点 F から力の作用線までの距離

よって

$$M_1gl = M_2g\left(\frac{L}{2}\sin\theta - l\right) + m_cg(L\sin\theta - l)$$

したがって，正解は ③

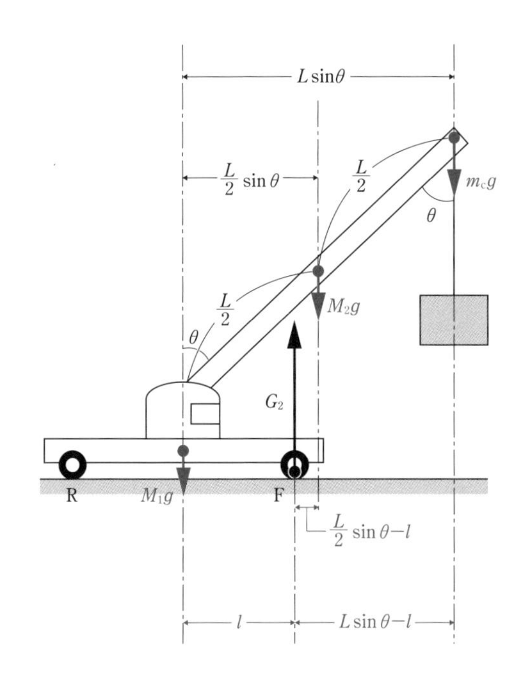

演　習　問　題

3 ちょうつがいと糸で支えられた棒のつりあい

目安5分

図1のように，細い角棒ABの一端Aを，鉛直な壁に固定されたちょうつがいにとめ，他端Bには糸をつなぎ，糸を点Cで壁に固定して角棒ABを水平に保つ。ただし，角棒ABの長さをLとし，ちょうつがいはなめらかに回転できるものとする。

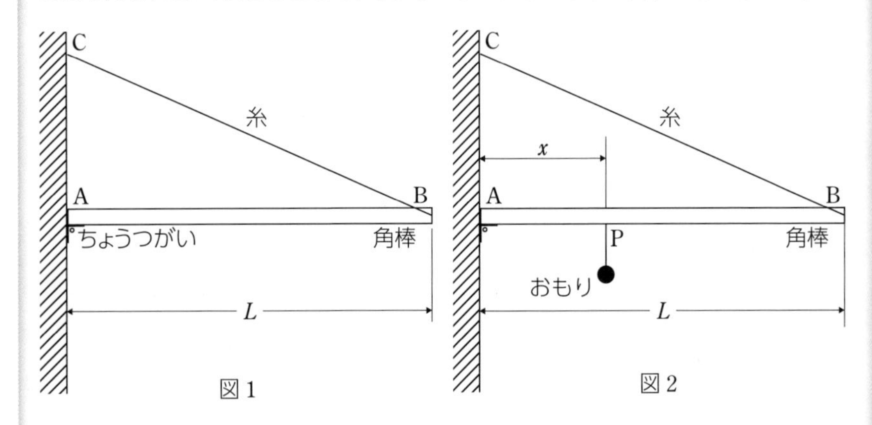

問1 角棒にはたらく力を示した図として最も適当なものを，次の①～④のうちから1つ選べ。 1

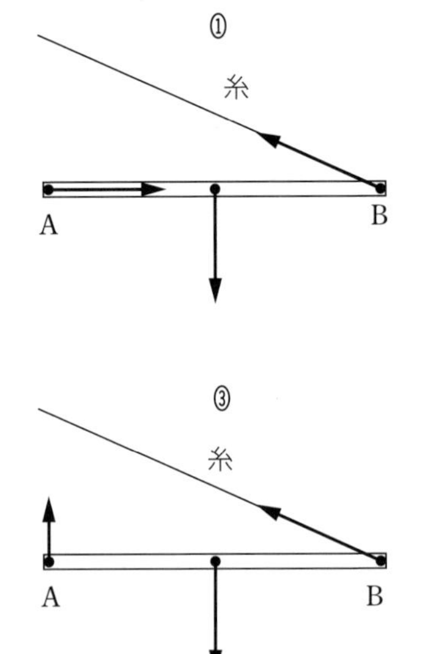

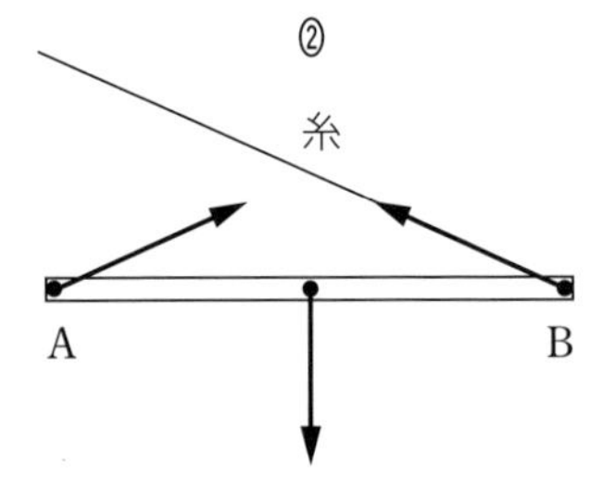

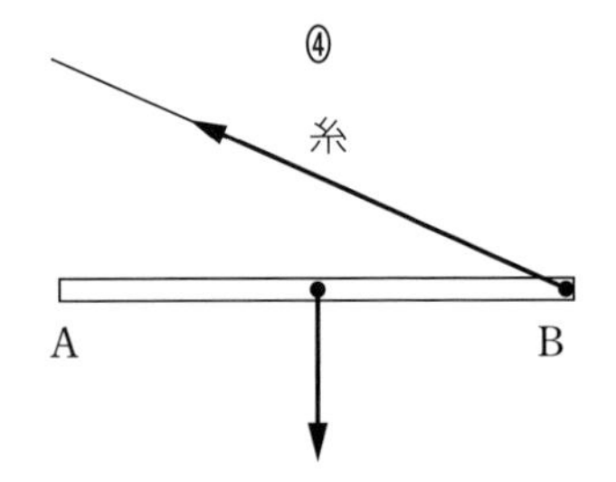

問 2 次に図2のように，角棒AB上のAから距離xの点Pにおもりをぶら下げる。xの変化にともなって糸BCの張力Tはどのように変化するか。最も適当なものを，下の ①～④ のうちから1つ選べ。［ 2 ］

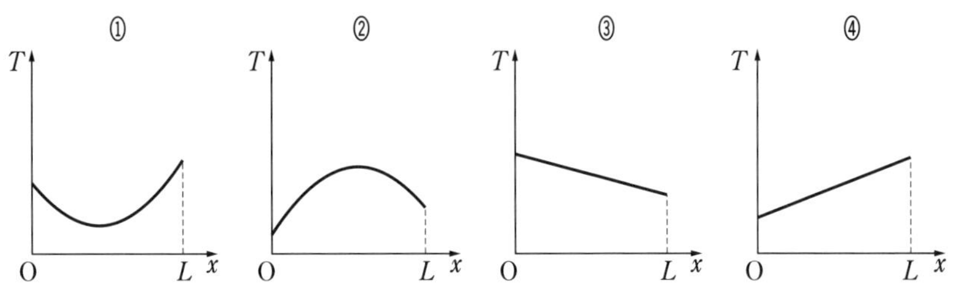

〔2005年 センター試験〕

4 太さが一様でない棒のつりあい

目安5分

水平な床の上に，太さが一様でない長さ3.0 mの丸太ABが置かれている。
この丸太の一端Aに鉛直上向きに力を加えていくと，力の大きさが98 Nになったときわずかに持ち上げることができた。また，同様にして丸太の一端Bに鉛直上向きに力を加えていくと，力の大きさが49 Nになったときわずかに持ち上げることができた。重力加速度の大きさを9.8 m/s^{2}とする。

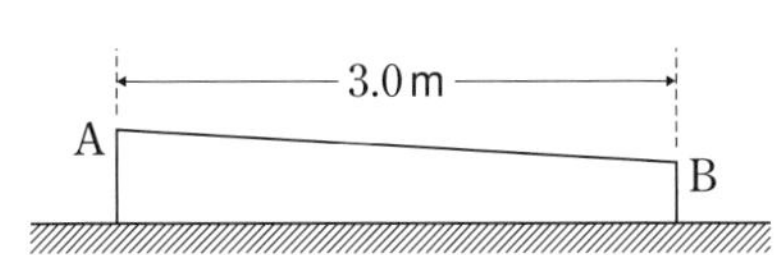

問 1 この丸太の質量は何kgか。次の ①～⑤ のうちから正しいものを1つ選べ。［ 1 ］kg

① 5.0　② 10　③ 15
④ 20　⑤ 30

問 2 この丸太の重心の位置は，A端から何mのところか。次の ①～⑤ のうちから正しいものを1つ選べ。［ 2 ］m

① 0.80　② 1.0　③ 1.2
④ 1.5　⑤ 1.8

1回目　／　2回目　／

3日目 運動量

例題3 運動量と力積

目安10分

図のように，水平な床の点A から，垂直に立てられた壁に向かって角度θで質量mの小球が打ち出された。小球は最高点に達した後，壁面上の点Bではね返り，床の点Cに落ちて角度θ'の方向にはね上がった。ただし，床，壁はともになめらかで，小球に対する反発係数（はねかえり係数）の大きさをともにeとする。また，壁がないときの小球の到達位置Dと壁との間の距離をLとする。

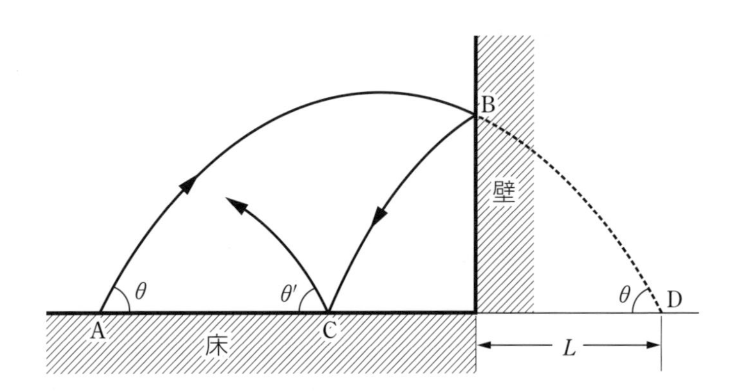

問 1 壁に衝突する直前の小球の運動量ベクトルを $m\vec{v}$ とすると，衝突直後の小球の運動量ベクトル $m\vec{v'}$ と壁が小球に加えた力積 $\vec{P}$ の関係はどうなるか。最も適当なものを，次の ① ～ ④ のうちから 1 つ選べ。［ 1 ］

①

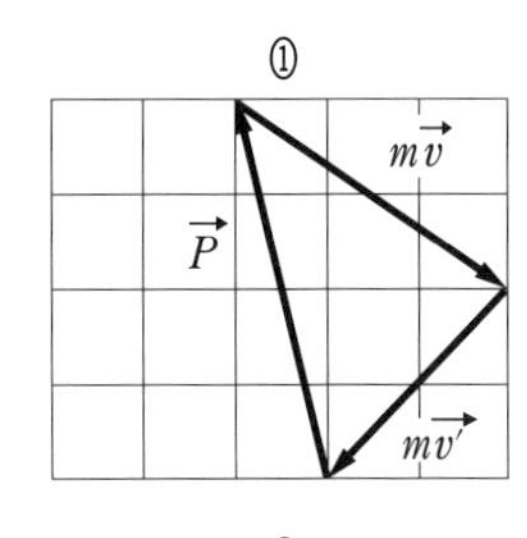

②

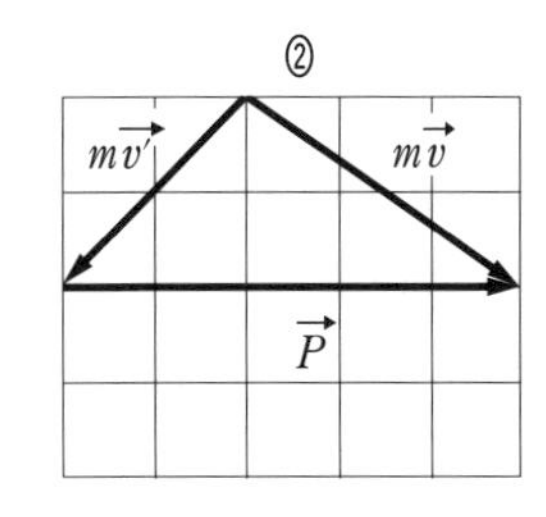

③

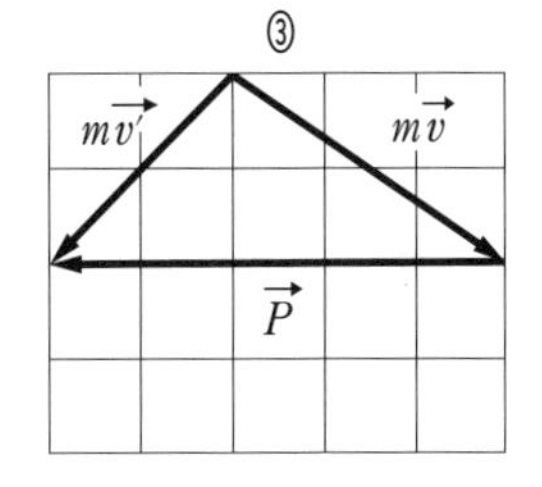

④

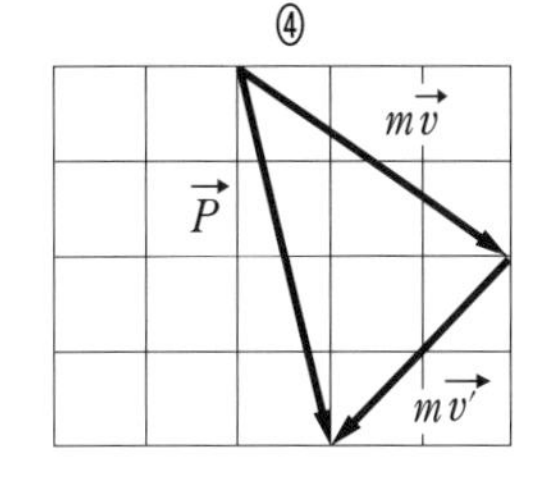

問 2 点 C から壁までの水平距離はいくらか。正しいものを，次の ① ～ ④ のうちから 1 つ選べ。［ 2 ］

① L　　② eL　　③ e^2L　　④ $(1-e)L$

問 3 $\tan\theta'$ は $\tan\theta$ の何倍か。正しいものを，次の ① ～ ④ のうちから 1 つ選べ。

［ 3 ］倍

① 1　　② e　　③ $1-e$　　④ $1-e^2$

〔2004 年　センター試験〕

第1章

例題3 解答・解説

[問題のテーマ] 運動量の変化と力積の関係の問題である。平面内の運動では，衝突前後の速度変化を成分で考えることも重要である。

解答 問1 [1] ③　問2 [2] ②　問3 [3] ①

Keywords 運動量ベクトル，力積，反発係数（はねかえり係数）

運動量と力積の関係

運動量の変化＝受けた力積

$$m\vec{v'} - m\vec{v} = \vec{F}\Delta t$$

（運動量の変化）（力積）

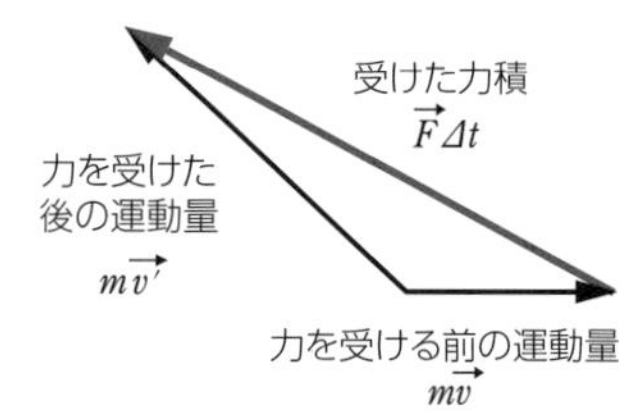

反発係数

$$e = -\frac{v_1' - v_2'}{v_1 - v_2} = \frac{|衝突後の相対速度|}{|衝突前の相対速度|} \quad (0 \leqq e \leqq 1)$$

A　v_1　B　v_2

A　v_1'　B　v_2'

＊(完全)弾性衝突（$e=1$）→力学的(運動)エネルギーは保存

＊非弾性衝突（$0 \leqq e < 1$）→力学的(運動)エネルギーは減少

解説

問 1　$\vec{P}=m\vec{v'}-m\vec{v}$　　よって，正解は ③

問 2　点 B での衝突の直前直後の速度とその x，y 成分を

直前：$\vec{v_B}=(v_{Bx},\ v_{By})$

直後：$\vec{v_B}'=(v_{Bx}',\ v_{By}')$

とすると

$$v_{Bx}'=-ev_{Bx}$$

$$v_{By}'=v_{By}$$

壁はなめらかで垂直なので，y 成分は変化しない。

B から D への移動時間を t とすると，B から C への移動時間も t

$v_{By}'=v_{By}$ による。

よって，点 C から壁までの水平距離を L' とすると

$$L=v_{Bx}t\quad,\ L'=|v_{Bx}'|t=e\,v_{Bx}t$$

水平方向には等速直線運動

以上より，$L'=eL$ となり　正解は ②

問 3　なめらかな床や壁ではね返るとき，面に平行な成分の速さは変化せず，面に垂直な成分の速さは e 倍となる（e は反発係数）。

点 A での速度を $\vec{v_A}=(v_{Ax},\ v_{Ay})$ とすると C での衝突直後の速さは

鉛直成分 ⟶ ev_{Ay}

水平成分 ⟶ $-ev_{Ax}$

鉛直投げ上げ運動と同様に考え，v_{Ay} と同じ速さで床に衝突する。

等速直線運動する球が B で衝突し，そのままの速さで C を通過する。

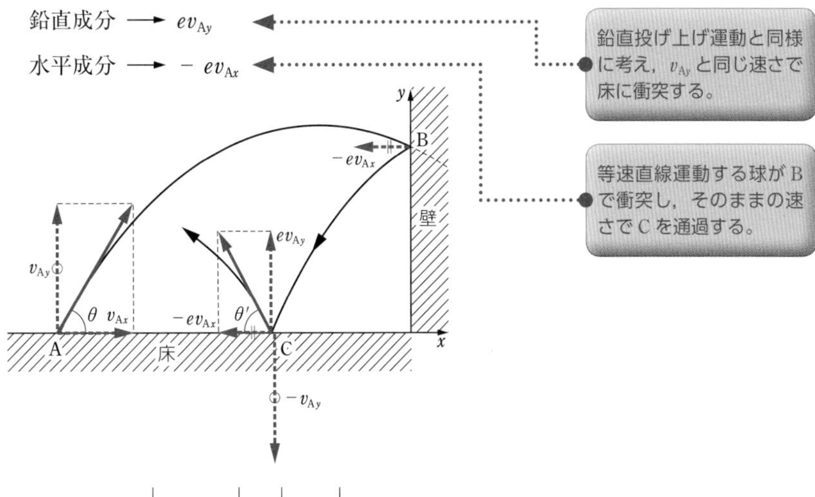

よって　$\tan\theta'=\left|\dfrac{ev_{Ay}}{-ev_{Ax}}\right|=\left|\dfrac{v_{Ay}}{v_{Ax}}\right|=1\times\tan\theta$　　したがって，正解は ①

第1章

演習問題

5 床との衝突

目安5分

高さ h の所から質量 m の小球を真下に初速度0ではなすと，床と衝突して高さ $\frac{h}{3}$ の所まではね返ってきた。重力加速度の大きさを g とし，空気抵抗の影響を無視する。次の問いの答えをそれぞれの解答群のうちから1つ選べ。

問1 床との衝突によって失われた運動エネルギーはいくらか。 [1]

① $\frac{1}{3}mgh$　② $\frac{1}{\sqrt{3}}mgh$　③ $\sqrt{\frac{2}{3}}mgh$　④ $\frac{2}{3}mgh$

問2 小球と床との間の反発係数（はねかえり係数）e はいくらか。

$e =$ [2]

① $\frac{1}{9}$　② $\frac{1}{3}$　③ $\frac{1}{\sqrt{3}}$　④ 3

6 振り子と物体の衝突

目安15分

図のように，軽くて伸びない糸の一端に質量 m の小球Aをつけ，他端を天井に固定した振り子がある。初めAは最下点にあって，水平面S上に置かれた質量 M の小物体Bと接触して静止していた。糸がたるまないようにしてAを高さ h まで持ち上げ，静かにはなし，最下点でBと衝突させる。この衝突は完全弾性衝突であり，1 回しか起こさないようにする。この衝突をさせたところBは動きだし，S上をある距離だけ移動して止まった。面SとBの間の動摩擦係数を μ' とし，重力加速度の大きさを g として，次の問いの答えをそれぞれの解答群のうちから1つずつ選べ。

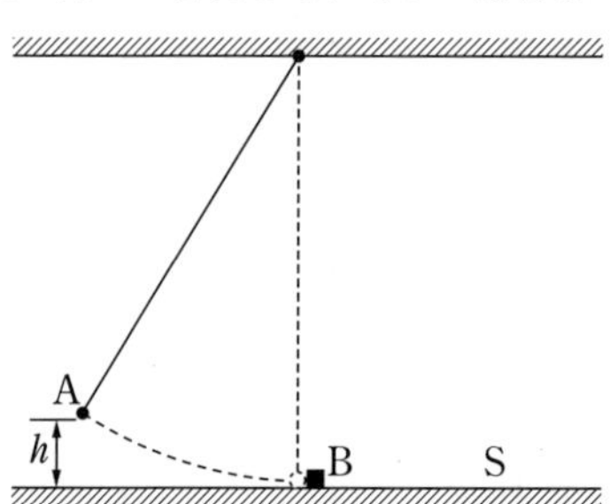

問 1 衝突直前のAの速さ v はいくらか。$v =$ [1]

① $\dfrac{gh}{2}$　② gh　③ $2gh$　④ $\sqrt{\dfrac{gh}{2}}$　⑤ $\sqrt{gh}$　⑥ $\sqrt{2gh}$

問 2 衝突直後のAの速さ v' とBの速さ V は，それぞれ v の何倍か。

$\dfrac{v'}{v} =$ [2]，$\dfrac{V}{v} =$ [3]

[2]，[3] の解答群

① $\dfrac{|m-M|}{m+M}$　② $\dfrac{2m}{m+M}$　③ $\dfrac{2M}{m+M}$

④ $\dfrac{(m-M)^2}{(m+M)^2}$　⑤ $\dfrac{4m^2}{(m+M)^2}$　⑥ $\dfrac{4M^2}{(m+M)^2}$

問 3 衝突後，Bが止まるまでに移動した距離を，V を用いて表せ。[4]

① $\dfrac{V}{2\mu' g}$　② $\dfrac{V}{\mu' g}$　③ $\dfrac{2V}{\mu' g}$　④ $\dfrac{V^2}{2\mu' g}$　⑤ $\dfrac{V^2}{\mu' g}$　⑥ $\dfrac{2V^2}{\mu' g}$

問 4 小物体Bの質量 M のみを変えて，他の条件は変えずに，同じ実験を繰り返す。次の項目(ア)～(ウ) につき，下の記述 ① ～ ⑤ のうちから正しいものを選んで，文章を完成せよ。

(ア) 衝突によりBが得るエネルギーの大きさは [5]

(イ) 衝突によりBが得る運動量の大きさは [6]

(ウ) 衝突後，Bが止まるまでに移動する距離は [7]

[5]，[6]，[7] の解答群

① M の大きさには無関係である。

② M が大きいほど大きい。

③ M が小さいほど大きい。

④ M が m と等しいとき最大である。

⑤ M が m と等しいとき最小である。

〔1992年　センター試験〕

1回目　／	2回目　／

4日目 等速円運動

例題 4 円錐振り子

目安15分

図のように，広い水平な台の上に質量 m の小さい物体Aがある。Aには長さ l の軽くて伸び縮みしない糸がつけられている。糸の他端は台から高さ h だけ上の点Pに固定されている。Aが台の上でPの真下の位置Oを中心とする角速度 ω の等速円運動をする場合を考える。ただし，重力加速度の大きさを g とし，台とAとの間の摩擦および空気の抵抗は無視できるものとする。以下の問いの答えを，それぞれの解答群のうちから1つずつ選べ。

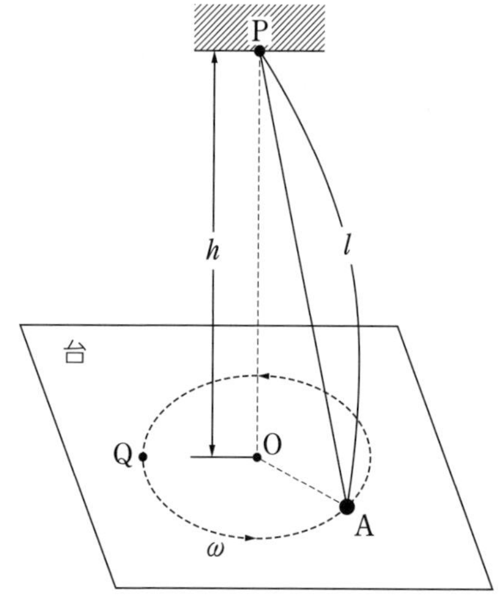

問1 Aの運動エネルギーはいくらか。 [1]

① $\frac{1}{2}ml^2\omega^2$　② $\frac{1}{2}ml\omega^2$　③ $\frac{1}{2}m(l^2-h^2)\omega$

④ $\frac{1}{2}m(l-h)\omega^2$　⑤ $\frac{1}{2}m(l^2-h^2)\omega^2$　⑥ $\frac{1}{2}m\sqrt{l^2-h^2}\omega$

問2 糸の張力はいくらか。 [2]

① $ml\omega$　② $ml\omega^2$　③ $ml^2\omega^2$

④ $mh\omega^2$　⑤ $mh^2\omega$　⑥ $m\sqrt{l^2-h^2}\omega^2$

問 3 Aが台から受ける抗力 N と角速度 ω の関係を表す図として正しいものはどれか。 [3]

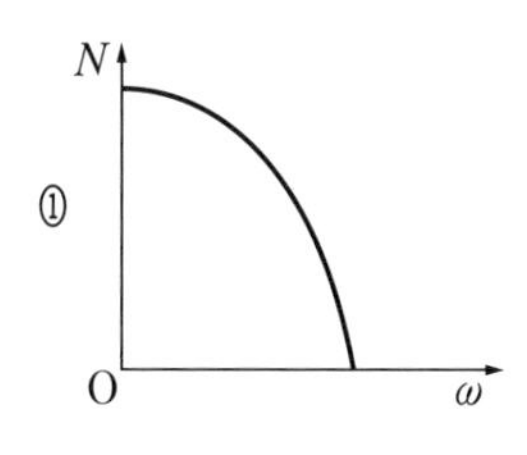

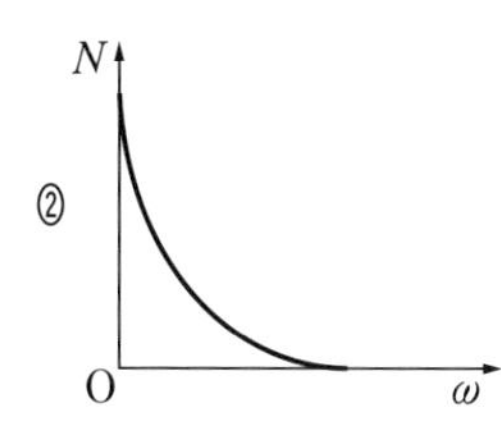

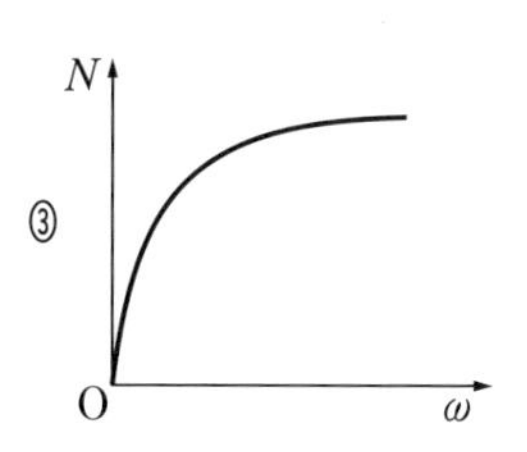

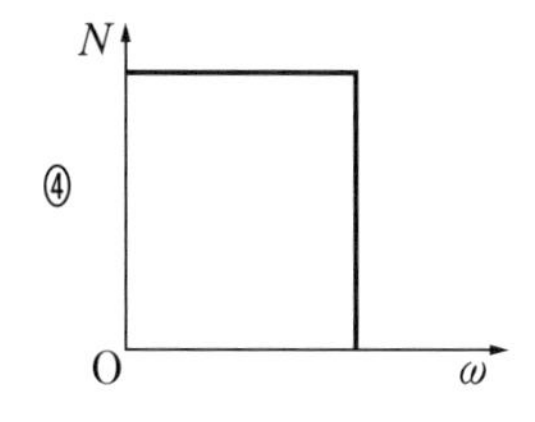

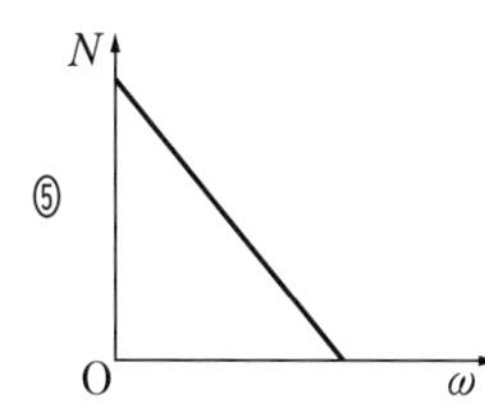

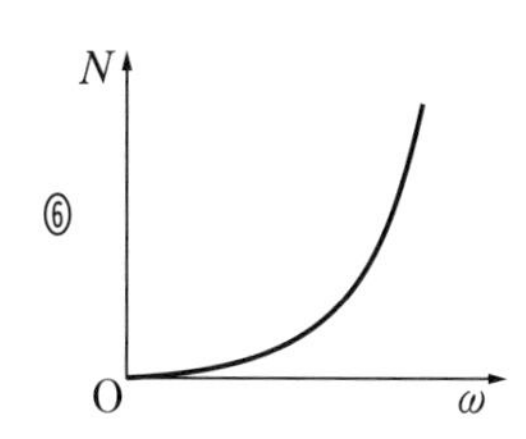

問 4 角速度 ω がある値より大きくなると，Aは台から離れる。その値はいくらか。

[4]

① $\dfrac{g}{h}$　② $\sqrt{\dfrac{g}{h}}$　③ $\dfrac{h}{g}$　④ $\sqrt{\dfrac{h}{g}}$

⑤ $\dfrac{l}{g}$　⑥ $\sqrt{\dfrac{l}{g}}$　⑦ $\dfrac{g}{l}$　⑧ $\sqrt{\dfrac{g}{l}}$

問 5 A が台から離れないで運動しているとき，A が図の点 Q にきた瞬間に糸を切ったとすれば，A はその後どのような運動をするか。 [5]

① $\overrightarrow{\mathrm{OQ}}$ の向きに進んでいく。

② Q における円の接線に沿って進んでいく。

③ O のまわりを回りながら，O から遠ざかっていく。

④ O のまわりを回りながら，O に近づいていく。

〔1993 年　センター試験〕

例題 4 解答・解説

[問題のテーマ] 台上で等速円運動する円錐振り子の問題である。どの力が向心力かを見分けることが重要である。

解答

問 1 [1] ⑤	問 2 [2] ②	問 3 [3] ①
問 4 [4] ②	問 5 [5] ②	

円錐振り子，等速円運動，向心力，角速度

等速円運動

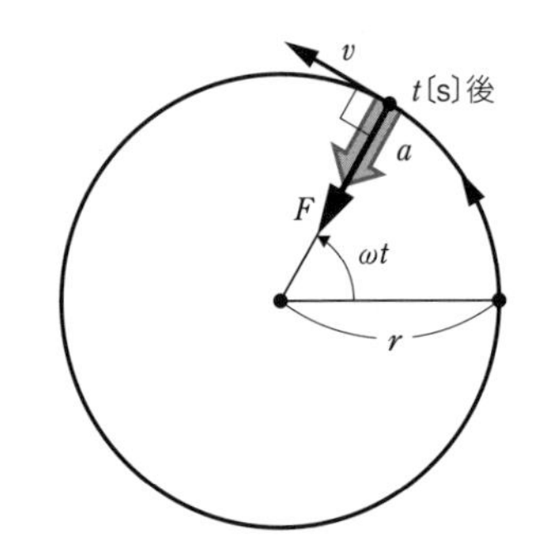

周期　　$T = \dfrac{2\pi r}{v} = \dfrac{2\pi}{\omega}$　（r：半径，ω：角速度）

速さ　　$v = r\omega$

加速度　　$a = r\omega^2 = \dfrac{v^2}{r}$

＊等速円運動の速度の方向は接線方向。

運動方程式

$mr\omega^2 = F$　　または　$m\dfrac{v^2}{r} = F$

＊ F は向心力。向き→中心に向かう向き

解説

問 1 等速円運動の速さを v，半径を r とすると

$r = \sqrt{l^2 - h^2}$ ， $v = r\omega = \sqrt{l^2 - h^2}\,\omega$

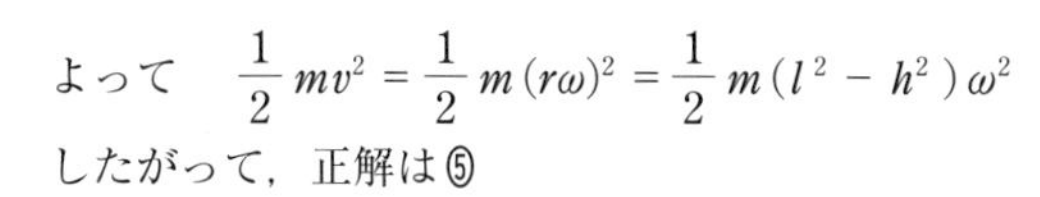

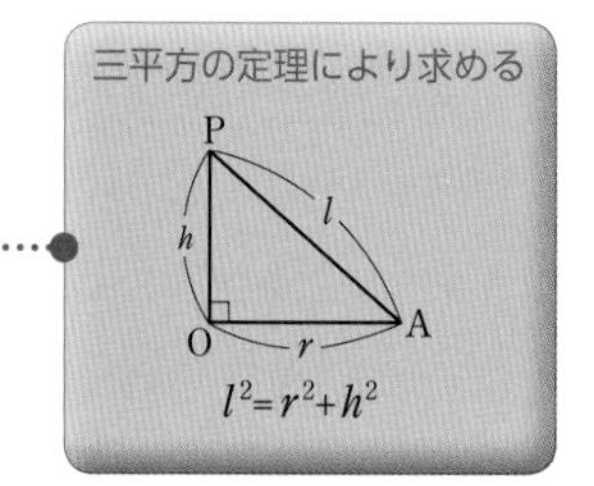

よって　$\dfrac{1}{2}mv^2 = \dfrac{1}{2}m(r\omega)^2 = \dfrac{1}{2}m(l^2 - h^2)\omega^2$

したがって，正解は⑤

問 2 $\angle \mathrm{OPA} = \theta$，張力を S，等速円運動の向心力を Fとすると　$F = S\sin\theta$

ここで，$F = mr\omega^2$ ，$\sin\theta = \dfrac{r}{l}$ より

$$mr\omega^2 = S\,\frac{r}{l}$$

よって，$S = ml\omega^2$ となり，正解は ②

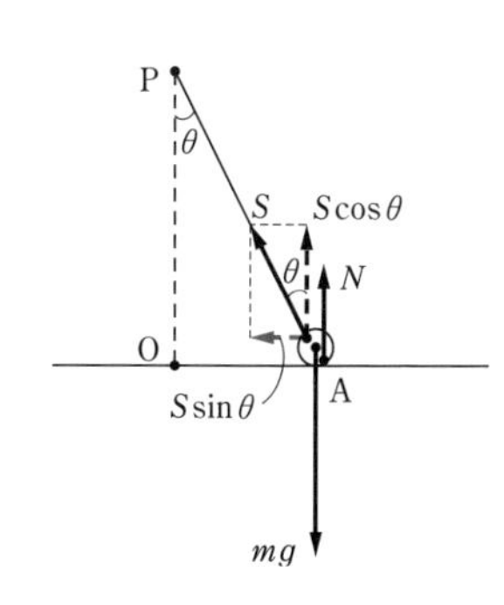

問 3 鉛直方向のつりあいの式

$N + S\cos\theta = mg$ より

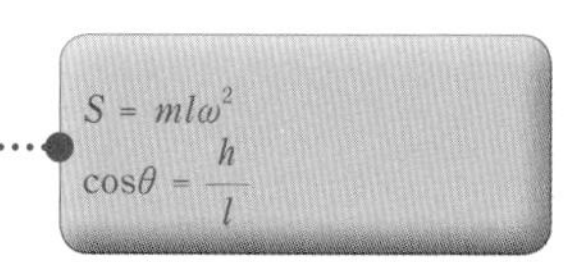

$$N = -mh\omega^2 + mg$$

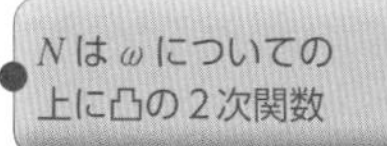

よって，正解は ①

問 4 $N = 0$ になると A は台から離れる。

よって，このとき問 3 より $-mh\omega^2 + mg = 0$

よって　$\omega = \sqrt{\dfrac{g}{h}}$

したがって，正解は ②

問 5 糸を切る直前の速度の向き，つまり点 Q における円の接線方向に進む。

したがって，正解は ②

7 円錐振り子

目安 10 分

次の文中の [1] ～ [3] について，解答群から正しいものを選べ。

図のように，長さ l の糸に質量 m のおもりをつるし，糸の他端を固定して，おもりを糸と鉛直軸とのなす角度が θ になるように水平面内で等速円運動させた。ただし，糸の質量や空気の抵抗は無視できるものとし，重力加速度の大きさを g とする。この円錐振り子のおもりの角速度 ω は [1] である。糸は，円運動前の静止状態において質量 $2m$ 以上のおもりをつるすと切れることがわかっている。この円錐振り子の角速度をしだいに大きくしていくとある角度になった瞬間に糸が切れた。このときの角度 θ は $\theta =$ [2] である。また，糸が切れた瞬間のおもりの速さは [3] である。

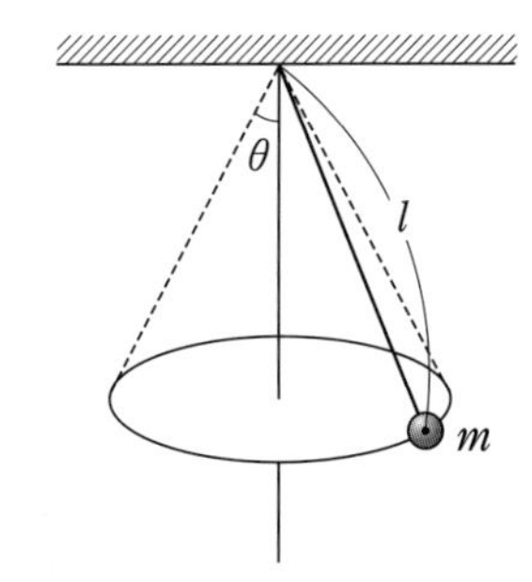

[1] の解答群

① $\sqrt{\dfrac{g}{2l\cos\theta}}$　② $\sqrt{\dfrac{2g}{l\cos\theta}}$　③ $\sqrt{\dfrac{g\cos\theta}{2l}}$　④ $\sqrt{\dfrac{g\sin\theta}{2l}}$　⑤ $\sqrt{\dfrac{g}{l\cos\theta}}$

[2] の解答群

① $\dfrac{\pi}{8}$　② $\dfrac{\pi}{6}$　③ $\dfrac{\pi}{5}$　④ $\dfrac{\pi}{4}$　⑤ $\dfrac{\pi}{3}$

[3] の解答群

① $\sqrt{\dfrac{gl}{\sqrt{2}}}$　② $\sqrt{\dfrac{3gl}{2}}$　③ $\sqrt{\dfrac{gl}{2\sqrt{3}}}$　④ $\sqrt{\dfrac{2gl}{3}}$　⑤ $\sqrt{\dfrac{\sqrt{3}gl}{2}}$

〔2007 年　芝浦工大〕

8 円錐の内側での等速円運動

目安８分

図のように，半頂角 45° の円錐面が，軸を鉛直に，頂点を下にして固定されている。いま，そのなめらかな内面にそって，小球が水平な円軌道を描きながら運動している。この小球の運動に関しての次の問いについて，解答群のうちから１つずつ選べ。

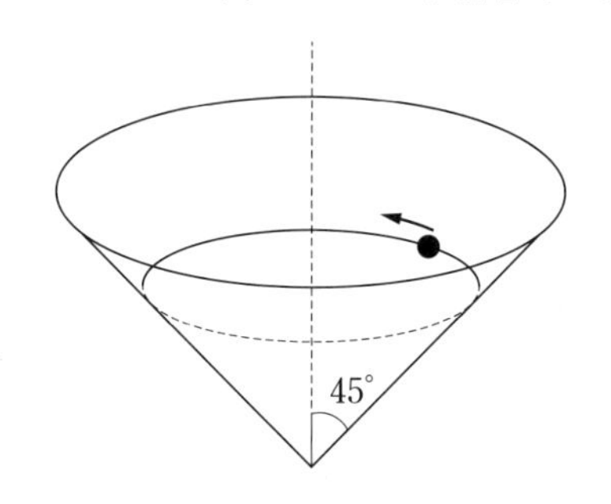

問 1 小球が円錐面から受けている抗力の大きさは，小球にはたらく重力の大きさの何倍か。［ 1 ］倍

問 2 小球の円運動の加速度の大きさは，重力加速度の大きさの何倍か。

［ 2 ］倍

問 3 小球の運動エネルギーは位置エネルギーの何倍か。ただし，位置エネルギーは，小球が円錐の頂点にある場合を 0 とする。

［ 3 ］倍

［ 1 ］～［ 3 ］の解答群

① 1　② $\frac{1}{\sqrt{2}}$　③ $\frac{1}{2}$　④ $\sqrt{2}$　⑤ 2

〔1985 年　共通一次　改〕

1回目　／　2回目　／

5日目 慣性力

例題5 エレベーター内の小球

目安10分

図のように質量 m の小球が，エレベーターの天井から軽い糸でつるされている。エレベーター（中の人を含む）の質量は M である。次の問いの答えを，それぞれの解答群のうちから1つずつ選べ。ただし，重力加速度の大きさを g とする。

〔A〕　このエレベーターを，鉛直上方へ一定の大きさ F の力で引き上げるときの運動について考える。上昇加速度の大きさを a，小球をつるしている糸の張力の大きさを T とする。

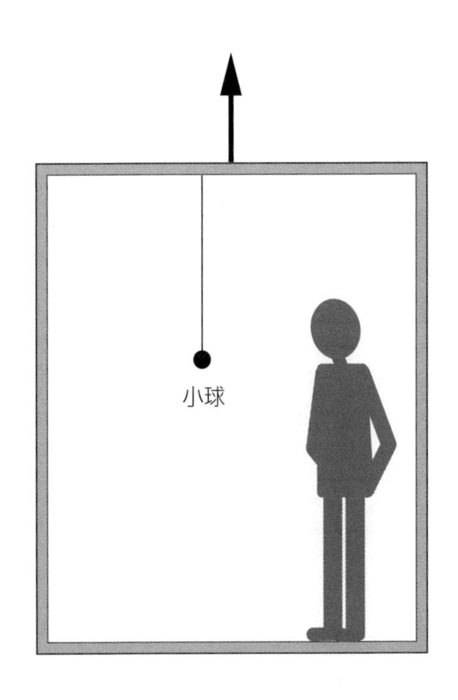

問 1 エレベーター（中の人を含む）および小球について，それぞれの運動方程式として正しいものはどれか。 [1]

① $\begin{cases} Ma = F + T + Mg \\ ma = -T - mg \end{cases}$ ② $\begin{cases} Ma = F + T + Mg \\ ma = -T + mg \end{cases}$ ③ $\begin{cases} Ma = F - T + Mg \\ ma = T - mg \end{cases}$

④ $\begin{cases} Ma = F - T + Mg \\ ma = T + mg \end{cases}$ ⑤ $\begin{cases} Ma = F + T - Mg \\ ma = T - mg \end{cases}$ ⑥ $\begin{cases} Ma = F + T - Mg \\ ma = T + mg \end{cases}$

⑦ $\begin{cases} Ma = F - T - Mg \\ ma = T - mg \end{cases}$ ⑧ $\begin{cases} Ma = F - T - Mg \\ ma = T + mg \end{cases}$

第1章

問 2 エレベーターを引き上げる力の大きさFはいくらか。$F =$ [2]

① Mg ② $(M + m)g$ ③ $(M - m)g$ ④ $(M + m)(a + g)$

⑤ Ma ⑥ $(M + m)a$ ⑦ $(M - m)a$ ⑧ $(M + m)(a - g)$

問 3 小球をつるしている糸の張力の大きさTは，エレベーターが静止している場合と比べて，何倍になるか。 [3] 倍

① $\dfrac{a}{g}$ ② $1 + \dfrac{a}{g}$ ③ $1 - \dfrac{a}{g}$ ④ $a - g$

⑤ $\dfrac{g}{a}$ ⑥ $1 + \dfrac{g}{a}$ ⑦ $1 - \dfrac{g}{a}$ ⑧ $a + g$

〔B〕 次に，力の大きさFを変えないで，小球をつるしている糸を静かに切ったところ，上昇加速度の大きさがbに変わった。

問 4 このとき，エレベーターの中の人が小球の運動を観測すると，小球にはたらいているように見える力の大きさはいくらか。 [4]

① $m(b - g)$ ② $\dfrac{m^2}{M}(b - g)$ ③ $(M + m)(b - g)$

④ $m(b + g)$ ⑤ $\dfrac{m^2}{M}(b + g)$ ⑥ $(M + m)(b + g)$

⑦ $\dfrac{m}{M}(M + m)(b - g)$ ⑧ $\dfrac{m}{M}(M + m)(b + g)$

〔1987年　共通一次〕

例題 5 解答・解説

[問題のテーマ] 等加速度運動している物体の内外の立場で運動方程式，またはつりあいの式を正しく立てられることが重要である。

解答 問1 [1] ⑦ 問2 [2] ④ 問3 [3] ② 問4 [4] ④

Keywords 慣性力，運動方程式，つりあいの式

CHART 5

慣性力

観測者が加速度 $\vec{a}$ の加速度運動をしているとき，質量 m の物体には通常の力のほかに，慣性力 $-m\vec{a}$ がはたらく。

鉛直方向の加速度運動（a: エレベーターの加速度）

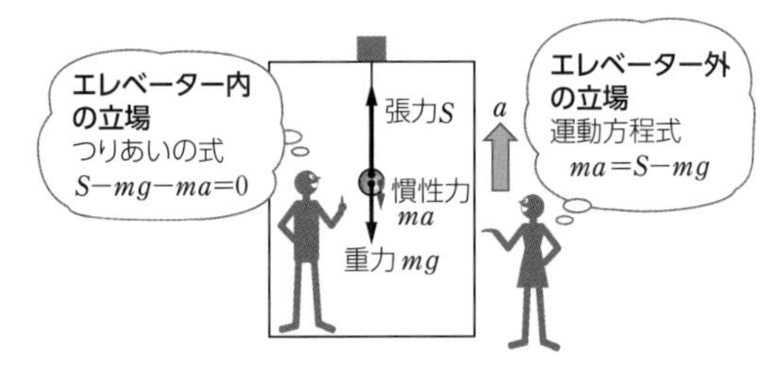

水平方向の加速度運動（$\vec{a}$: 電車の加速度）

＊慣性力を考えるのは，観測者が加速度運動をしているとき。

解説

問 1 各物体ごとに，はたらく力と加速度を図示する。

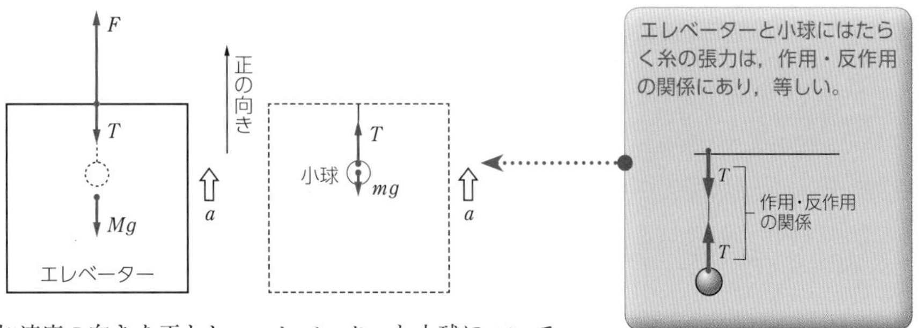

加速度の向きを正とし，エレベーターと小球についてそれぞれの運動方程式を立てると

エレベーター：$Ma = F - T - Mg$ ……①

小球　　　　：$ma = T - mg$ ……②

よって，正解は ⑦

問 2 ①式＋②式より

$$Ma + ma = F - Mg - mg$$

よって　$F = (M + m)a + (M + m)g = (M + m)(a + g)$

したがって，正解は ④

問 3 エレベーター静止時の張力を T_0 とすると

$T_0 = mg$ ……③

静止している場合，加速度は 0 なので，張力と重力はつりあう。

②，③式より

$$\frac{T}{T_0} = \frac{mg + ma}{mg} = 1 + \frac{a}{g}$$

したがって，正解は ②

問 4 エレベーターの中の人が観測する，小球にはたらいている力を f とすると

$f = mg + mb = m(g + b)$

エレベーター内での立場の場合，慣性力を含めて考える。慣性力は加速度と逆向きにはたらくので，下向きに mb となる。

よって，正解は ④

演習問題

9 エレベーター内の小球の運動

目安5分

エレベーターの中に質量 m の小球が，天井から軽い糸でつるされている。このエレベーターを下向きの加速度 a で下降させた。エレベーターの床から小球までの高さを h，重力加速度の大きさを g とする。

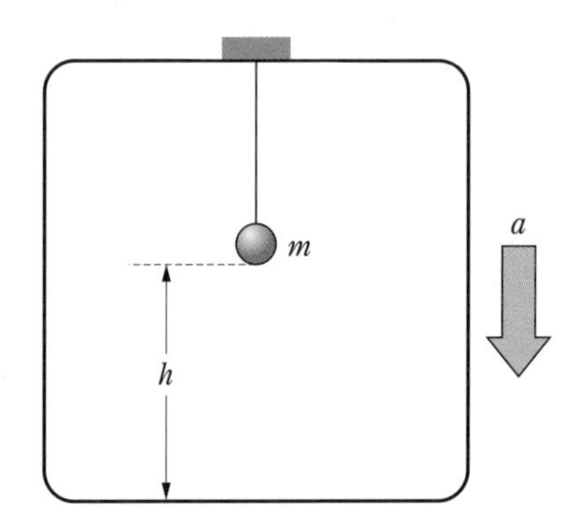

問 1 糸が小球を引く力の大きさ S はいくらか。次の ① ～ ⑤ のうちから正しいものを1つ選べ。 [1]

① mg　② $m(g+a)$　③ $m(g-a)$

④ ma　⑤ 0

問 2 糸が突然切れたとする。糸が切れてから，小球がエレベーターの床に当たるまでの時間 t はいくらか。次の ① ～ ⑦ のうちから正しいものを1つ選べ。

[2]

① $\sqrt{\dfrac{2h}{g+a}}$　② $\sqrt{\dfrac{2h}{g-a}}$　③ $\sqrt{\dfrac{2h}{g}}$　④ $\sqrt{\dfrac{h}{2(g-a)}}$

⑤ $\sqrt{\dfrac{h}{2g}}$　⑥ $\sqrt{\dfrac{2h}{a}}$　⑦ $\sqrt{\dfrac{h}{2a}}$

10 加速度運動をする電車内の台車の運動

目安5分

図のように，電車内の水平な床の上に傾きの角 θ のなめらかな斜面を固定して置き，その上に台車をのせる。地面に静止した人から見た電車の加速度を a〔m/s²〕（右向きを正とする），重力加速度の大きさを g〔m/s²〕とする。

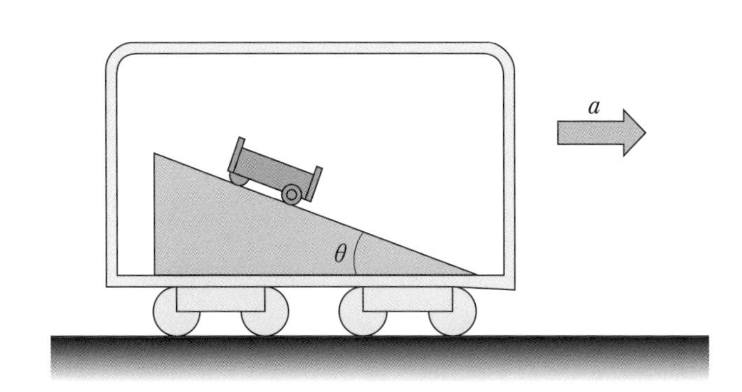

問 1 車内の人から見たときの，台車の斜面方向の加速度 a'〔m/s²〕はいくらか。次の ①～⑧ のうちから正しいものを1つ選べ。斜面方向下向きを正の向きとする。

[1] m/s²

① $g\sin\theta + a\cos\theta$　② $g\sin\theta - a\cos\theta$　③ $g\sin\theta$

④ $g\cos\theta$　⑤ $g\cos\theta + a\sin\theta$　⑥ $g\cos\theta - a\sin\theta$

⑦ $a\cos\theta$　⑧ $a\sin\theta$

問 2 電車の加速度 a がある値 a_0 であったとき，車内の人から見て台車は静止しているように見えたとする。a_0〔m/s²〕はいくらか。次の ①～⑤ のうちから正しいものを1つ選べ。[2] m/s²

① $g\sin\theta$　② $g\cos\theta$　③ 0　④ $g\tan\theta$　⑤ $\dfrac{g}{\tan\theta}$

第1章

1回目　／　2回目　／

6日目 単振動

例題6　単振り子

目安10分

長さ l の糸と小球からなる振り子がある。支持点がQにあり，この振り子が単振り子として，図のように xy 面に平行に振動する場合について，次の問いの答えを，それぞれの解答群のうちから1つずつ選べ。ただし，重力加速度の大きさを g とし，空気の抵抗および支持点の摩擦は無視できるものとし，その振幅 a は l に比べて十分小さいものとする。また，座標軸は図のようにとる。

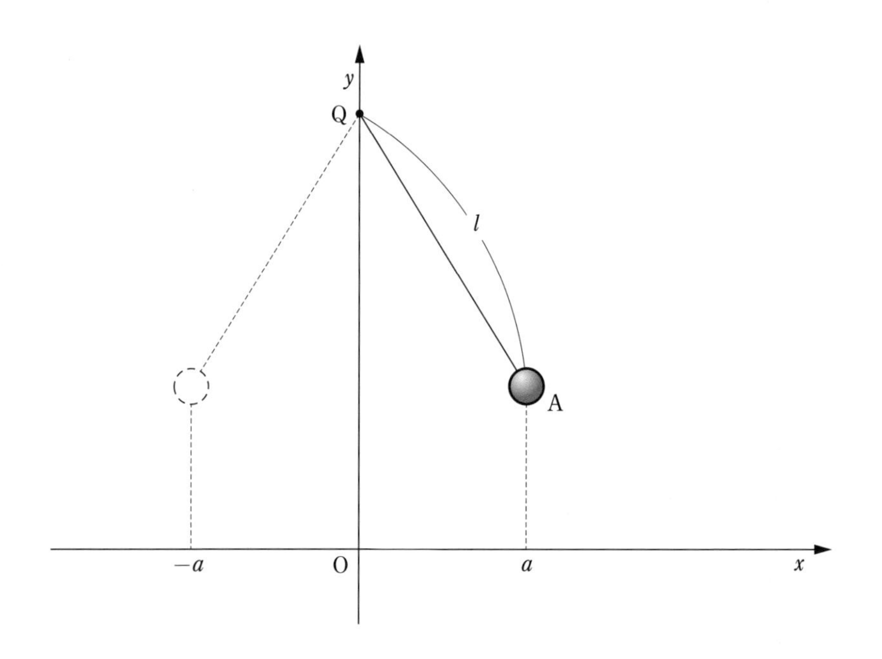

問 1 振り子の周期 T はいくらか。T = [1]

① $2\pi\sqrt{\dfrac{a}{g}}$　② $2\pi\sqrt{\dfrac{g}{a}}$　③ $\sqrt{\dfrac{a}{g}}$　④ $\sqrt{\dfrac{g}{a}}$

⑤ $2\pi\sqrt{\dfrac{l}{g}}$　⑥ $2\pi\sqrt{\dfrac{g}{l}}$　⑦ $\sqrt{\dfrac{l}{g}}$　⑧ $\sqrt{\dfrac{g}{l}}$

問 2 小球の位置は，時刻 t の関数として表すことができる。

（ア）小球が図の A 点に達した時刻を $t=0$ として，その x 座標を表す式はどれか。

[2]

① $a\sin\left(\dfrac{2\pi}{T}t\right)$　② $a\sin\left(\dfrac{2\pi}{T}t+\dfrac{\pi}{4}\right)$

③ $a\cos\left(\dfrac{2\pi}{T}t\right)$　④ $a\cos\left(\dfrac{2\pi}{T}t+\dfrac{\pi}{4}\right)$

⑤ $-a\sin\left(\dfrac{2\pi}{T}t\right)$　⑥ $-a\sin\left(\dfrac{2\pi}{T}t+\dfrac{\pi}{4}\right)$

⑦ $-a\cos\left(\dfrac{2\pi}{T}t\right)$　⑧ $-a\cos\left(\dfrac{2\pi}{T}t+\dfrac{\pi}{4}\right)$

（イ）小球の速さの最大値はいくらか。[3]

① $\dfrac{a}{2\pi T}$　② $\dfrac{a}{\pi T}$　③ $\dfrac{2a}{\pi T}$　④ $\dfrac{\pi a}{2T}$

⑤ $\dfrac{\pi a}{T}$　⑥ $\dfrac{2\pi a}{T}$　⑦ $\dfrac{\pi a}{lT}$　⑧ $\dfrac{\pi l}{aT}$

〔1987 年　共通一次　改〕

例題 6 解答・解説

[問題のテーマ] 単振り子が単振動とみなせる場合，角振動数 ω を求め，単振動の式と対応させていくことが重要である。

解答　問1 [1] ⑤　問2 (ア) [2] ③　(イ) [3] ⑥

Keywords　単振り子，単振動，角振動数，周期

単振動の式

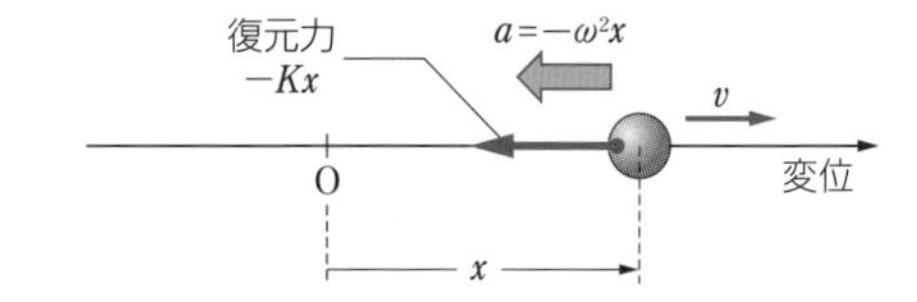

運動方程式	$ma=-Kx$ （K: 正の定数）	
変位	$x=A\sin\omega t$	→ $\omega=\sqrt{\dfrac{K}{m}}$
速度	$v=A\omega\cos\omega t$	
加速度	$a=-A\omega^2\sin\omega t=-\omega^2x$	

周期　$T=\dfrac{2\pi}{\omega}=2\pi\sqrt{\dfrac{m}{k}}=2\pi\sqrt{\dfrac{l}{g}}$

（ばね振り子）（単振り子）

＊ m：質量，ω：角振動数，t：時間，k：ばね定数，

l：振り子の長さ，g：重力加速度の大きさ

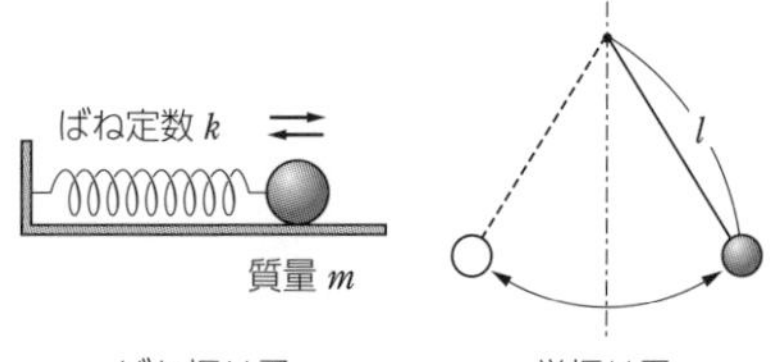

解説

問 1 単振り子の周期の式より

$$T = 2\pi\sqrt{\frac{l}{g}}$$

よって，正解は ⑤

(注) $T = 2\pi\sqrt{\dfrac{l}{g}}$ の式は，振り子の長さに比べて振幅が十分小さいときに成りたつ。

(補足) $K = \dfrac{mg}{l}$ とおくと　復元力 $F = -Kx$ の単振動とみなせる。

単振動の周期の式 $T = 2\pi\sqrt{\dfrac{m}{K}}$ に代入すると $T = 2\pi\sqrt{\dfrac{l}{g}}$ となる。

問 2 （ア）単振動の角振動数は　$\omega = \dfrac{2\pi}{T}$

$$x = a\sin\left(\frac{2\pi}{T}t + \alpha\right) \quad \cdots\cdots ①$$

$t = 0$ のとき $x \neq 0$ なので初期位相 α を考慮した式とする。

とおくと

$t = 0$ のとき，$x = a$ より

$$a = a\sin\alpha$$

したがって　$\sin\alpha = 1$ より　$\alpha = \dfrac{\pi}{2}$

$\alpha = \dfrac{\pi}{2}$ を①式に代入すると

$$x = a\sin\left(\frac{2\pi}{T}t + \frac{\pi}{2}\right) = a\cos\left(\frac{2\pi}{T}t\right)$$

したがって，正解は ③

（イ）単振動の速さの最大値は

$$a\omega = \frac{2\pi a}{T}$$

単振動の速度 $v = A\omega\cos\omega t$ の式をもとに考えると，$|\cos\omega t| = 1$ のときの値が最大値となる（最大値 $A\omega$）。

よって，正解は ⑥

演習問題

11 単振り子

目安5分

質量 m の小球を天井から長さ l の軽い糸でつるす。重力加速度の大きさを g として，次の問いの答えを，それぞれの解答群のうちから1つずつ選べ。

問1 図のように，小球を少し横に引いて，糸が鉛直方向と小さな角 θ だけ傾いたところで手をはなした。その瞬間に，小球をもとの位置に引きもどそうとする力の大きさはいくらか。 [1]

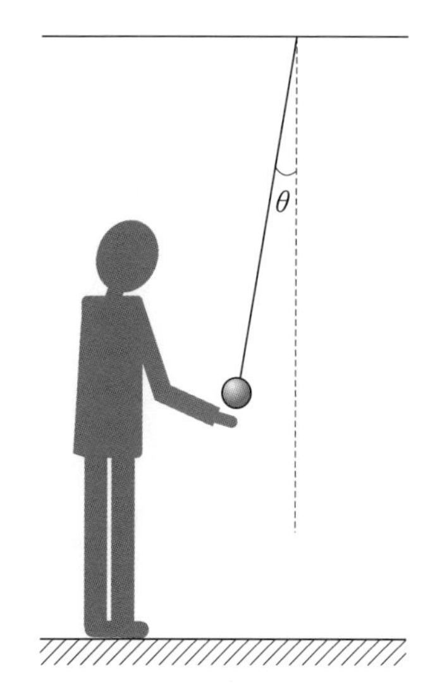

① mg　② $mg\sin\theta$　③ $mg\cos\theta$　④ 0　⑤ $\dfrac{mg}{\sin\theta}$　⑥ $\dfrac{mg}{\cos\theta}$

問2 その後，小球は単振動を始めた。この振動の周期はいくらか。 [2]

① $\dfrac{2\pi l}{g}$　② $\dfrac{2\pi g}{l}$　③ $2\pi\sqrt{\dfrac{l}{g\sin\theta}}$　④ $2\pi\sqrt{\dfrac{l}{g\cos\theta}}$

⑤ $2\pi\sqrt{\dfrac{l}{g}}$　⑥ $2\pi\sqrt{\dfrac{g}{l}}$　⑦ $2\pi\sqrt{\dfrac{g\sin\theta}{l}}$　⑧ $2\pi\sqrt{\dfrac{g\cos\theta}{l}}$

12 鉛直ばね振り子

目安８分

図のように，ばね定数がそれぞれ k_A，k_B の２つの軽いばねA，Bの一端を質量 m の小球につなぎ，Aの他端を天井に，Bの他端をその床に，ばねが鉛直になるように固定した。２つのばねの自然の長さの和は，床から天井までの高さに等しいものとし，重力加速度の大きさを g とする。次の問いの答えを，それぞれの解答群のうちから１つ選べ。

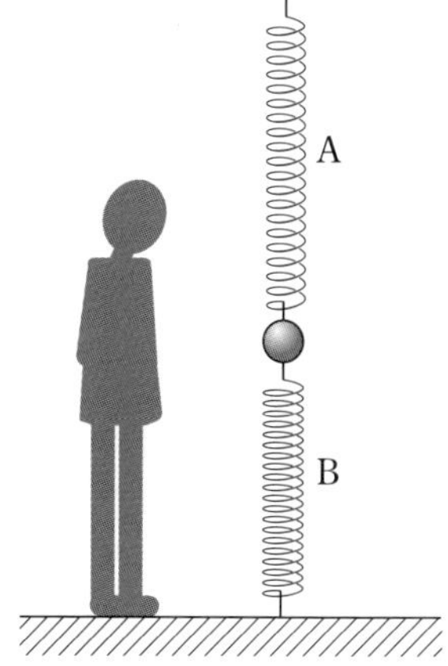

問 1　小球が静止しているとき，ばねAの自然の長さからの伸びはいくらか。［ 1 ］

① $\dfrac{mg}{k_A + k_B}$　② $\dfrac{mg}{k_A - k_B}$　③ $\dfrac{k_A + k_B}{mg}$　④ $\dfrac{k_A - k_B}{mg}$

問 2　その後，ばねBを突然取り除いたところ，小球は上下方向に単振動を始めた。振動の振幅はいくらか。［ 2 ］

① $\dfrac{k_A}{mg}$　② $\dfrac{mg}{k_A}$　③ $\dfrac{mgk_B}{k_A(k_A + k_B)}$　④ $\dfrac{mgk_A}{k_B(k_A + k_B)}$

問 3　単振動の周期はいくらか。［ 3 ］

① $2\pi\sqrt{\dfrac{m}{g}}$　② $\dfrac{mg}{k_A + k_B}$　③ $\dfrac{mg}{k_A - k_B}$　④ $\dfrac{mg}{k_A}$

⑤ $2\pi\sqrt{\dfrac{m}{k_A + k_B}}$　⑥ $2\pi\sqrt{\dfrac{m}{k_A}}$

1回目　／　2回目　／

7日目 万有引力

例題 7 人工衛星の運動

目安10分

図のように，質量 m の人工衛星が，地表から高さ h の所を円軌道を描いて飛んでいる。地球の半径を R，質量を M とし，万有引力定数を G とする。次の問いの答えを，それぞれの解答群のうちから1つずつ選べ。

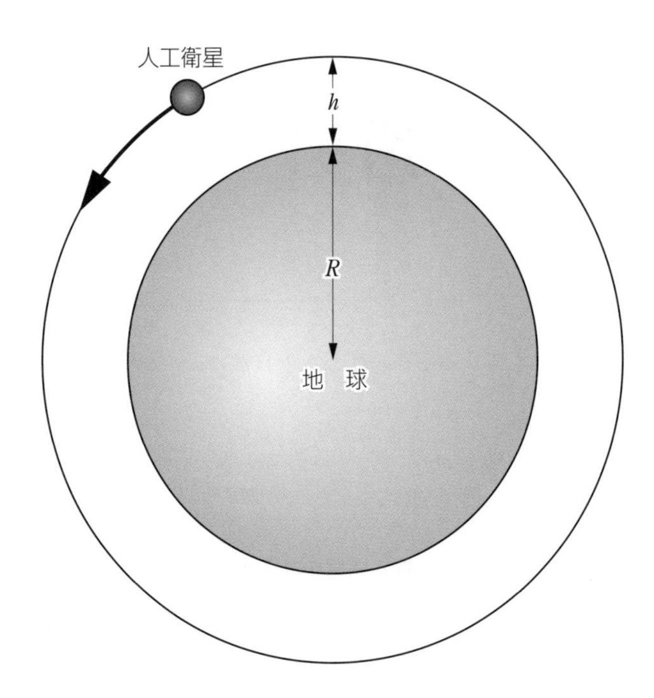

人工衛星の等速円運動について考えてみよう。

問 1 人工衛星の速さを V とすると，等速円運動の加速度の大きさはいくらか。

1

① $(R+h)V^2$　② $R(R+h)V^2$　③ $\dfrac{V^2}{(R+h)^2}$　④ $\dfrac{V^2}{R+h}$

⑤ $m(R+h)V^2$　⑥ $mR(R+h)V^2$　⑦ $\dfrac{mV^2}{(R+h)^2}$　⑧ $\dfrac{mV^2}{R+h}$

問 2 地球と衛星の間にはたらく万有引力の大きさはいくらか。 | 2 |

① $G\dfrac{Mm}{(R+h)^2}$　② $G\dfrac{Mm}{R(R+h)}$　③ $G\dfrac{Mm}{R^2}$　④ $G\dfrac{Mm}{h^2}$

⑤ $G\dfrac{Mm}{h(R+h)}$　⑥ $G\dfrac{Mm}{R+h}$　⑦ $G\dfrac{Mm}{h}$　⑧ $GMmh$

問 3 衛星の運動エネルギーに等しい式はどれか。 | 3 |

① $G\dfrac{Mm}{R+h}$　② $\dfrac{G}{2}\dfrac{Mm}{R+h}$　③ $G\dfrac{Mm}{R}$　④ $\dfrac{G}{2}\dfrac{Mm}{R}$

⑤ $G\dfrac{Mm}{(R+h)^2}$　⑥ $\dfrac{G}{2}\dfrac{Mm}{(R+h)^2}$

ここで，$m=1.0\times10^2$ kg，$R=6.4\times10^3$ km，$h=2.0\times10^2$ km，
$GM=4.0\times10^{14}$ m^3/s^2 とすれば，この運動エネルギーの大きさは，ほぼいくらか。

| 4 | J

① 7.9×10^3　② 3.0×10^5　③ 6.3×10^7　④ 1.0×10^9

⑤ 3.0×10^9　⑥ 4.0×10^{10}　⑦ 5.2×10^{11}　⑧ 3.0×10^{14}

〔1986年　共通一次〕

例題 7 解答・解説

[問題のテーマ] 万有引力を受けて等速円運動する物体の問題である。万有引力が向心力としてはたらくことに留意する。

解答 問1 [1] ④ 問2 [2] ① 問3 [3] ② [4] ⑤

Keywords 万有引力，向心力，等速円運動

万有引力

万有引力の法則

２つの物体が及ぼしあう万有引力の大きさ F は，２物体の質量 m, M の積に比例し，物体間の距離 r の２乗に反比例する。

万有引力の大きさ　$F = G\dfrac{Mm}{r^2}$

位置エネルギー　$U = -G\dfrac{Mm}{r}$　（基準点：無限遠）

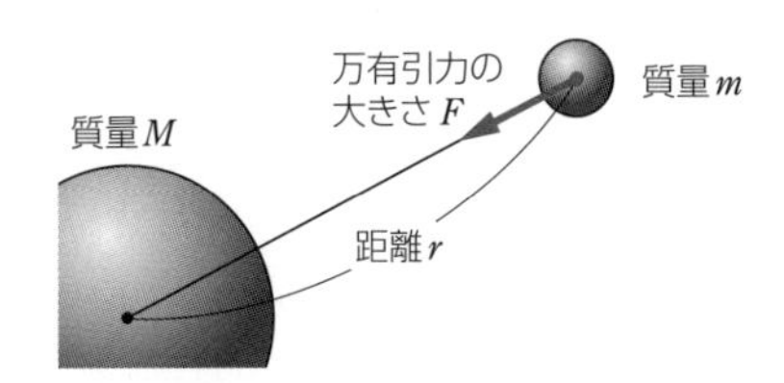

万有引力を受ける運動

円運動の運動方程式（→ p.26）（等速円運動する場合のみ）。

力学的エネルギー保存則　$\dfrac{1}{2}mv^2 + \left(-G\dfrac{Mm}{r}\right) =$ 一定

解説

人工衛星の等速円運動の半径を r, 加速度（向心加速度）を a, 人工衛星が受ける力の大きさを F とする。

問 1　$a = \dfrac{V^2}{r}$ ， $r = R + h$ 　より

$$a = \frac{V^2}{R + h} \quad \cdots\cdots①$$

よって，正解は ④

問 2　万有引力の法則より

$$F = G\frac{Mm}{(R + h)^2} \quad \cdots\cdots②$$

よって，正解は ①

問 3　人工衛星の等速円運動の向心力は万有引力なので，運動方程式 $ma = F$ と①，②式より

$$m\frac{V^2}{R + h} = G\frac{Mm}{(R + h)^2} \text{ となるので } V^2 = G\frac{M}{R + h}$$

よって，人工衛星の運動エネルギー K は

$$K = \frac{1}{2}mV^2 = \frac{1}{2}m \cdot G\frac{M}{R + h} = \frac{G}{2} \cdot \frac{Mm}{R + h}$$

したがって， 3 の正解は ②

$$K = \frac{G}{2} \cdot \frac{Mm}{R + h}$$

$$= \frac{GM \cdot m}{2(R + h)}$$

$$= \frac{4.0 \times 10^{14} \times 1.0 \times 10^2}{2(6.4 \times 10^3 + 2.0 \times 10^2) \times 10^3} = \frac{100}{33} \times 10^9 \fallingdotseq 3.0 \times 10^9 \text{ J}$$

よって， 4 の正解は ⑤

演 習 問 題

13 人工衛星の運動

目安5分

地球のまわりを，質量 m の人工衛星が地上からの高さ h で等速円運動をしている。地球は質量 M で半径 R の均質な球とし，地球の自転，公転および他の天体からの影響は考えない。次の問いの答えを，それぞれの解答群のうちから1つずつ選べ。

問 1 この人工衛星にはたらいている万有引力の大きさは，地上にあったときの何倍か。 [1] 倍

① $\dfrac{R}{R+h}$　② $\dfrac{R^2}{(R+h)^2}$　③ $\dfrac{R+h}{R}$　④ $\dfrac{(R+h)^2}{R^2}$

⑤ $\dfrac{h}{R}$　⑥ $\dfrac{h^2}{R^2}$　⑦ $\dfrac{R}{h}$　⑧ $\dfrac{R^2}{h^2}$

問 2 人工衛星の速さ v はいくらか。ただし，万有引力定数を G とする。

$v =$ [2]

① $\dfrac{M}{m}\sqrt{\dfrac{GM}{R+h}}$　② $\dfrac{M}{m}\sqrt{\dfrac{2GM}{R+h}}$　③ $\dfrac{GM}{\sqrt{R+h}}$

④ $GM\sqrt{\dfrac{2}{R+h}}$　⑤ $\sqrt{\dfrac{GM}{R+h}}$　⑥ $\sqrt{\dfrac{2GM}{R+h}}$

⑦ $\dfrac{\sqrt{GM}}{R+h}$　⑧ $\dfrac{\sqrt{2GM}}{R+h}$

問 3 人工衛星の軌道半径が月の公転の軌道半径の $\dfrac{1}{4}$ であるとき，人工衛星の公転周期は何日か。ただし，月の公転周期を27日とする。 [3] 日

① 54　② 27　③ 14　④ 6.8

⑤ 4.8　⑥ 3.4　⑦ 2.4　⑧ 1.7

〔1989年　共通一次〕

14 人工衛星

目安8分

地球のまわりを回る人工衛星の運動を考えよう。地球の質量を M, 万有引力定数を G とする。次の問いの答えを, それぞれの解答群のうちから 1 つずつ選べ。

〔A〕 最初, 質量 m の人工衛星が地球を中心とする正確な円軌道を描いていた。

問 1 軌道の半径が r で, 角速度が ω のとき, これにはたらく向心力の大きさは [1] である。

① $\dfrac{m\omega}{r}$　② $\dfrac{m\omega^2}{r}$　③ $\dfrac{m\omega}{r^2}$　④ $mr\omega$　⑤ $mr\omega^2$　⑥ $mr^2\omega$

問 2 人工衛星の, 角速度 ω と軌道半径 r との間には [2] の関係がある。ただし, K は軌道半径によらない定数である。

① $\omega^2r^2 = K$　② $\omega^2r^3 = K$　③ $\omega^3r^2 = K$

④ $\dfrac{\omega^2}{r^2} = K$　⑤ $\dfrac{\omega^2}{r^3} = K$　⑥ $\dfrac{\omega^3}{r^2} = K$

〔B〕 質量 m' の人工衛星が, 地球の中心 O を焦点の 1 つとする, 図のような楕円軌道を描いている。地球に最も近い点を P (OP=r), その反対側の地球から最も遠くなる点を Q (OQ=xr) とする。

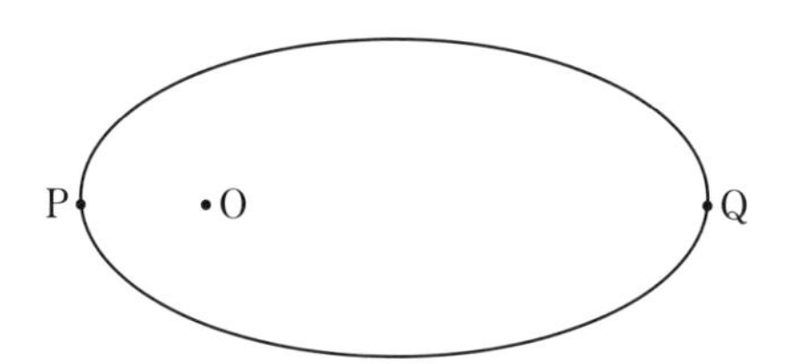

問 3 人工衛星の Q 点での位置エネルギー U_Q と P 点での位置エネルギー U_P との差を, x を使って表すとどうなるか。$U_Q - U_P =$ [3]

① $\dfrac{GMm'}{r}\dfrac{(x-1)}{x}$　② $-\dfrac{GMm'}{r}\dfrac{(x-1)}{x}$　③ $\dfrac{GMm'}{r}\dfrac{x}{(x-1)}$

④ $-\dfrac{GMm'}{r}\dfrac{x}{(x-1)}$　⑤ $\dfrac{GMm'}{r}\dfrac{(x-1)^2}{x^2}$　⑥ $-\dfrac{GMm'}{r}\dfrac{(x-1)^2}{x^2}$

⑦ $\dfrac{GMm'}{r}\dfrac{x^2}{(x-1)^2}$　⑧ $-\dfrac{GMm'}{r}\dfrac{x^2}{(x-1)^2}$

〔1992 年　センター試験〕

1回目　／　2回目　／

8日目 気体の状態変化①

例題 8 ピストンでつながれた容器

目安12分

図のように，断熱壁で作られた円筒型容器AとBを水平に固定し，断熱材で作られたなめらかに動くピストンを，伸び縮みしない棒で連結する。両容器の直径は同じである。CおよびDは温度調節器である。両方の容器にはそれぞれ1 molずつの単原子分子の理想気体が入っている。最初，容器内の気体の体積，圧力，温度はA，Bともに，それぞれV_0，p_0，T_0であった。次に，温度調節器C，Dを用いて容器A内の温度を$T(T > T_0)$に上げ，容器B内の温度をT_0に保った。このときピストンは，はじめの位置から動き，容器A内の気体の体積，圧力はそれぞれV_A，p_Aとなり，容器B内の気体の体積，圧力はそれぞれV_B，p_Bとなった。次の問いの答えを，それぞれの解答群のうちから1つずつ選べ。

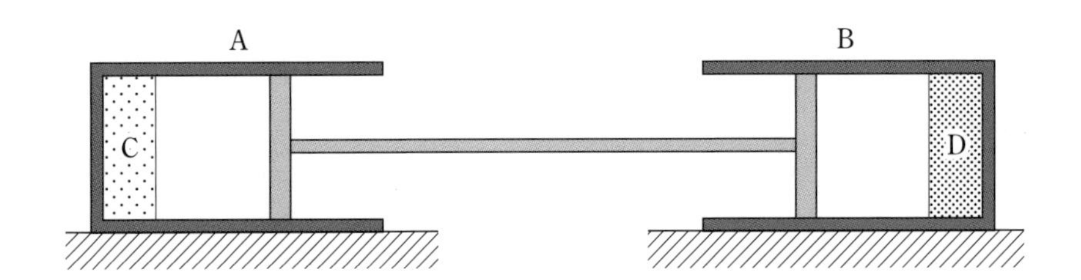

問1　V_A，V_B および V_0 の間に成りたつ関係式はどれか。 [1]

① $V_A + V_B = V_0$　② $2(V_A + V_B) = V_0$　③ $V_A - V_B = V_0$

④ $V_B - V_A = V_0$　⑤ $V_A + V_B = 2V_0$　⑥ $2V_A - V_B = V_0$

⑦ $V_A \times V_B = V_0^2$　⑧ $V_A^2 + V_B^2 = V_0^2$

問2　容器A内の気体の体積 V_A はいくらか。 $V_A =$ [2]

① $\dfrac{2T}{T + T_0}V_0$　② $\dfrac{2T_0}{T + T_0}V_0$　③ $\dfrac{2T}{T - T_0}V_0$　④ $\dfrac{2T_0}{T - T_0}V_0$

⑤ $\dfrac{T + T_0}{T - T_0}V_0$　⑥ $\dfrac{T}{T + T_0}V_0$　⑦ $\dfrac{T_0}{T + T_0}V_0$　⑧ $\dfrac{T}{T - T_0}V_0$

問3　容器A内の気体の内部エネルギーはいくら増加したか。ただし，気体定数を R とする。 [3]

① $\dfrac{1}{2}RT$　② RT　③ $\dfrac{3}{2}RT$　④ $\dfrac{5}{2}RT$

⑤ $\dfrac{1}{2}R(T - T_0)$　⑥ $R(T - T_0)$　⑦ $\dfrac{3}{2}R(T - T_0)$　⑧ $\dfrac{5}{2}R(T - T_0)$

問4　温度調節器Cが放出した熱量を Q とすると，温度調節器Dが吸収した熱量はいくらか。 [4]

① $Q - \dfrac{5}{2}R(T - T_0)$　② $Q - \dfrac{3}{2}R(T - T_0)$　③ $Q - R(T - T_0)$

④ $Q - \dfrac{1}{2}R(T - T_0)$　⑤ Q　⑥ $Q + \dfrac{1}{2}R(T - T_0)$

⑦ $Q + R(T - T_0)$　⑧ $Q + \dfrac{3}{2}R(T - T_0)$　⑨ $Q + \dfrac{5}{2}R(T - T_0)$

〔1987年　共通一次〕

例題 8 解答・解説

[問題のテーマ] ボイル・シャルルの法則，熱力学第一法則などの式を，状況に合わせて適切に使っていくことが重要である。

解答　問1 [1] ⑤　問2 [2] ①　問3 [3] ⑦　問4 [4] ②

Keywords　ボイル・シャルルの法則，熱力学第一法則，単原子分子理想気体の内部エネルギー

ボイル・シャルルの法則

$$\frac{pV}{T}=\text{一定}$$　p：圧力，V：体積，T：絶対温度

理想気体の状態方程式

$$pV=nRT$$　n：物質量（単位 mol），R：気体定数

単原子分子理想気体の内部エネルギー（U）

$$U=\frac{3}{2}nRT$$　（内部エネルギーの変化 $\Delta U=\frac{3}{2}nR\Delta T$）

熱力学第一法則

$$\Delta U=Q+W$$　ΔU：内部エネルギーの変化，
Q：物体に与えた熱量，W：物体にした仕事

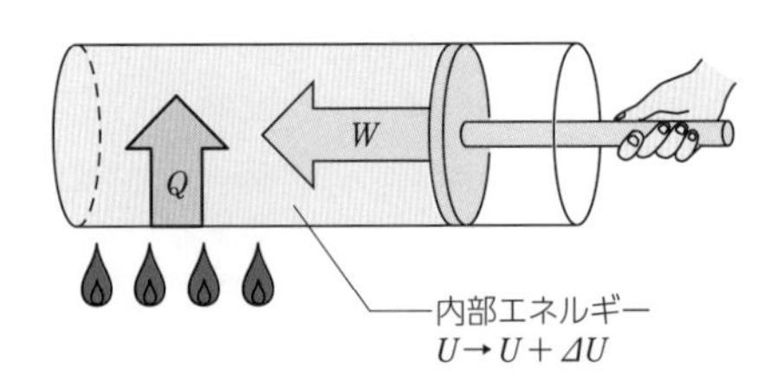

解説

問 1 連結されたピストンなので，A，B の容積の和は一定。

すなわち　$V_A + V_B = 2V_0$　……①　　したがって，正解は ⑤

問 2 ボイル・シャルルの法則より

容器 A：$\dfrac{p_0V_0}{T_0} = \dfrac{p_AV_A}{T}$　……②　　容器 B：$\dfrac{p_0V_0}{T_0} = \dfrac{p_BV_B}{T_0}$　……③

ピストンの断面積は等しく，はたらく力はつりあっているので　$p_A = p_B$　……④

> ピストンは容器内の気体からの圧力のほか，大気圧も受けている。

①，③，④式より

$$p_A = \frac{p_0V_0}{2V_0 - V_A} \quad \cdots\cdots ⑤$$

> ①式を変形した $V_B = 2V_0 - V_A$ を③式を変形した $p_B = p_0\dfrac{V_0}{V_B}$ に代入する。

⑤式を②式に代入して整理すると

$$V_A = \frac{2T}{T + T_0}V_0 \quad \cdots\cdots ⑥$$

> ⑤式を $p_0V_0 = (2V_0 - V_A)p_A$ として②式に代入し，$\dfrac{(2V_0 - V_A)p_A}{T_0} = \dfrac{p_AV_A}{T}$ として整理する。

よって，正解は ①

問 3 単原子分子理想気体の内部エネルギーの増加 ΔU は

$$\Delta U = \frac{3}{2}nR\Delta T$$

ここで，$n = 1\,\mathrm{mol}$，$\Delta T = T - T_0$ より

$$\Delta U = \frac{3}{2}R(T - T_0)$$

よって，正解は ⑦

問 4 B の気体の温度は変化しないので，内部エネルギー ΔU_B は変化しない。よって，D が吸収した熱量 Q' は，B の気体がされた仕事 W_B に等しい。また，A の気体がされた仕事を W_A とおくと，$W_B = -W_A$

気体 A について，熱力学第一法則より

$$\Delta U = Q + W_A = Q - W_B$$

よって，$Q' = W_B = Q - \Delta U = Q - \dfrac{3}{2}R(T - T_0)$

したがって，正解は ②

演　習　問　題

(15) ばね付きピストンで封じた気体

目安 12 分

図のように，温度調節器，断熱材で作られた容器とピストンおよび，ばねからなる装置がある。容器は床に固定され，ピストンの断面積は S である。外気の圧力は p_0 であり，容器内には最初，圧力 p_0，体積 V_0，温度 T_0 の単原子分子の理想気体 1 mol が入っている。ばねは自然の長さ l_0 の状態にあり，そのばね定数は k である。いま温度調節器から容器内の気体に熱を与えたところ，ピストンが動き，ばねが縮んで，その長さは l となり，気体の圧力は p，温度は T になった。次の問いの答えを，それぞれの解答群のうちから 1 つずつ選べ。ただし，気体定数を R とする。

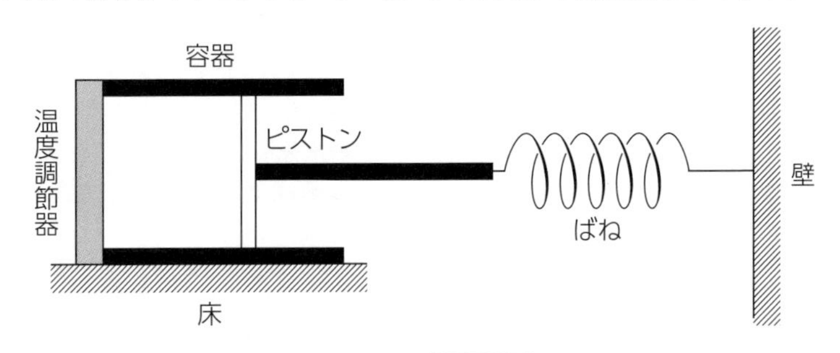

問 1　気体の圧力 p はいくらか。$p =$ [1]

① $p_0 - k(l_0 - l)$　② $p_0 + k(l_0 - l)$　③ $p_0 - \dfrac{k}{2S}(l_0 - l)^2$

④ $p_0 + \dfrac{k}{2S}(l_0 - l)^2$　⑤ $p_0 - \dfrac{k}{S}(l_0 - l)$　⑥ $p_0 + \dfrac{k}{S}(l_0 - l)$

⑦ p_0

問 2 容器内の気体の温度 T はいくらか。$T=$ [2]

① $\frac{1}{R}p_0\{V_0+(l_0-l)S\}$ ② $\frac{1}{R}p\{V_0+(l_0-l)S\}$ ③ $\frac{1}{R}p_0\{V_0-(l_0-l)S\}$

④ $\frac{1}{R}p\{V_0-(l_0-l)S\}$ ⑤ $\frac{2}{3R}p_0\{V_0+(l_0-l)S\}$ ⑥ $\frac{2}{3R}p\{V_0-(l_0-l)S\}$

⑦ $\frac{1}{R}p_0V_0$ ⑧ $\frac{1}{R}pV_0$

問 3 ばねに蓄えられたエネルギー E はいくらか。$E=$ [3]

① $\frac{1}{2}k(l_0-l)$ ② $\frac{1}{2}k(l_0-l)^2$ ③ $\frac{1}{2}k^2(l_0-l)$

④ $\frac{3}{2}k(l_0-l)$ ⑤ $\frac{3}{2}k(l_0-l)^2$ ⑥ $\frac{3}{2}k^2(l_0-l)$

⑦ $\frac{1}{2}k(l_0-l)^2-\frac{3}{2}RT$ ⑧ $\frac{1}{2}k(l_0-l)^2-\frac{5}{2}RT$

問 4 気体の内部エネルギーの増加 ΔU はいくらか。$\Delta U=$ [4]

① $\frac{1}{2}RT$ ② RT ③ $\frac{3}{2}RT$ ④ $\frac{5}{2}RT$

⑤ $\frac{1}{2}R(T-T_0)$ ⑥ $R(T-T_0)$ ⑦ $\frac{3}{2}R(T-T_0)$ ⑧ $\frac{5}{2}R(T-T_0)$

問 5 ピストンが外気にした仕事 W はいくらか。$W=$ [5]

① $p_0S(l_0-l)$ ② $p_0S(l_0+l)$ ③ $p_0(l_0-l)$ ④ $p_0(l_0+l)$

⑤ $pS(l_0-l)$ ⑥ $pS(l_0+l)$ ⑦ $p(l_0-l)$ ⑧ $p(l_0+l)$

問 6 温度調節器が放出した熱量 Q はいくらか。$Q=$ [6]

① $-E-\Delta U-W$ ② $E-\Delta U-W$ ③ $-E-\Delta U+W$

④ $E-\Delta U+W$ ⑤ $-E+\Delta U-W$ ⑥ $E+\Delta U-W$

⑦ $-E+\Delta U+W$ ⑧ $E+\Delta U+W$

〔1987年　共通一次〕

1回目　／　2回目　／

9日目 気体の状態変化②

例題 9 気体の循環過程

目安15分

密封された n〔mol〕の理想気体について，その状態の変化を考えよう。気体定数を R，定圧モル比熱を C_p，定積モル比熱を C_V として，次の問いの答えを，それぞれの解答群のうちから 1 つずつ選べ。

〔A〕 気体に図のような循環過程 a→b→c→d→a を行わせる。状態 a の圧力，体積，温度（絶対温度）は，それぞれ p_0，V_0，T_0 である。状態 a から温度を一定に保って膨張させ，体積が 2 倍になった状態を b とする。状態 b から体積を一定に保って温度を変え，圧力が p_0 になった状態を c とする。状態 c から温度を一定に保って体積を V_0 まで圧縮した状態を d とする。さらに，体積を一定に保ったままで温度を変えて最初の状態 a にもどす。

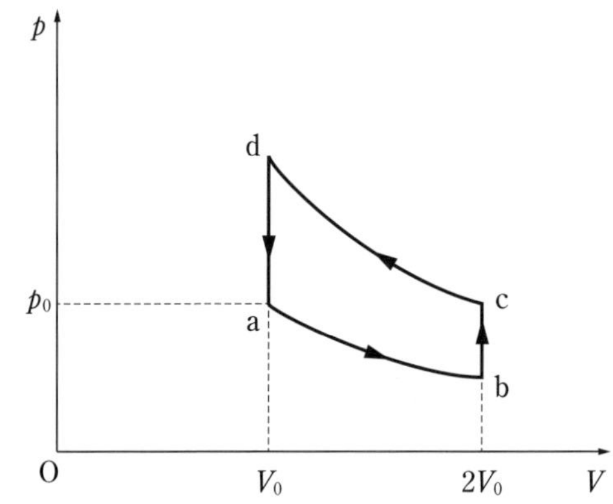

問 1 状態 b の気体の圧力はいくらか。 1

① $\frac{1}{4}p_0$　② $\frac{1}{3}p_0$　③ $\frac{1}{2}p_0$　④ $\frac{2}{3}p_0$　⑤ p_0　⑥ $\frac{3}{2}p_0$

問 2 状態 c の気体の温度はいくらか。 2

① $\frac{1}{2}T_0$　② T_0　③ $\frac{3}{2}T_0$　④ $2T_0$　⑤ $\frac{5}{2}T_0$　⑥ $3T_0$

問 3 a→b の過程で，気体が外界からされる仕事と外界から吸収する熱量の和はいくらか。 3

問 4 状態 d，a の気体の内部エネルギーをそれぞれ U_d，U_a とするとき，d→a の過程での内部エネルギーの変化，$U_a - U_d$ はいくらか。 [4]

問 5 圧力を一定に保って，状態 c から状態 a にもどる過程を考える。この c→a の過程で気体が外界からされる仕事 W と，外界から吸収する熱量 Q は，それぞれいくらか。W= [5]，Q= [6]

[3] ～ [6] の解答群

① nRT_0　② $-nRT_0$　③ $2nRT_0$　④ $-2nRT_0$

⑤ nC_pT_0　⑥ $-nC_pT_0$　⑦ $2nC_pT_0$　⑧ $-2nC_pT_0$

⑨ nC_VT_0　⓪ $-nC_VT_0$　ⓐ $2nC_VT_0$　ⓑ $-2nC_VT_0$

ⓒ 0

〔B〕 次に，図において，状態 a から断熱的に体積を $2V_0$ まで膨張させた状態を b′ とする。また，状態 c から断熱的に V_0 まで圧縮した状態を d′ とする。

問 6 気体に循環過程 a→b′→c→d′→a を行わせたときの，気体の圧力 p と体積 V の関係を表すグラフを選べ。ただし，破線は図の a→b→c→d→a を表す。

[7]

①

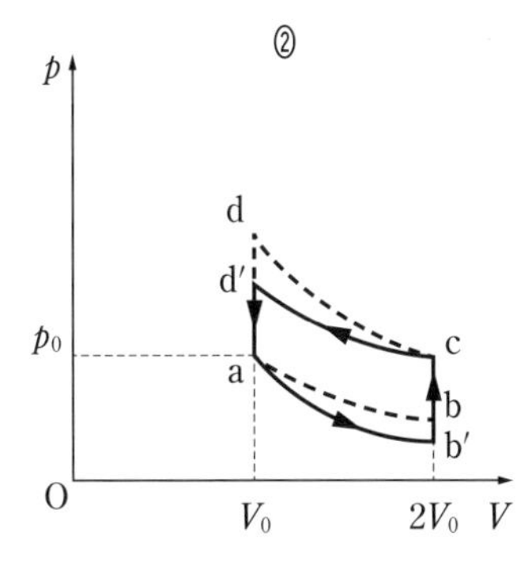

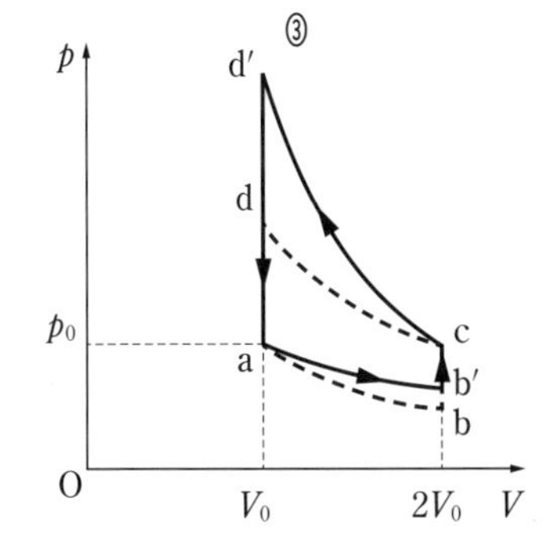

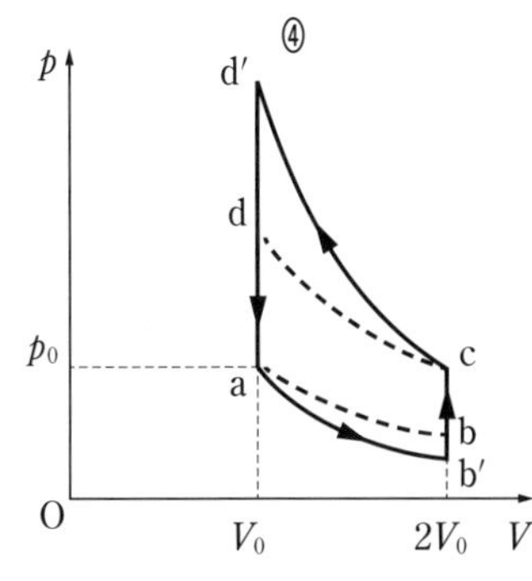

〔1994年　センター試験〕

例題 9 解答・解説

[問題のテーマ] p-V 図の問題では，定積，定圧，等温，断熱の状態変化の特徴を，熱力学第一法則の式に正しく適用することが重要である。

解答

問1 [1] ③　問2 [2] ④　問3 [3] ⓒ　問4 [4] ⓪
問5 [5] ①　[6] ⑥　問6 [7] ④

Keywords　p-V 図，気体の状態変化，定圧モル比熱，定積モル比熱

気体の状態変化

定積変化 $W=0,\ \Delta U=Q$

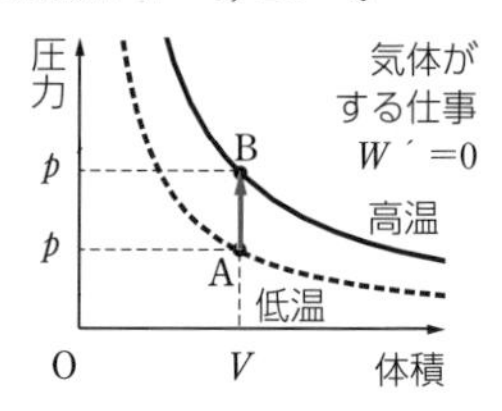

定圧変化 $W=-p\Delta V,\ \Delta U=Q-p\Delta V$

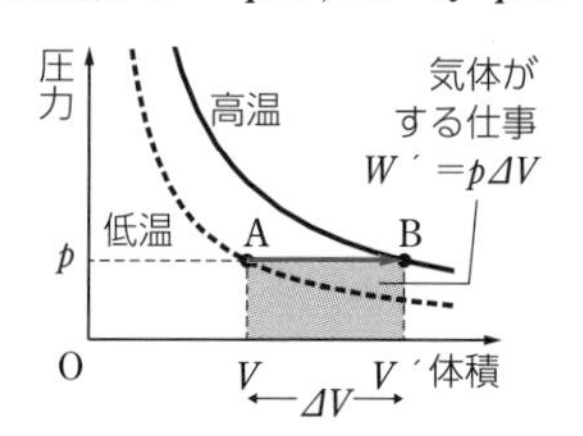

等温変化 $\Delta U=0,\ Q=-W$

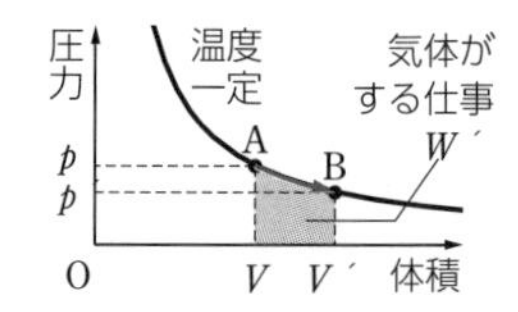

断熱変化 $Q=0,\ \Delta U=W$

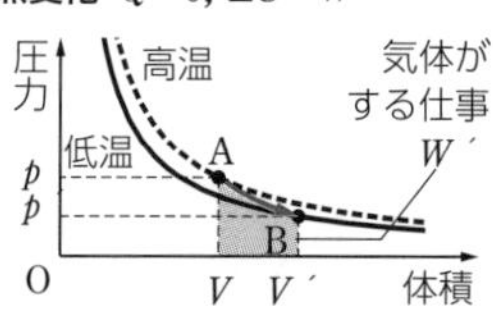

＊ W は気体がされる仕事，W' は気体がする仕事を示す（$W=-W'$）。

単原子分子理想気体のモル比熱

定積モル比熱　$C_V=\dfrac{3}{2}R$　　定圧モル比熱　$C_p=\dfrac{5}{2}R$

解説

状態bでの圧力をp_b，状態cでの温度をT_cとする。

問 1　$p_0V_0 = p_b \cdot 2V_0$　より　$p_b = \frac{1}{2}p_0$

したがって，正解は ③

a→bは等温変化なのでボイルの法則を適用する。

問 2　$\dfrac{\frac{1}{2}p_0}{T_0} = \dfrac{p_0}{T_c}$ より　$T_c = 2T_0$

したがって，正解は ④

b→cは定積変化なので
$\frac{p}{T}$＝一定

問 3　a→bでの内部エネルギーの変化をΔU_{ab}，

される仕事をW_{ab}，吸収する熱量をQ_{ab}とする。

a→bは等温変化より　$\Delta U_{ab} = 0$

また，熱力学第一法則より　$\Delta U_{ab} = Q_{ab} + W_{ab}$

よって，$Q_{ab} + W_{ab} = 0$となり，正解は ⓒ

問 4　d→aで気体がされる仕事をW_{da}，吸収する熱量をQ_{da}とする。

d→aは定積変化より，$W_{da} = 0$

熱力学第一法則より　$U_a - U_d = Q_{da} + W_{da}$

また，$Q_{da} = nC_V(T_0 - T_c) = -nC_VT_0$

よって $U_a - U_d = -nC_VT_0 + 0 = -nC_VT_0$

したがって，正解は ⓪

定積変化では
$\Delta U = Q = nC_V\Delta T$

問 5　$W = -p_0(V_0 - 2V_0) = p_0V_0$

$p_0V_0 = nRT_0$

より，$W = nRT_0$　よって $\boxed{5}$ の正解は ①

理想気体の状態方程式
(状態a)

また，$Q = nC_p(T_0 - T_c) = -nC_pT_0$　　よって，$\boxed{6}$ の正解は ⑥

問 6　断熱膨張では，$Q = 0$，$W < 0$となるので，

熱力学第一法則 $\Delta U = Q + W$より $\Delta U < 0$

よって，$2V_0$まで等温膨張させたときより温度が下がるので，状態b′の圧力はbの圧力より小さい。また，断熱圧縮では，$Q = 0$，$W > 0$となるので，

熱力学第一法則 $\Delta U = Q + W$より $\Delta U > 0$

よって，V_0まで等温圧縮したときより温度が上がるので，状態d′の圧力はdの圧力より大きい。したがって，正解は ④

16 気体の状態変化

目安12分

図のように，断面積 S の円筒容器が鉛直に置かれていて，内部にはピストンによって単原子分子の理想気体が1mol 密封されている。側面とピストンは断熱材でできていて，ピストンはなめらかに上下できるものとする。底面は温度調節器になっていて，気体の温度は自由に変えられる。

最初，気体は，圧力 $P = P_A$，温度（絶対温度）$T = T_1$，ピストンの高さ $h = h_A$ でつりあいの状態にあった。この状態をAとする。

気体定数を R，重力加速度の大きさを g として，次の問いの答えを，それぞれの解答群のうちから1つずつ選べ。

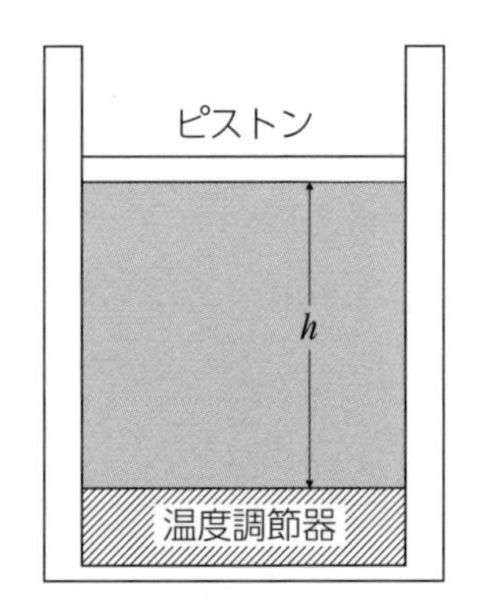

問1 気体の温度を T_1 に保ったままで，ピストンに質量 M のおもりを静かにのせると，ピストンが移動して，高さが h_B になったところでつりあった。この状態をBとする。A→Bの状態変化で，気体の内部エネルギーはいくら増加するか。

[1]

① 0　② $\frac{1}{2}RT_1$　③ RT_1　④ $\frac{3}{2}RT_1$

⑤ $Mg(h_A - h_B)$　⑥ $\frac{1}{2}RT_1 + Mg(h_A - h_B)$

⑦ $RT_1 + Mg(h_A - h_B)$　⑧ $\frac{3}{2}RT_1 + Mg(h_A - h_B)$

問 2 次に，気体の温度をゆっくり上げて $T_2(T_2 > T_1)$ にすると，ピストンの高さが h_C になってつりあった。この状態を C とする。

（ア）B → C の状態変化で，気体の内部エネルギーはいくら増加するか。 [2]

（イ）B → C の状態変化で，気体がピストンを動かしてする仕事はいくらか。

[3]

（ウ）B → C の状態変化で，温度調節器から気体に与えられる熱量はいくらか。

[4]

[2] ～ [4] の解答群

① $-R(T_2 - T_1)$　② 0　③ $\frac{1}{2}R(T_2 - T_1)$

④ $R(T_2 - T_1)$　⑤ $\frac{3}{2}R(T_2 - T_1)$　⑥ $\frac{5}{2}R(T_2 - T_1)$

⑦ $R(T_2 - T_1) + Mg(h_C - h_B)$　⑧ $\frac{5}{2}R(T_2 - T_1) + Mg(h_C - h_B)$

問 3 さらに，温度を T_2 に保ったままで，ピストン上部のおもりを静かに取り除くと，ピストンが移動して新しいつりあいの状態 D に落ち着いた。その後，気体の温度をゆっくりと T_1 に下げて状態を A にもどした。全過程 (A → B → C → D → A) で，気体の圧力 P とピストンの高さ h の関係を示す曲線はどれか。 [5]

①
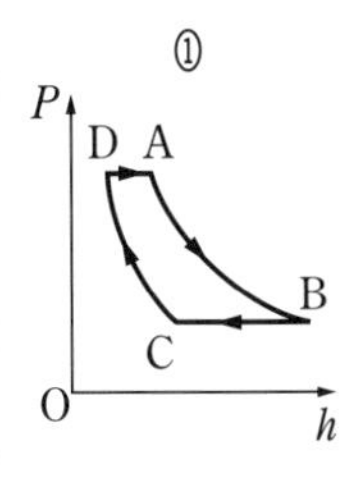

②
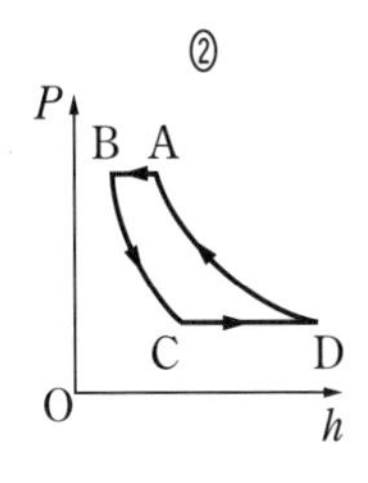

③
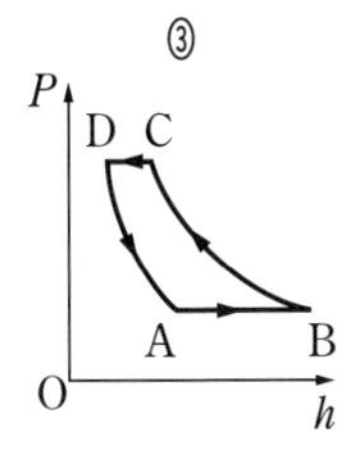

④
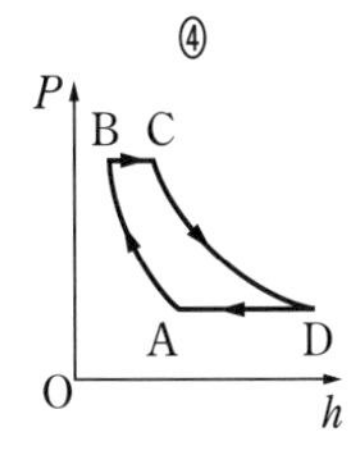

⑤
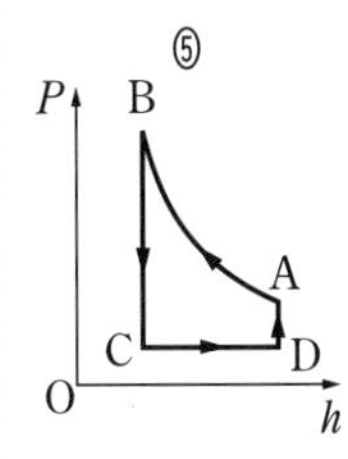

⑥
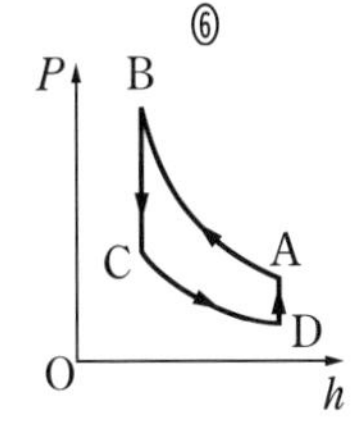

⑦
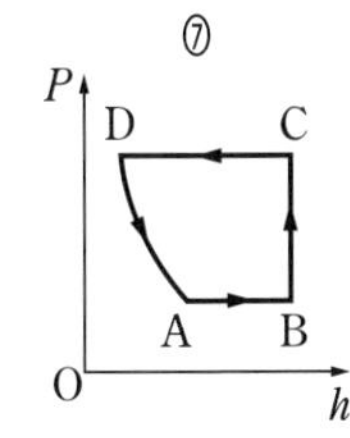

⑧
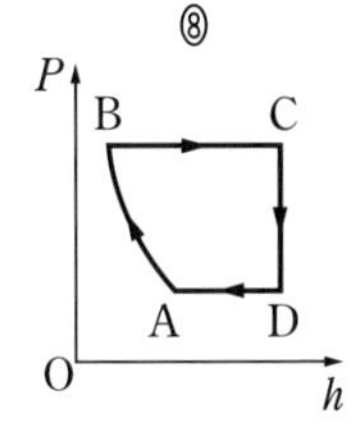

〔1988年　試行テスト〕

1回目　／　2回目　／

10日目 小問集合①

例題10　小問集合（力と運動・熱）

目安15分

次の問いの答えをそれぞれの解答群のうちから1つ選べ。

問1　静水中を一定の速さVで進むことができる船がある。図のように，左側から右側へ一定の速さ$\frac{V}{2}$で流れている川を，地点Aから真向かいの地点Bまでまっすぐ船で渡りたい。船首をどの方向に向けて進めばよいか。［ 1 ］

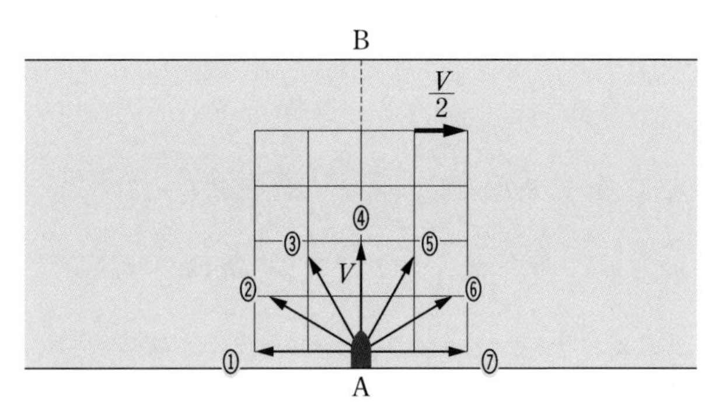

〔2004年　センター試験〕

問2　一様な密度の立方体があらい水平な床の上に置かれている。図はそれを側面から見た図である。図1のように，立方体の右上の辺に，真横から水平な力を加えた。力を徐々に大きくしていったところ，力の大きさがFを超えたときに，図2のように，立方体はすべらずに，左下の辺を軸として傾いた。立方体の質量をMとして正しいものを1つ選べ。ただし，重力加速度の大きさをgとする。　$M=$［ 2 ］

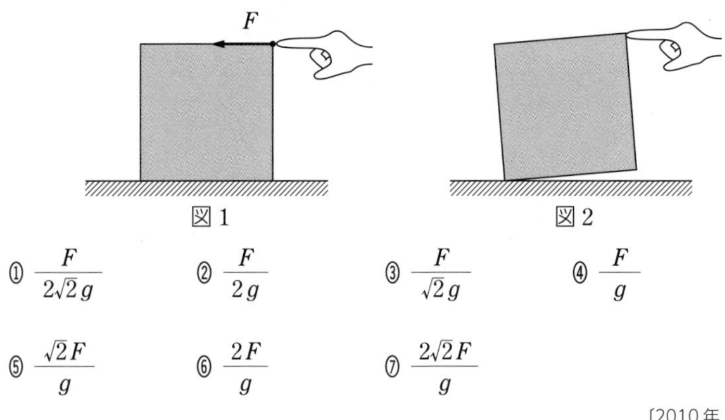

図1　　図2

① $\frac{F}{2\sqrt{2}g}$　② $\frac{F}{2g}$　③ $\frac{F}{\sqrt{2}g}$　④ $\frac{F}{g}$

⑤ $\frac{\sqrt{2}F}{g}$　⑥ $\frac{2F}{g}$　⑦ $\frac{2\sqrt{2}F}{g}$

〔2010年　センター試験〕

問 3 なめらかな水平面上を速度 $\vec{V}$ で運動してきた質量 $2m$ の粒子が，その内部の力により同じ質量 m の2個の粒子A，Bに分裂し，水平面上を運動した。分裂後の粒子の速度をそれぞれ $\vec{v_A}$，$\vec{v_B}$ とするとき，$\vec{V}$，$\vec{v_A}$，$\vec{v_B}$ の間の関係として最も適当なものを1つ選べ。［ 3 ］

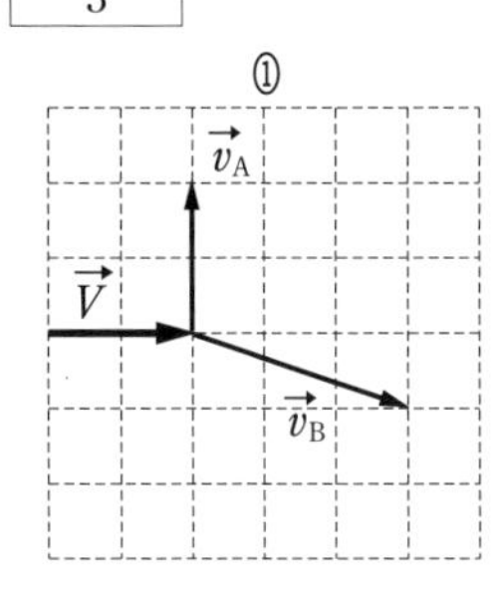

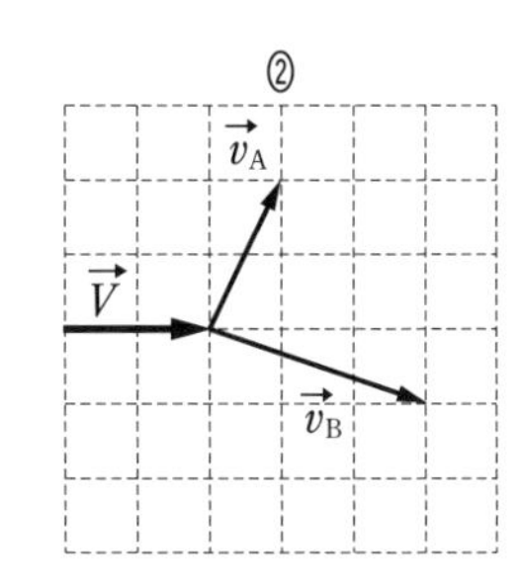

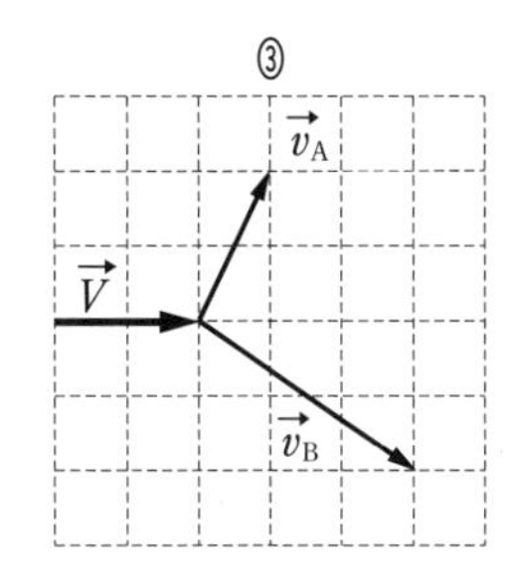

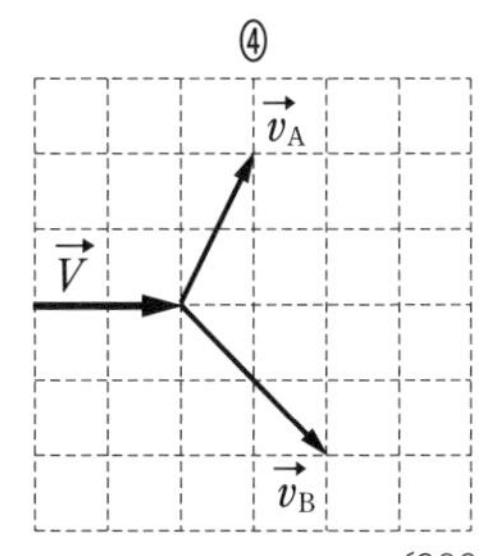

〔2003年　センター試験〕

問 4 図のグラフに示すような，状態Aから状態Bへの気体の3つの膨張過程のうち，外部に対してする仕事量が最大になるのはどの過程か。次のうちから正しいものを1つ選べ。［ 4 ］

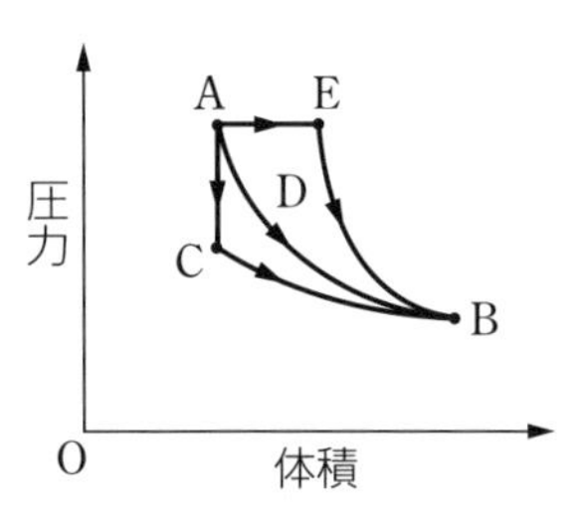

① A→C→B　　② A→D→B　　③ A→E→B

〔1995年　センター試験〕

例題 10 解答・解説

解答　問1 [1] ③　問2 [2] ⑥　問3 [3] ③　問4 [4] ③

[問1のテーマ] 速度の合成の問題である。ベクトルの和または差を作図して考えることが重要である。

Keywords　ベクトル，合成速度

解説

岸に対する船の速度を $\vec{v}$，川の流れる速度を $\vec{V_1}$，川に流れがないときの船の速度を $\vec{V_2}$ とすると　$\vec{v} = \vec{V_1} + \vec{V_2}$

合成速度 $\vec{v}$ が A → B の向きのとき, $\vec{v}$，$\vec{V_1}$，$\vec{V_2}$ は図のようなときである（$\vec{V_2}$ 進んだ後, 右へ 1 マス動いた先が線分 AB 上に来る選択肢を選ぶ)。

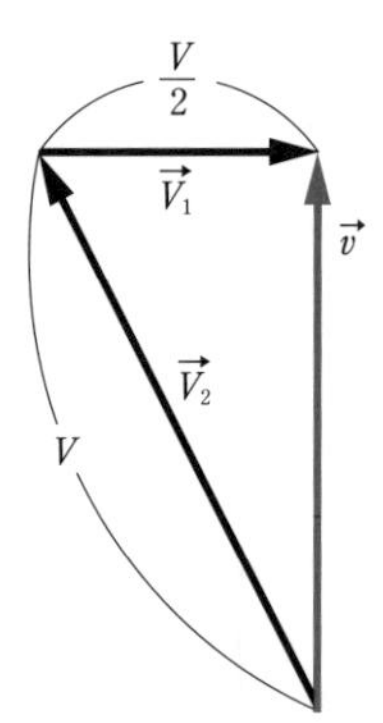

よって，正解は ③

[問 2 のテーマ] 力のモーメントの問題である。力を作用線に沿って移動し，効率のよい点を基準点にとることが重要である。

Keywords　力のモーメント，回転軸，作用線

（→ p.14）参照。

解説

1 辺の長さを a とし，立方体が傾く直前の力のモーメントのつりあいを考える。
図のように，基準を O にとると垂直抗力と摩擦力は考えなくてよいので，力のモーメントのつりあいの式は

$$F \cdot a - Mg \cdot \frac{a}{2} = 0$$

よって　$M = \dfrac{2F}{g}$

したがって，正解は ⑥

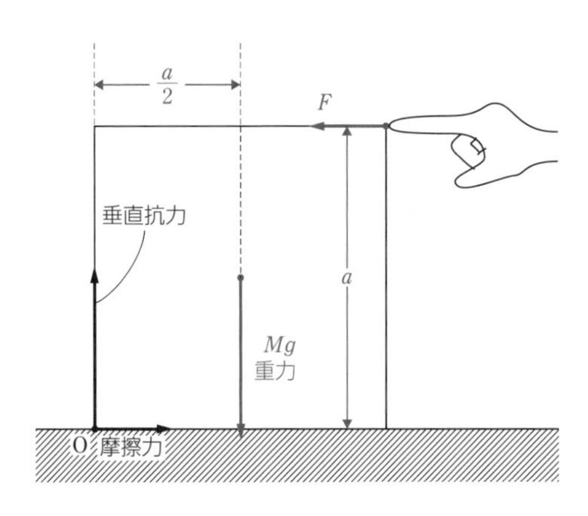

[問３のテーマ] 平面上での物体の分裂の問題である。運動量保存則をベクトルで考えることが重要である。

運動量保存則，ベクトル

CHART 10

運動量保存則　　運動量の和＝一定

解説

運動量保存則より　$2m\vec{V} = m\vec{v_A} + m\vec{v_B}$　　よって　$2\vec{V} = \vec{v_A} + \vec{v_B}$

①～④について，$\vec{v_A} + \vec{v_B}$ の合成ベクトルを作図し，$2\vec{V}$となるものを探す。

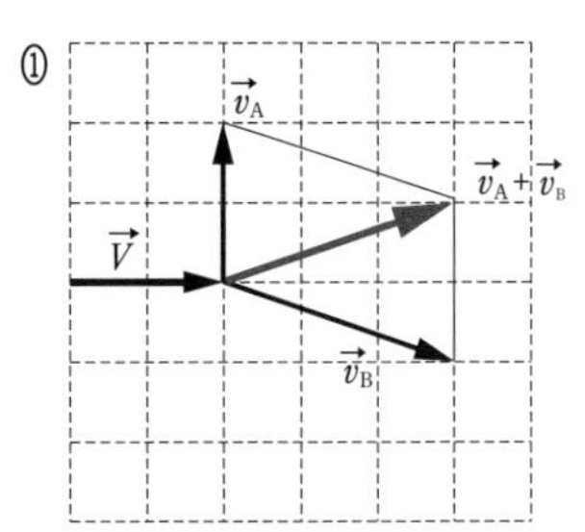

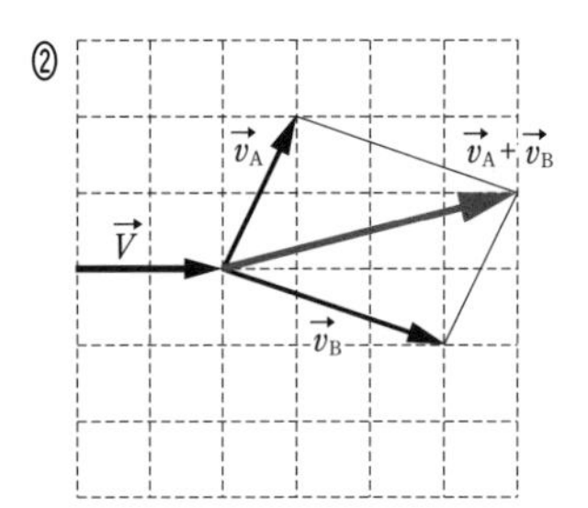

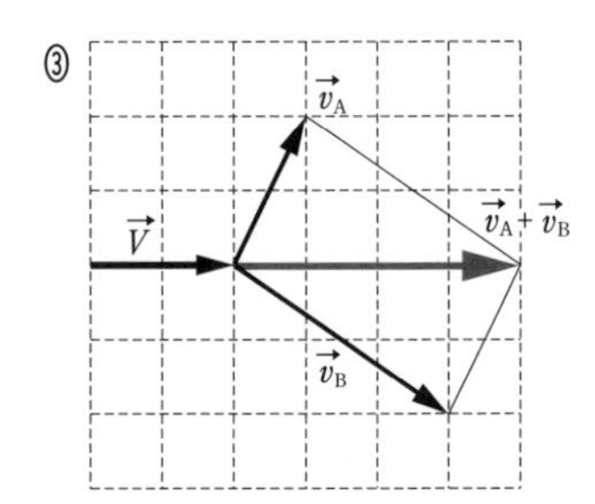

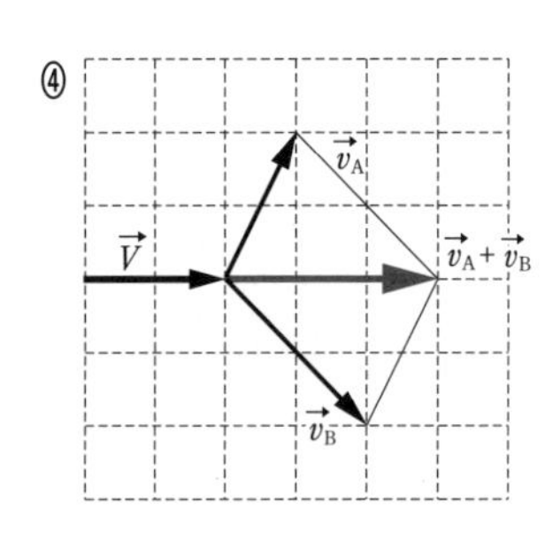

したがって，正解は ③

[問 4 のテーマ] p-V 図上での気体の状態変化の問題である。p-V 図のどの部分が仕事を示しているかを理解することが重要である。

Keywords 気体がする仕事，気体の状態変化

(→ p.56) 参照。

解説

気体は膨張過程で仕事をするので，問題のどの過程でも仕事をする。

また，p-V 図で仕事は，図のようにグラフと横軸（体積軸）の間の面積で表されるので，A → E → B の過程で最大の仕事をすることになる。

よって，正解は ③

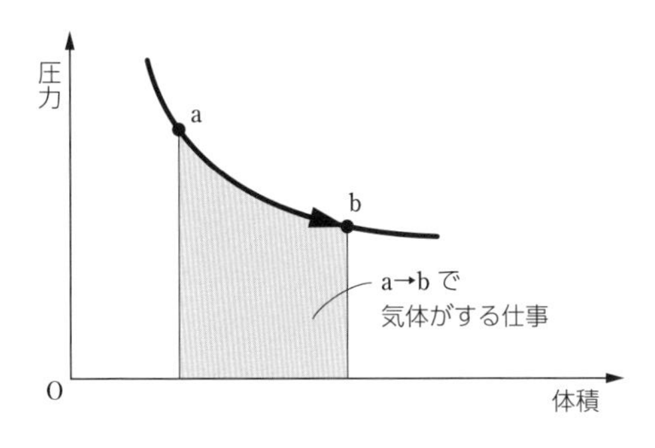

演習問題

17 小問集合（力と運動・熱）

目安15分

次の問いの答えをそれぞれの解答群のうちから１つ選べ。

問 1 図のように，地面からの高さ h〔m〕の所で小石を速さ 9.8 m/s で水平方向に投げたところ，小石は t〔s〕後に地面に 45° の角度で落下した。落下に要する時間 t，高さ h はおよそいくらか。ただし，重力加速度の大きさを 9.8 m/s² とし，空気による抵抗を無視する。t = [1] s，h = [2] m

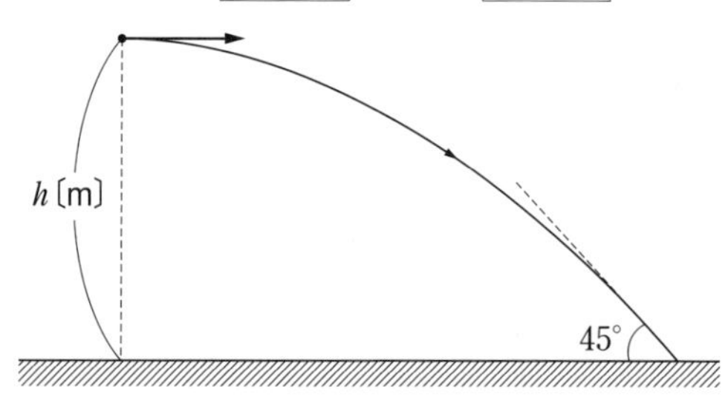

① 0.1　② 0.5　③ 1　④ 5　⑤ 10

〔2000年　センター試験〕

問 2 湖（静水）の東西方向にかけられた橋の上を，自動車が東向きに進むとき，ちょうど真下をモーターボートが自動車と同じ速さで北向きに通っていった。自動車の中の人から見たモーターボートの相対速度の向きを答えよ。[3]

① 北　② 西　③ 南　④ 東
⑤ 北東　⑥ 南東　⑦ 南西　⑧ 北西

問 3 図のような，厚さの一様な半径 r の円板から半径 $\frac{r}{2}$ の内接円を切り取った。板の重心の x 座標を求めよ。[4]

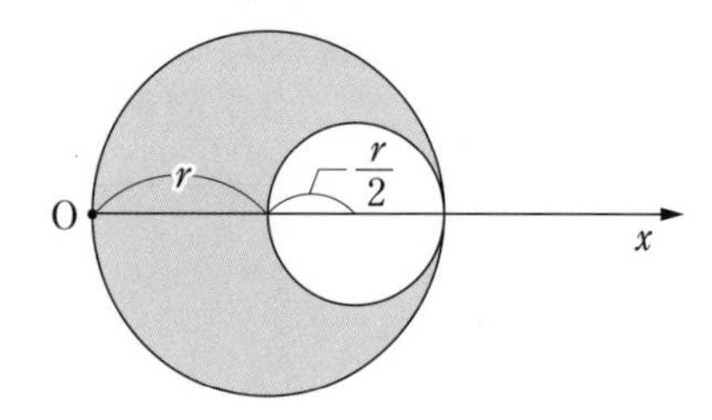

① $\frac{r}{2}$　② $\frac{2}{3}r$　③ $\frac{3}{4}r$　④ $\frac{5}{6}r$　⑤ r

問 4　なめらかで水平な床の上で等速運動していた小物体Aが，同じ質量の静止している小物体Bに衝突して合体した。合体後の速さは衝突前の小物体Aの速さの何倍になるか。また，合体後の運動エネルギーは，衝突前の運動エネルギーの何倍になるか。速さ [5] 倍，運動エネルギー [6] 倍

[5] の解答群

① $\frac{1}{4}$　② $\frac{1}{2}$　③ $\frac{1}{\sqrt{2}}$　④ 1

[6] の解答群

① $\frac{1}{8}$　② $\frac{1}{4}$　③ $\frac{1}{2}$　④ 1

〔2001年　センター試験〕

問 5　絶対温度 T_1，T_2 $(T_1 > T_2)$ の理想気体 1 mol の圧力 p と体積 V との関係を表すグラフとして最も適当なものを答えよ。 [7]

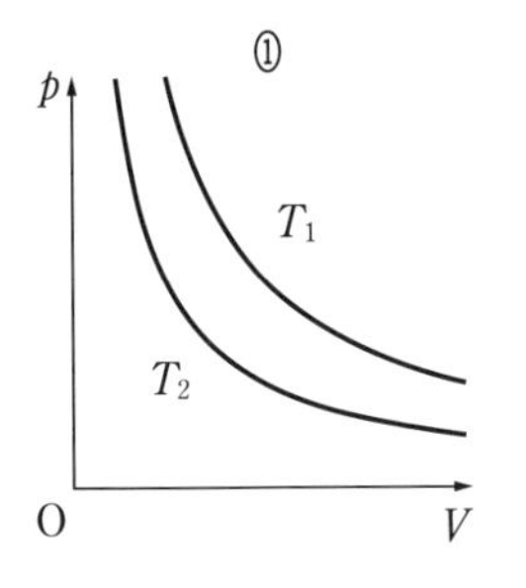

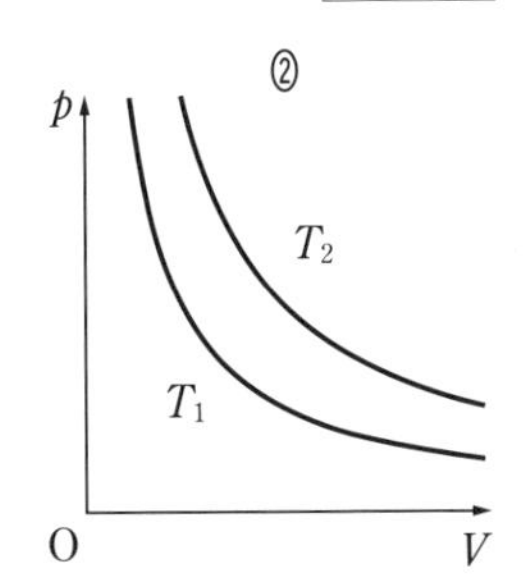

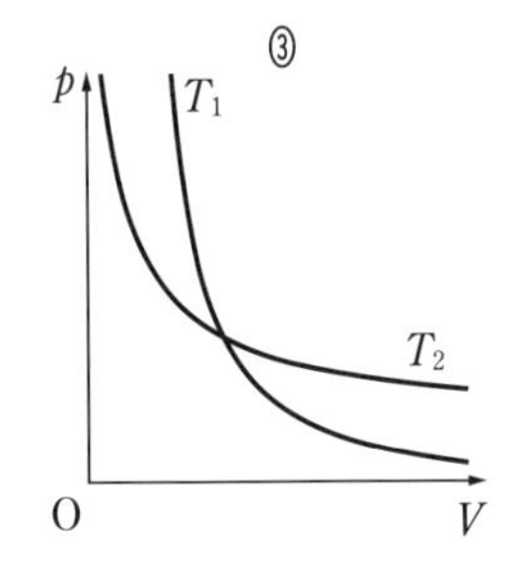

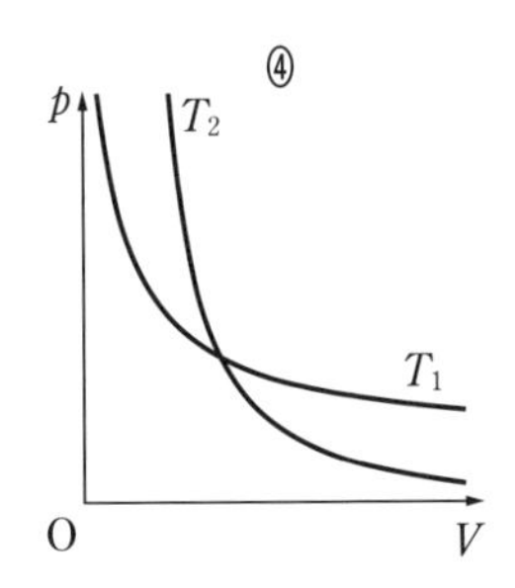

〔2000年　センター試験〕

1回目　／　　2回目　／

11日目 波の伝わり方

例題 11 平面波の屈折・反射

目安8分

領域Ⅰから領域Ⅱに入射する平面波を考える。図 1 はある時刻の領域Ⅰにおける波面を描いたものである。実線は波の山を，破線は波の谷を表している。入射波の波面と境界のなす角度を θ とする。

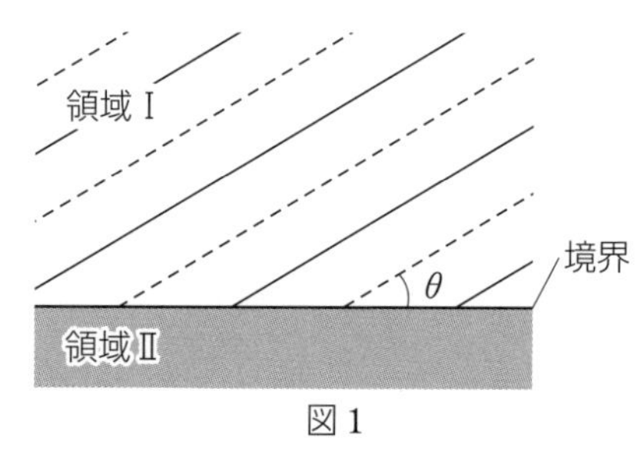

図 1

問 1 領域Ⅰにおける波の速さは2.0 m/s で，周期は3.0 s である。この波の波長は何 m か。最も適当な数値を，次の ①～⑥ のうちから 1 つ選べ。［ 1 ］m

① 0.67　② 1.5　③ 2.0　④ 3.0　⑤ 5.0　⑥ 6.0

問 2 入射した平面波が領域Ⅰと領域Ⅱの境界で反射・屈折する場合を考えよう。図 2 には θ =30° としたときの入射波と屈折波の波面が描かれており，このとき領域Ⅱでは，波面と境界のなす角度は 45° であった。さらに角度 θ を徐々に大きくしていくと，ある角度になったとき初めて入射波は境界で全反射した。この角度として最も適当なものを，下の ①～⑥ のうちから 1 つ選べ。［ 2 ］

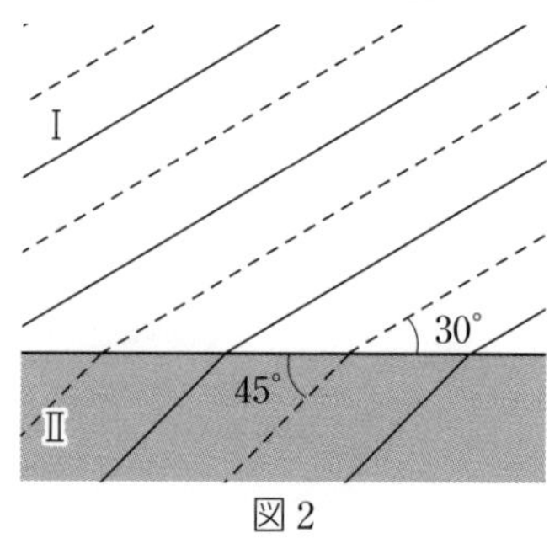

図 2

① 35°　② 40°　③ 45°　④ 55°　⑤ 60°　⑥ 75°

問 3 次に平面波が領域Ⅱには進入せず，領域ⅠとⅡの境界で変位が 0 となる固定端反射が起きる場合を考えよう。$\theta=30^\circ$ としたときの入射波および反射波の山と谷の関係を表す図として最も適当なものを，次の ①～⑥ のうちから1つ選べ。ただし，細い実線と破線は入射波の山と谷を，太い実線と破線は反射波の山と谷をそれぞれ表すものとする。 3

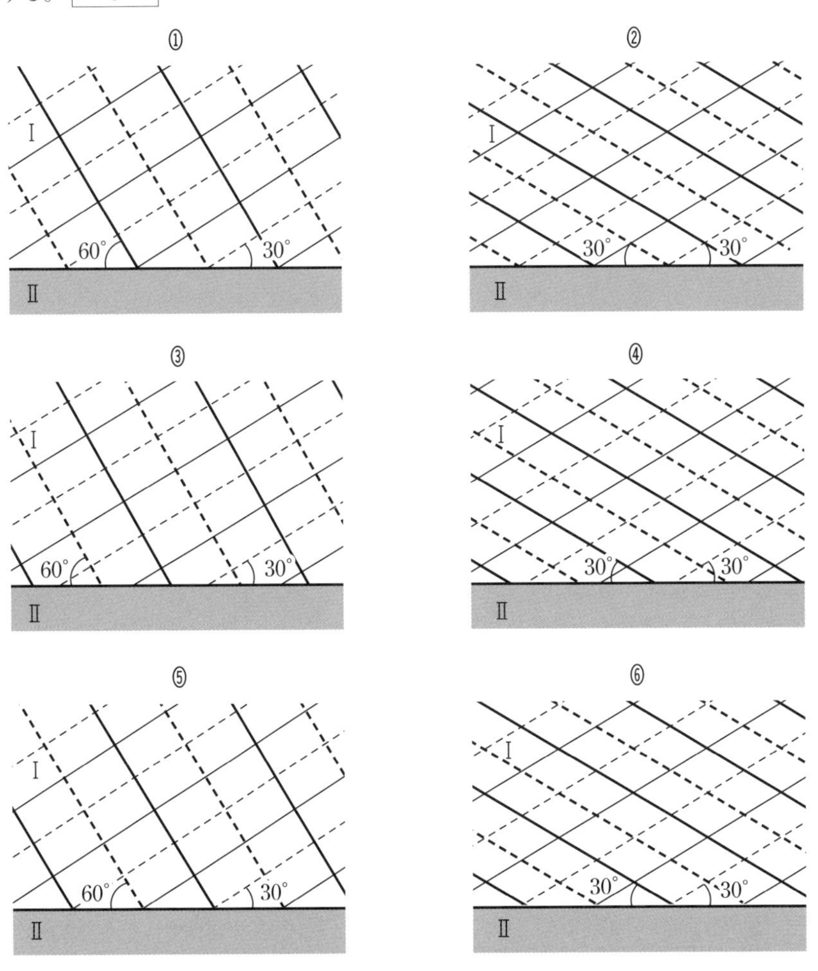

〔2009年　センター試験〕

第2章

例題 11 解答・解説

[問題のテーマ] 波の反射と屈折の問題である。

解答 問1 [1] ⑥ 問2 [2] ③ 問3 [3] ⑥

波の基本式，全反射，臨界角，固定端反射

CHART 11

波の基本式

$$v = \frac{\lambda}{T} = f\lambda,\ f = \frac{1}{T}$$

v〔m/s〕：波の速さ，λ〔m〕：波長，f〔Hz〕：振動数，T〔s〕：周期

反射の法則

入射角と反射角は等しい（下図で，$i=j$）

屈折の法則

媒質 1 に対する媒質 2 の屈折率 n_{12}

$$n_{12} = \frac{\sin i}{\sin r} = \frac{v_1}{v_2} = \frac{\lambda_1}{\lambda_2}$$

* i が変わると r も変わるが，n_{12} は一定。

* $r = 90^\circ$ となる i を臨界角 i_0 という。i が i_0 をこえると光はすべて全反射される（→ p.88 全反射）。

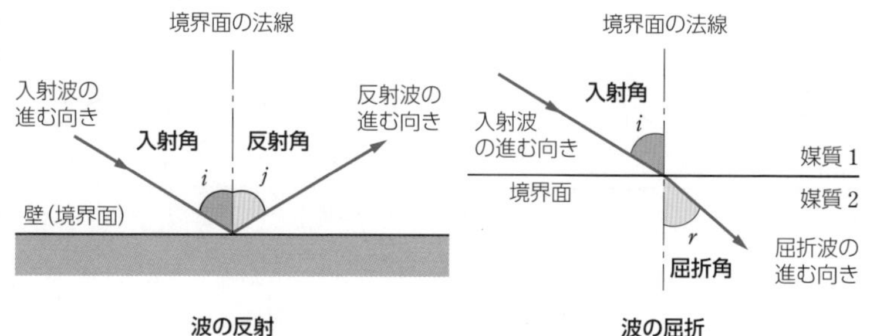

波の反射　　波の屈折

*波の進む向きは波面と垂直。

解説

問 1 波の速さを v〔m/s〕,周期を T〔s〕とすると，波長 λ〔m〕は

$\lambda = vT = 2.0 \times 3.0 = 6.0$ m

振動数 f〔Hz〕を使うと

$\lambda = \dfrac{v}{f}$

よって，正解は ⑥

問 2 下図より，$i = \theta$，$r = \phi$

入射方向と法線および屈折方向と法線を時計回りに 90° 回転させると角度が同じであることがわかる。

よって，媒質Ⅰに対する媒質Ⅱの屈折率 $n_{\text{I II}}$ は

$$n_{\text{I II}} = \frac{\sin i}{\sin r} = \frac{\sin\theta}{\sin\phi} = \frac{\sin 30^\circ}{\sin 45^\circ} = \frac{1}{\sqrt{2}}$$

入射角が臨界角 i_0 のとき，$r = 90^\circ$

よって，$\dfrac{\sin i_0}{\sin 90^\circ} = \dfrac{1}{\sqrt{2}}$ より，$i_0 = 45^\circ$

i，r が変わっても，$n_{\text{I II}}$ は一定。

$\theta = i$ より，正解は ③

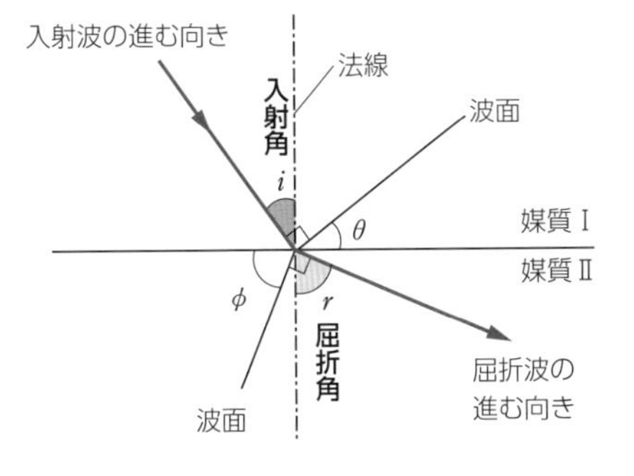

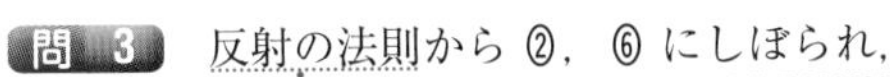

問 3 反射の法則から ②，⑥ にしぼられ，

波面と境界面のなす角は反射によって変わらず，入射波面と反射波面は境界面で連続。

固定端反射の性質（山→谷，谷→山）から，

位相が π だけ変化する。

正解は ⑥

演　習　問　題

18 波の屈折

目安８分

まっすぐな細長い棒を水平にし，一定の振動数で上下に振動させると，水面上に直線状の波面ができた。

問 1 ここで，図１のように，一様な厚さのガラス板を水槽の底に沈めることにより，水槽の一部の水深を浅くした。水深の深い側の波面とガラス板の縁 RS との角度は 45° で，水深の浅い側の波面と RS との角度は 30° であった。水深の浅い側での波の速さは，深い側での波の速さの何倍か。正しいものを，下の ① ～ ⑤ のうちから１つ選べ。 [1] 倍

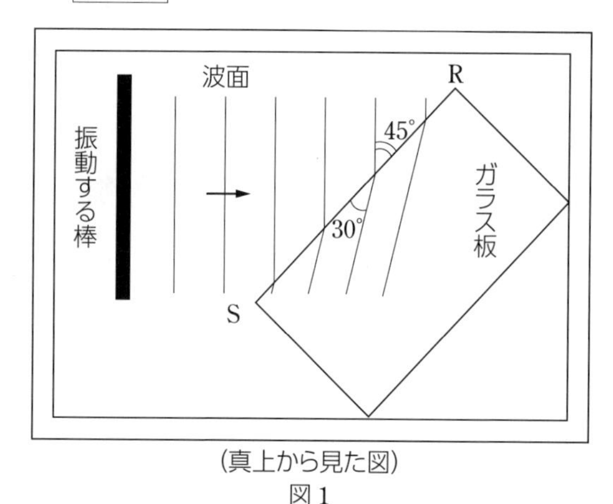

(真上から見た図)
図１

① $\frac{1}{\sqrt{2}}$　② $\sqrt{\frac{2}{3}}$　③ 1　④ $\sqrt{\frac{3}{2}}$　⑤ $\sqrt{2}$

問 2 次に，図2のように，水槽に薄いガラス板を斜めに入れ，あるところから水深をしだいに浅くした。図 3 では，深さの等しい点を連ねてできる線（等深線）を点線で示してある。振動する棒を等深線に対して斜めに置いて，波を発生させた。水深の変化している部分を進む波のようすの記述として最も適当なものを，下の ① ～ ④ のうちから１つ選べ。 2

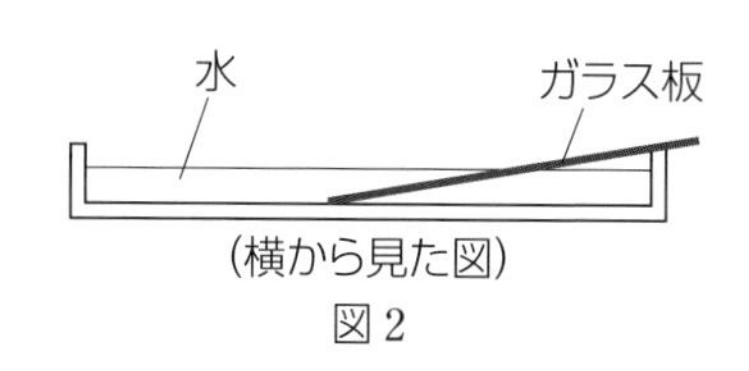

（横から見た図）

図２

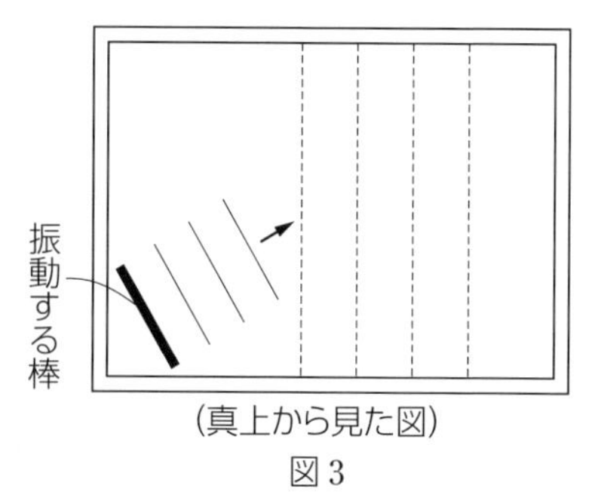

（真上から見た図）

図３

① 波は，波長が一定のまま，直進する。

② 波は，波長を変えながら，直進する。

③ 波面は，図３でしだいに反時計回りに曲がり，等深線に垂直になろうとする。

④ 波面は，図３でしだいに時計回りに曲がり，等深線に平行になろうとする。

〔2001 年　センター試験〕

第2章

1回目　／　　2回目　／

12日目 音の干渉

例題12 音の干渉

目安8分

図のように置いた2つの音源 S_1，S_2 から振動数，振幅，位相が同じ正弦波の音波が発せられている。音源の前方にある直線 AB 上での音の聞こえ方を調べたところ，S_1，S_2 から等距離の点Oでは音が最も大きく聞こえた。点Oから直線 AB 上にそって離れるとしだいに音の大きさが小さくなり，点Pで初めて極小となった。さらに点Oから離れていくと今度はしだいに音が大きくなり，点Qで音の大きさは再び極大となった。

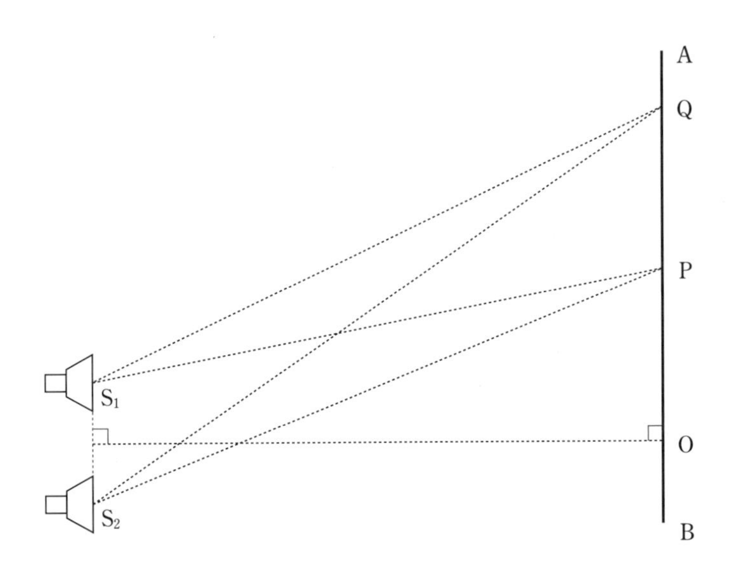

問 1 2つの音源と観測点との間の距離がそれぞれ，$S_1P=5.1$ m，$S_2P=5.4$ m，$S_1Q=5.8$ m であったとすると，距離 S_2Q は何 m か。最も適当なものを，次の ①～⑥ のうちから 1 つ選べ。[1] m

① 5.8　② 6.1　③ 6.4
④ 6.7　⑤ 7.0　⑥ 7.3

問 2 音源 S_1 の位相を音源 S_2 の位相と逆にして同様の実験をするとどうなるか。最も適当なものを，次の ①～⑤ のうちから 1 つ選べ。[2]

① 音の大きさは，点 O，Q で極小になり，点 P では極大になる。
② 音の大きさは，点 O，P で極小になり，点 Q では極大になる。
③ 音の大きさは，点 O，P で極大になり，点 Q では極小になる。
④ 音の大きさは，点 O で極大になり，点 P，Q で極小になる。
⑤ 音の大きさは，点 O で極小になり，点 P，Q で極大になる。

問 3 音源 S_2 を音源 S_1 とは少し異なる振動数で鳴らしたときの音の聞こえ方はどうなるか。最も適当なものを，次の ①～⑤ のうちから 1 つ選べ。[3]

① 点 O と点 Q では低い音が聞こえ，点 P では高い音が聞こえる。
② 点 O と点 Q では高い音が聞こえ，点 P では低い音が聞こえる。
③ 点 P ではうなりが聞こえ，点 O と点 Q ではうなりが聞こえない。
④ 点 O と点 Q ではうなりが聞こえ，点 P ではうなりが聞こえない。
⑤ OQ 間どこでもうなりが聞こえる。

〔2004 年　センター試験〕

例題 12 解答・解説

[問題のテーマ] 2つの波の強めあい，弱めあいと波長の関係を理解し，状況によって応用する。

解答 問1 [1] ③　問2 [2] ①　問3 [3] ⑤

音の干渉条件，位相，うなり

CHART 12

波の干渉の条件

・強めあう点　$|l_1 - l_2| = m\lambda$

$(m = 0, 1, 2, \cdots)$

・弱めあう点　$|l_1 - l_2| = \left(m + \frac{1}{2}\right)\lambda$

＊上記の条件は，同位相の波が干渉する場合。逆位相の場合は条件式が逆となる。

＊この条件式は一般的な波の干渉条件であるが，音の干渉でももちろん成りたつ。

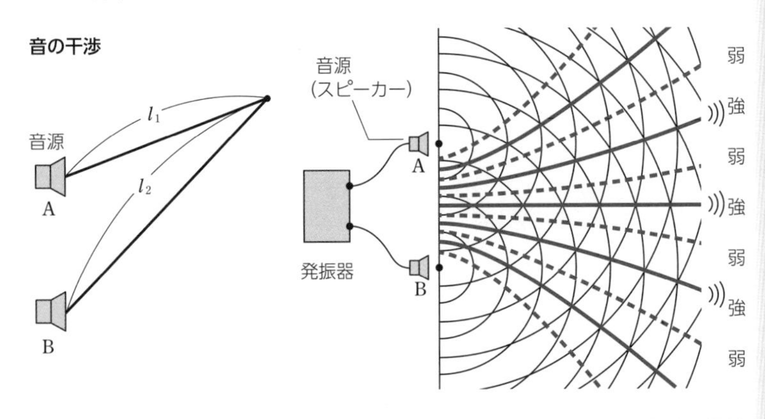

解説

波長を λ〔m〕とする。

問 1　点Pで音は極小なので，S_1，S_2 からPまでの距離の差は $\dfrac{\lambda}{2}$〔m〕である。
つまり

$$|S_1P-S_2P|=|5.1-5.4|=0.3=\frac{\lambda}{2}$$

よって，$\lambda=0.6\,\text{m}$

また，点Qで音は極大なので，S_1，S_2 からQへの距離の差は λ〔m〕である。
つまり

$$|S_1Q-S_2Q|=\lambda$$

$S_1Q<S_2Q$　より

$S_2Q=S_1Q+\lambda=5.8+0.6=6.4\,\text{m}$

したがって，正解は ③

問 2　位相を逆にすると，山が谷に，谷が山になる。問1では強めあっていた点O，点Qでの音の大きさは極小になり，弱めあっていた点Pでは極大になる。
したがって，正解は ①

問 3　音波の速さは等しいので，振動数が異なると波長，周期も異なる。このとき，AB上のどの点においても，S_1 の音波の山が到達してから S_2 の山が到達するまでの時間差は一定ではなく変化し続ける。よって，どの位置でもうなりが聞こえる。
したがって，正解は ⑤

$\lambda=\dfrac{v}{f}$，$T=\dfrac{1}{f}$

(参考) うなり

振動数がわずかに異なる2つの音波が干渉して生じる，音の大小の周期的なくり返し。うなりの単位時間当たりの回数は，振動数の差に等しい。

演 習 問 題

19 メガホンからの音の干渉

目安 10 分

図 1 のように，同じ大きさのプラスチック製の筒（メガホン）を 2 つ用意し，それぞれメガホン A，B とする。メガホン A，B の小さな開口部に，同じ長さで同じ太さのホースを接続し，ホースの他端を束ねて筒 C に接続する。メガホン A，B の大きな開口部に入った音は，筒 C で重ねあわさり，筒 C の開口部から出てくる。筒 C の開口部の近くにマイクを置き，出てきた音の大きさを測定する。ただし，メガホンは十分に広い角度から来る音を拾うように作られているとする。

問 1 図 2 のように，スピーカーを点 O に置き，振動数が 1700 Hz の音を出す。メガホン A を点 O から 1.20 m の点 P に固定し，メガホン B を点 O から 1.20 m より少し離れた位置に置く。この位置からメガホン B をゆっくり点 O に向かって近づけていったところ，筒 C から出てくる音がしだいに大きくなり，点 O から 1.20 m の点 Q を過ぎると，逆に音が小さくなっていった。さらにメガホン B を点 O に向かって近づけていくと，ある点 R から再び音が大きくなり始めた。距離 OR はいくらか。最も適当な数値を，下の ① ～ ⑤ のうちから 1 つ選べ。ただし，音の速さを 340 m/s とする。 [1] m

① 0.60　② 0.90　③ 1.00　④ 1.10　⑤ 1.15

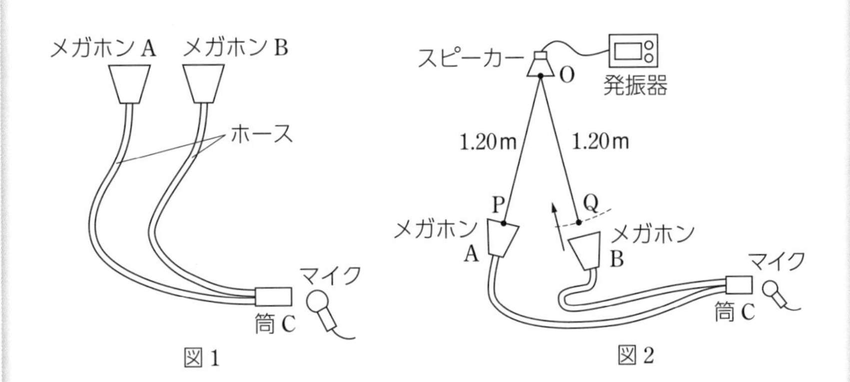

図 1　図 2

問 2 次に，図3のように，メガホンA，Bの位置を点Oから1.20 mの点P，Qに固定した。PQ間の距離は50cmとする。点Oを原点として，PQに平行にx軸をとり，x軸に垂直にy軸をとる。原点Oから30 cmの距離にあるx，y軸上の点を，それぞれ，点X_1，X_2，Y_1，Y_2とする。また，スピーカー，点P，Q，および，x，y軸は，常に同一平面上にあるとする。

1700 Hzの音を出すスピーカーの位置を少しずつ変え，それぞれの位置で筒Cから出てくる音の大きさの変化を調べた。スピーカーの位置をx軸にそって点X_1から点X_2に徐々に変えた場合と，y軸にそって点Y_1から点Y_2に徐々に変えた場合の筒Cから出てくる音の大きさの記述の組合せとして最も適当なものを，下の①～⑨のうちから1つ選べ。［ 2 ］

	点X_1 → 点X_2	点Y_1 → 点Y_2
①	原点Oで最小となる。	原点Oで最小となる。
②	原点Oで最小となる。	原点Oで最大となる。
③	原点Oで最小となる。	徐々に大きくなる。
④	原点Oで最大となる。	原点Oで最小となる。
⑤	原点Oで最大となる。	原点Oで最大となる。
⑥	原点Oで最大となる。	徐々に大きくなる。
⑦	変わらない。	原点Oで最小となる。
⑧	変わらない。	原点Oで最大となる。
⑨	変わらない。	徐々に大きくなる。

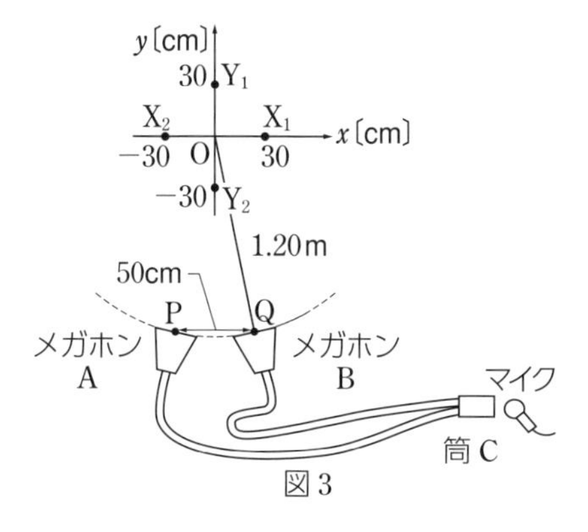

図3

〔2013年 センター試験〕

1回目 ／　2回目 ／

13日目 ドップラー効果

例題 13 反射板がある場合のドップラー効果

目安8分

図のように，垂直に立った壁のそばからスピーカーをのせた台車が一定の速さ v で観測者に近づいている。観測者とスピーカーを結ぶ直線は，常に壁面に垂直になっている。スピーカーから一定の振動数 f の音を鳴らすと，観測者には台車から直接到達する音（直接音）と，壁に反射されてから観測者に到達する音（反射音）が聞こえた。ただし，空気中の音の速さを V とし，風は吹いていないものとする。

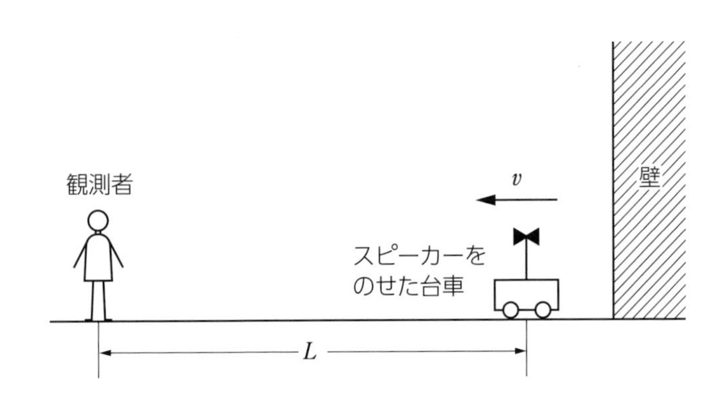

問 1 台車が観測者から距離 L の位置を通過したときにスピーカーを鳴らし始めた。観測者に直接音が聞こえ始めたときの，観測者と台車の距離を表す式として正しいものを，次の ①～④ のうちから 1 つ選べ。 [1]

① $\left(1-\dfrac{v}{V+v}\right)L$　　② $\left(1-\dfrac{V}{V+v}\right)L$

③ $\left(1-\dfrac{v}{V}\right)L$　　④ $\left(1-\dfrac{v}{V-v}\right)L$

問 2 観測者に届く直接音と反射音の波長を表す式として正しいものを，次の ①～⑤ のうちから 1 つずつ選べ。ただし，同じものをくり返し選んでもよい。

直接音の波長 [2]，反射音の波長 [3]

① $\dfrac{V+2v}{f}$　　② $\dfrac{V+v}{f}$　　③ $\dfrac{V}{f}$

④ $\dfrac{V-v}{f}$　　⑤ $\dfrac{V-2v}{f}$

問 3 $f=400$Hz，$V=340$m/s，$v=1.7$m/s のとき，観測者は直接音と反射音によるうなりを観測した。1 秒間に観測されるうなりの回数として最も適当なものを，次の ① ～ ④ のうちから 1 つ選べ。 [4] 回

① 2　　② 4　　③ 6　　④ 8

〔2012 年　センター試験〕

例題 13 解答・解説

[問題のテーマ] 音源が動く場合のドップラー効果の式を使って求めた振動数から，波長，うなりの回数を求める。

解答 問1 [1] ③ 問2 [2] ④ [3] ② 問3 [4] ②

Keywords ドップラー効果，音の反射，うなり

ドップラー効果

$$f' = \frac{V - v_O}{V - v_S} f$$

f'〔Hz〕：観測者の受け取る音波の振動数，f〔Hz〕：音源の振動数

V〔m/s〕：音の速さ，v_O〔m/s〕：観測者の速度，v_S〔m/s〕：音源の速度

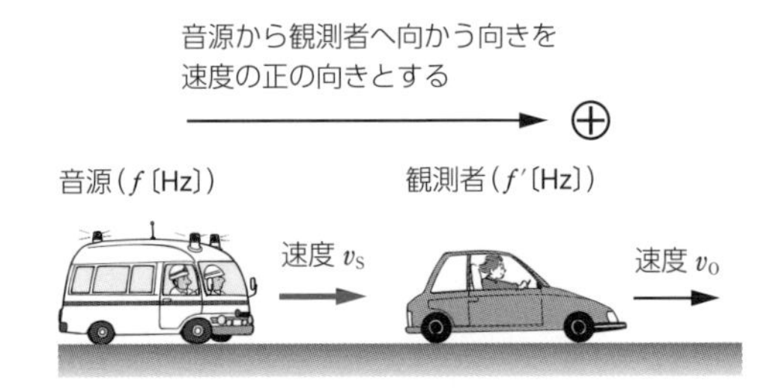

① 音源のみが動く場合→ドップラー効果の式で，$v_O = 0$ とする。

② 観測者のみが動く場合→ドップラー効果の式で，$v_S = 0$ とする。

③ 音源が静止した観測者に近づく場合→ $v_S > 0$　遠ざかる場合→ $v_S < 0$
観測者が静止した音源に近づく場合→ $v_O < 0$　遠ざかる場合→ $v_O > 0$

④ 反射板がある場合：反射板は観測者として音波を受け，音源として音波を送り出す。

解説

問 1　観測者から L の位置にあるスピーカーから出た音が観測者に到達するのにかかる時間は $\dfrac{L}{V}$ なので，この間に台車は距離 $v\dfrac{L}{V}$ 進む。

よって，求める観測者と台車との距離は，

$L-v\dfrac{L}{V}=\left(1-\dfrac{v}{V}\right)L$

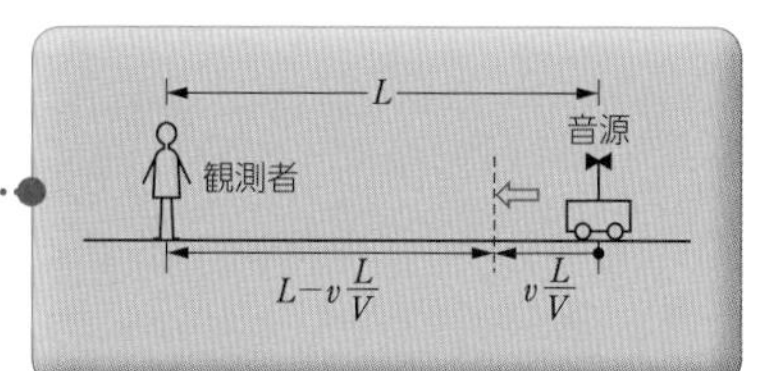

したがって，正解は ③

問 2　直接音の振動数 f_1 は，

ドップラー効果の式で $v_O=0$，$v_S=v$ として，

$$f_1=\frac{V}{V-v}f$$

観測者に近づくので $v_S>0$

よって，直接音の波長 λ_1 は　$\lambda_1=\dfrac{V}{f_1}=\dfrac{V-v}{f}$

したがって，［ 2 ］の正解は ④

また，壁を観測者と考えれば，音源は遠ざかるので観測者（壁）が聞く音の振動数 f_2 は，

ドップラー効果の式で $v_O=0$，$v_S=-v$ として

$$f_2=\frac{V}{V+v}f$$

観測者から遠ざかるので $v_S<0$

ここで，壁での反射の前後で波長は変わらないので，反射音の波長 λ_2 は，

$$\lambda_2=\frac{V}{f_2}=\frac{V+v}{f}$$

したがって，［ 3 ］の正解は ②

問 3　1 秒間のうなりの回数 n は　$n=|f_1-f_2|=f_1-f_2$　$(f_1>f_2)$

よって

$$n=f_1-f_2=\frac{V}{V-v}f-\frac{V}{V+v}f=\frac{2vV}{(V-v)(V+v)}f$$

$$=\frac{2\times1.7\times340}{(340-1.7)(340+1.7)}\times400\fallingdotseq\frac{2\times1.7\times340}{340^2}\times400=4$$

(分母) $=340^2-1.7^2$
$=340^2\left\{1-\left(\dfrac{1.7}{340}\right)^2\right\}$
$\left(\dfrac{1.7}{340}\right)^2\ll1$ より
(分母) $\fallingdotseq340^2$
と近似できる。

したがって，正解は ②

演 習 問 題

20 ドップラー効果とうなり

目安５分

音源の振動数を f_1 に保ち，台車にのせて一定の速さで直線上を動かす。図のように，観測者は台車が進む前方で静止している。

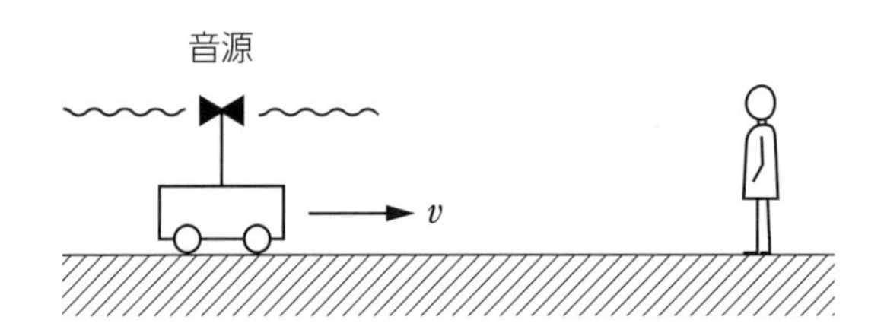

問 1 台車の速さを v〔m/s〕，音の速さを c〔m/s〕とすると，観測者が聞く音の振動数はいくらか。最も適当なものを，次の ① ～ ⑥ のうちから1つ選べ。

| 1 |〔Hz〕

① $\dfrac{c+v}{c}f_1$　　② $\dfrac{c-v}{c}f_1$　　③ $\dfrac{c}{c+v}f_1$

④ $\dfrac{c}{c-v}f_1$　　⑤ $\dfrac{c+v}{c-v}f_1$　　⑥ $\dfrac{c-v}{c+v}f_1$

問 2 音を反射する静止した壁が台車の後方にある場合，観測者はうなりを聞く。台車の速さ $v = 1.0$ m/s，$f_1 = 5.1 \times 10^2$ Hz，音の速さ $c = 340.0$ m/s のとき，うなりの回数は毎秒何回か。最も適当なものを，次の ① ～ ⑧ のうちから1つ選べ。

| 2 | 回

① 1.0　　② 1.5　　③ 2.0　　④ 2.5

⑤ 3.0　　⑥ 3.5　　⑦ 4.0　　⑧ 4.5

〔1988 年　共通一次〕

21 ドップラー効果とうなり

目安 10 分

静止した鉛直の壁に向かって速さ v で進んでいる音源がある。その音源は振動数 f の音波を前後に発している。音の速さを V とする。

問 1 壁に届く音波の波長はいくらか。正しいものを，次の ①～⑥ のうちから 1 つ選べ。 [1]

① $\dfrac{V}{f}$　② $\dfrac{V+v}{f}$　③ $\dfrac{V-v}{f}$

④ $\dfrac{V}{2f}$　⑤ $\dfrac{V+v}{2f}$　⑥ $\dfrac{V-v}{2f}$

問 2 $v=6$m/s，$f=225$Hz，$V=336$m/s とする。音源の後方に立っている観測者に，壁から反射して届く音波の振動数はいくらか。最も適当なものを，次の ①～⑤ のうちから 1 つ選べ。 [2] Hz

① 217　② 221　③ 225　④ 229　⑤ 233

問 3 v，f，V の値は問 2 の場合と同じとする。観測者は，壁から反射してくる音波と音源から直接届く音波が重なってうなりを生じるのを聞いた。1 秒間当たりのうなりの回数はいくらか。最も適当なものを，次の ①～⑥ のうちから 1 つ選べ。 [3] 回

① 2　② 4　③ 6　④ 8　⑤ 10　⑥ 12

〔1999 年　センター試験　改〕

1回目 ／	2回目 ／

14日目 光の性質

例題14 光の屈折・全反射

目安8分

異なる屈折率をもつ 2 つの媒質の境界面における光の屈折について考えよう。

問 1 図1のように，空気中から屈折率 n_1 のガラス直方体ABCDの側面ABに平行光線を入射させる。図1の点Pと点SはAB上にあり，PQは入射光の進行方向に垂直，RSは屈折光の進行方向に垂直である。距離QSは距離PRの何倍か。正しいものを，下の ①～⑥ のうちから1つ選べ。ただし，空気の屈折率を n_0 とし，$n_1 > n_0$ とする。

[1] 倍

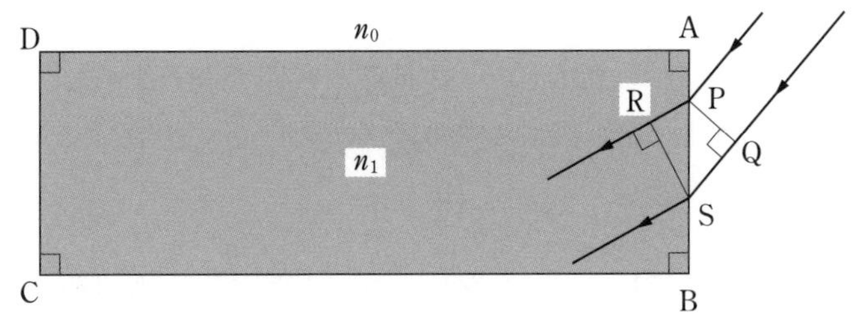

図1

① $\sqrt{\frac{n_0}{n_1}+1}$　② $\sqrt{\frac{n_1}{n_0}}$　③ $\frac{n_0}{n_1}+1$

④ $\frac{n_1}{n_0}$　⑤ $\left(\frac{n_0}{n_1}+1\right)^2$　⑥ $\left(\frac{n_1}{n_0}\right)^2$

問 2 次に，図 2 のように，ガラス直方体の上面と下面に屈折率 n_2 のガラス板を密着させて，光線を側面 AB から入射させた。このとき，ガラス直方体中で光線が全反射をくり返しながら，側面 CD まで到達するためには，n_1，n_2，図 2 の角度 θ の間にどのような関係がなければならないか。正しいものを，下の ①～⑧ のうちから 1 つ選べ。 [2]

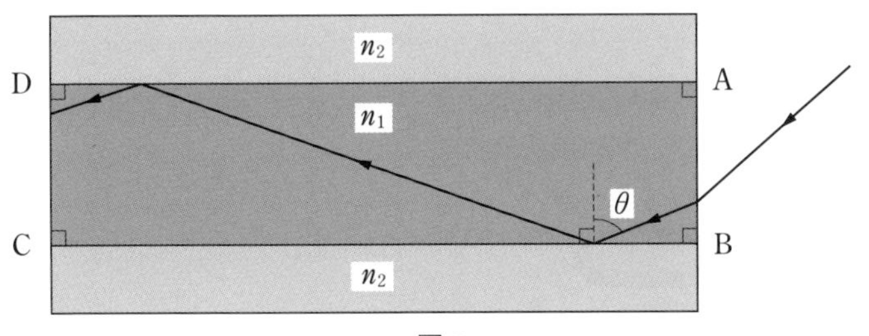

図 2

① $n_1 < n_2$ および $\cos\theta > \dfrac{n_1}{n_2}$　　② $n_1 > n_2$ および $\cos\theta > \dfrac{n_2}{n_1}$

③ $n_1 < n_2$ および $\cos\theta < \dfrac{n_1}{n_2}$　　④ $n_1 > n_2$ および $\cos\theta < \dfrac{n_2}{n_1}$

⑤ $n_1 < n_2$ および $\sin\theta > \dfrac{n_1}{n_2}$　　⑥ $n_1 > n_2$ および $\sin\theta > \dfrac{n_2}{n_1}$

⑦ $n_1 < n_2$ および $\sin\theta < \dfrac{n_1}{n_2}$　　⑧ $n_1 > n_2$ および $\sin\theta < \dfrac{n_2}{n_1}$

〔2004 年　センター試験〕

例題 14 解答・解説

[問題のテーマ] 問１は求める関係を屈折の法則に帰着させ，問２は全反射と臨界角の関係を考えることが重要である。

解答 問１ [1] ④　　問２ [2] ⑥

屈折の法則，屈折率，入射角，屈折角，全反射，臨界角

CHART 14

屈折の法則 (→ p.70)

光が媒質１（屈折率 n_1，速さ v_1，波長 λ_1）から媒質２（屈折率 n_2，速さ v_2，波長 λ_2）へ入射すると，入射角を i，屈折角を r として

$$n_{12} = \frac{\sin i}{\sin r} = \frac{v_1}{v_2} = \frac{\lambda_1}{\lambda_2} = \frac{n_2}{n_1}$$

（n_{12}：媒質１に対する媒質２の屈折率）

全反射

入射光が屈折せず，すべて反射する現象

$$\sin i_0 = \frac{n_1}{n_2}$$　（媒質２から媒質１への入射の場合）

＊ i_0 を臨界角という。臨界角は，屈折の法則で「屈折角 r = 90°」を代入したときの入射角である。

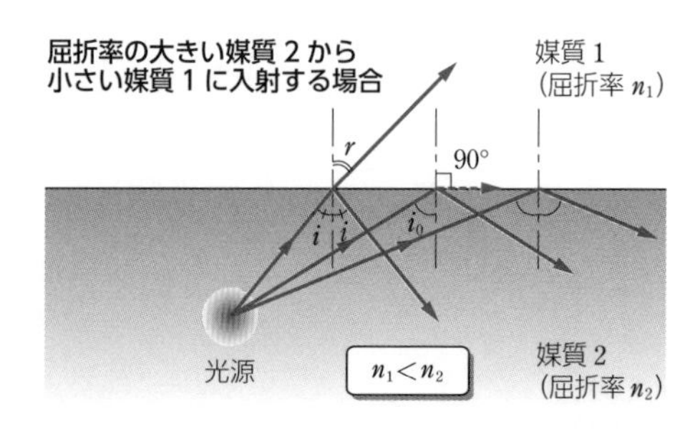

解説

問 1　入射角を i，屈折角を r とすると

$\mathrm{PR}=\mathrm{PS}\sin r$，$\mathrm{QS}=\mathrm{PS}\sin i$

よって，

$$\frac{\mathrm{QS}}{\mathrm{PR}}=\frac{\sin i}{\sin r}=\frac{n_1}{n_0}$$

したがって，正解は ④

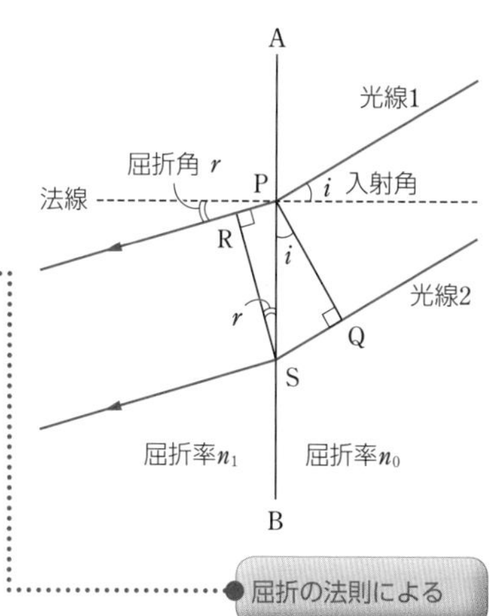

（別解）

光線2がQからSへ進む間に光線1はPからRへ進む。この間の時間を Δt，空気中の光の速さを v_0，ガラス直方体中の光の速さを v_1 とすると，

$\mathrm{QS}=v_0\Delta t$，　$\mathrm{PR}=v_1\Delta t$ より　$\dfrac{\mathrm{QS}}{\mathrm{PR}}=\dfrac{v_0\Delta t}{v_1\Delta t}=\dfrac{v_0}{v_1}$

また，屈折の法則より　$\dfrac{v_0}{v_1}=\dfrac{n_1}{n_0}$

したがって，正解は ④

問 2　全反射では，$n_1>n_2$　であり，かつ　θ が臨界角 θ_0 をこえると光がすべて反射される。

$\dfrac{\sin\theta_0}{\sin 90^\circ}=\dfrac{n_2}{n_1}$ より　　$\sin\theta_0=\dfrac{n_2}{n_1}$

よって，全反射するのは　$\sin\theta>\dfrac{n_2}{n_1}$

以上より，正解は ⑥

（参考）光路長

屈折率 n の媒質中の距離 l を光（真空中の光の速さ c）が進むのにかかる時間は $\dfrac{nl}{c}$ である。この nl を光路長（光学距離）という。

第2章

演 習 問 題

22 光ファイバー

目安8分

図は，ある光ファイバーの概念図である。屈折率の異なる2種類の透明な媒質からなる二重構造をしており，媒質1でできた中心部分の円柱の屈折率 n_1 は，媒質2でできた周囲の円筒の屈折率 n_2 よりも大きい。このファイバーを空気中におき，円柱の端面の中心Oから単色光の光線を入射角 i で入射させる。端面で光は屈折してファイバー中を進み，媒質1と媒質2の境界面で反射される。この境界面への入射角を r とする。

以下では，図のように円柱の中心軸を含む平面内を進む光についてのみ考える。また空気の屈折率は1とする。

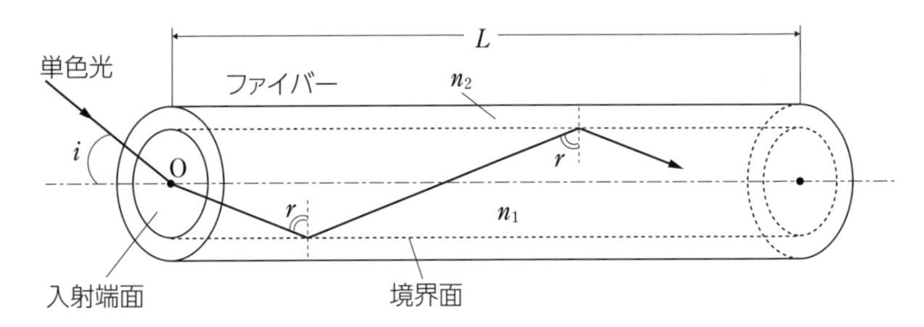

問1 端面への入射角 i を小さくしていくと，境界面への入射角 r は大きくなる。r がある角度 r_0 より大きくなると，境界面で全反射が起こり，光は媒質1の円柱の中だけを通って，円柱の外に失われることなく反対側の端面にまで到達する。

$r > r_0$ のとき，光が円柱に入射してから，反対側の端面に到達するまでにかかる時間はいくらか。空気中での光の速さを c，ファイバーの長さを L として正しいものを，次の ①～⑨ のうちから1つ選べ。 [1]

① $\dfrac{L}{c}$　② $\dfrac{L}{c\sin r}$　③ $\dfrac{L}{c\cos r}$　④ $\dfrac{n_1L}{c}$　⑤ $\dfrac{n_1L}{c\sin r}$

⑥ $\dfrac{n_1L}{c\cos r}$　⑦ $\dfrac{n_1L}{n_2c}$　⑧ $\dfrac{n_1L}{n_2c\sin r}$　⑨ $\dfrac{n_1L}{n_2c\cos r}$

問2 媒質1と媒質2の境界面で全反射が起こる場合の，端面への入射角 i の最大値を i_0 とするとき，$\sin i_0$ を n_1，n_2 で表す式として正しいものを，次の ①～⑥ のうちから1つ選べ。$\sin i_0 =$ [2]

① $n_1 - n_2$　② $n_1^2 - n_2^2$　③ $\sqrt{n_1 - n_2}$　④ $\sqrt{n_1^2 - n_2^2}$

⑤ $\dfrac{1}{n_2} - \dfrac{1}{n_1}$　⑥ $\dfrac{1}{n_2^2} - \dfrac{1}{n_1^2}$

〔2010年　センター試験〕

23 プリズムに入射するレーザー光線

目安8分

光の屈折に関する次のような実験をした。図のように角 AOB が直角の，ガラスでできたプリズムを水中に置き，レーザー光線を当てた。レーザー光線は，OA 面上の点 P に入射角 i で入射し，角 r で屈折したあと，OB 面上の点 Q からプリズムの外に出た。水に対するガラスの屈折率（相対屈折率）を n とする。

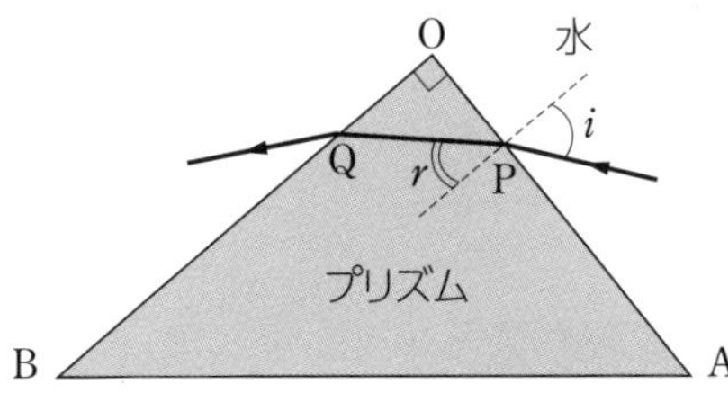

問 1　入射角 i，屈折角 r，屈折率 n の間にどのような関係が成りたつか。次の ①～⑧ のうちから正しいものを 1 つ選べ。 [1]

① $\cos r = \dfrac{1}{n}\cos i$　② $\cos r = n\cos i$　③ $\cos r = (n-1)\cos i$

④ $\cos r = \dfrac{1}{n-1}\cos i$　⑤ $\sin r = \dfrac{1}{n}\sin i$　⑥ $\sin r = n\sin i$

⑦ $\sin r = (n-1)\sin i$　⑧ $\sin r = \dfrac{1}{n-1}\sin i$

問 2　入射角 i を小さくしていったところ，ある角 i_0 になったときに，レーザー光線は OB 面から外へ出なくなった。角 i_0 と屈折率 n との間にどんな関係が成りたつか。次の ①～⑥ のうちから正しいものを 1 つ選べ。 [2]

① $\sqrt{1 - n^2\cos^2 i_0} = n$　② $\sqrt{n^2 - \cos^2 i_0} = 1$　③ $\sqrt{1 - n^2\sin^2 i_0} = n$

④ $\sqrt{n^2 - \sin^2 i_0} = 1$　⑤ $n\sin i_0 = 1$　⑥ $n\cos i_0 = 1$

〔1998年　センター試験〕

第2章

1回目 ／　2回目 ／

15日目 レンズ

例題15 凸レンズのつくる像

目安8分

空き箱と焦点距離 100 mm の凸レンズを用いて，図1のようなカメラを作った。スクリーンは半透明の紙で，映った像をカメラの後ろ側から観察することができる。図2の配置で，スクリーン上に物体Aの像がはっきり映るように，レンズとスクリーンとの距離 x を調整した。

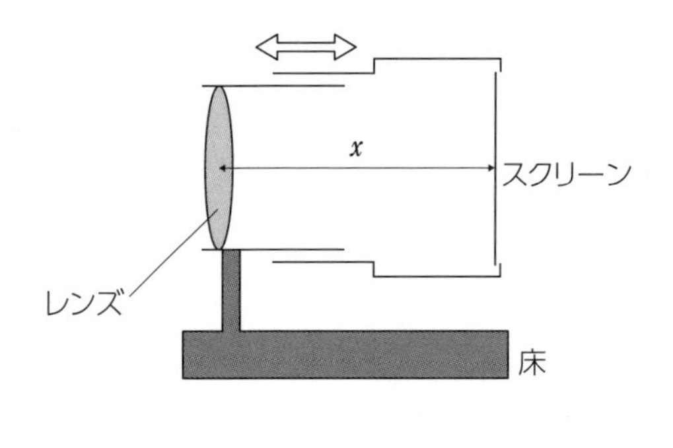

図1

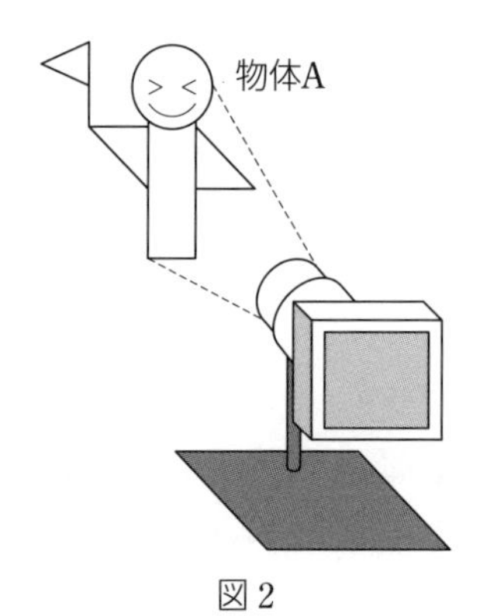

図2

問 1 スクリーン上の像を表す図として最も適当なものを，次の ①～④ のうちから 1 つ選べ。 1

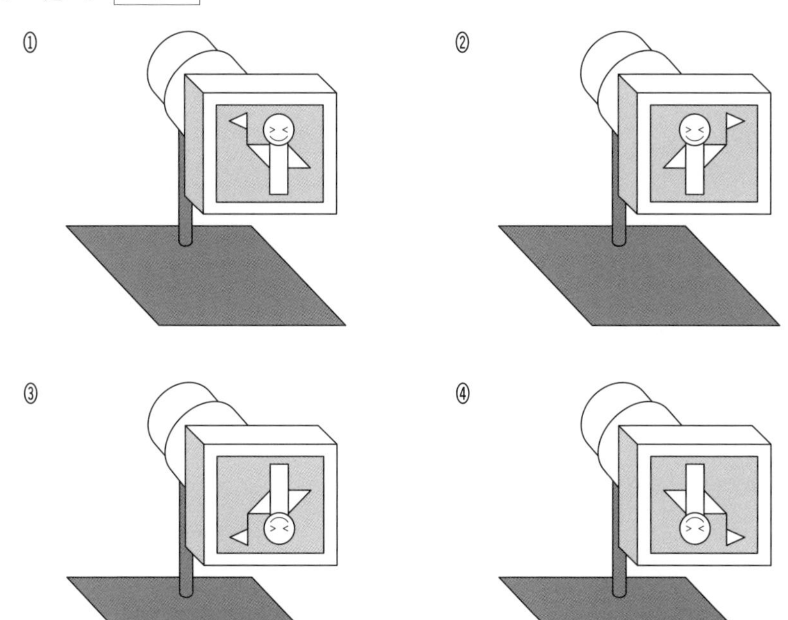

問 2 レンズと物体 A との距離は 600mm であった。レンズとスクリーンの間の距離 x はいくらか。最も適当なものを，次の ①～⑤ のうちから 1 つ選べ。

$x=$ 2 mm

① 60　② 80　③ 100　④ 120　⑤ 140

問 3 レンズの下半分を黒い紙で覆った。このとき，スクリーン上の像はどのように変化したか。最も適当なものを，次の ①～⑥ のうちから 1 つ選べ。 3

① 像の下半分が見えなくなった。

② 像の上半分が見えなくなった。

③ 像全体が暗くなった。

④ 像全体が明るくなった。

⑤ 像が小さくなった。

⑥ 像が大きくなった。

〔2008 年　センター試験〕

例題 15 解答・解説

[問題のテーマ] 凸レンズがつくる像の性質や写像公式を理解する。

解答 問1 [1] ④　問2 [2] ④　問3 [3] ③

Keywords 凸レンズがつくる実像，写像公式

CHART 15

レンズがつくる像

実際に物体から光が集まってできる，上下左右が逆向きの像を**実像**という。また，実際には光が集まっていない，レンズを通して見える，物体と同じ向きの像を**虚像**という。

※F, F′は焦点

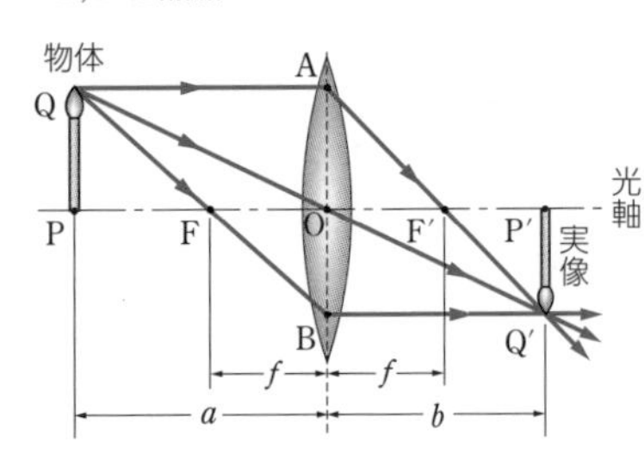

▼凸レンズの虚像の場合

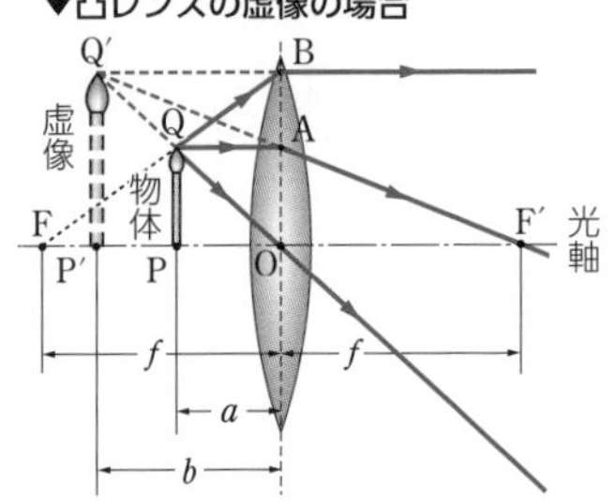

レンズの式

写像公式　$\frac{1}{a}+\frac{1}{b}=\frac{1}{f}$　　a：物体の位置，b：像の位置

倍率（m）　$m=\left|\frac{b}{a}\right|$　　f：焦点距離

＊凸レンズの実像の場合　$f>0$，$a>0$，$b>0$，$a>f$

＊凸レンズの虚像の場合　$f>0$，$a>0$，$b<0$，$a<f$

＊凹レンズの虚像の場合　$f<0$，$a>0$，$b<0$

解説

問 1　スクリーン上に映る像は実像（倒立像）なので，上下左右が逆に映る。

よって，正解は ④

問 2　写像公式　$\dfrac{1}{a}+\dfrac{1}{b}=\dfrac{1}{f}$　を用いる。

$f=100\,\mathrm{mm}$, $a=600\,\mathrm{mm}$, $b=x$　なので

$\dfrac{1}{600}+\dfrac{1}{x}=\dfrac{1}{100}$　より　$x=120\,\mathrm{mm}$

したがって，正解は ④

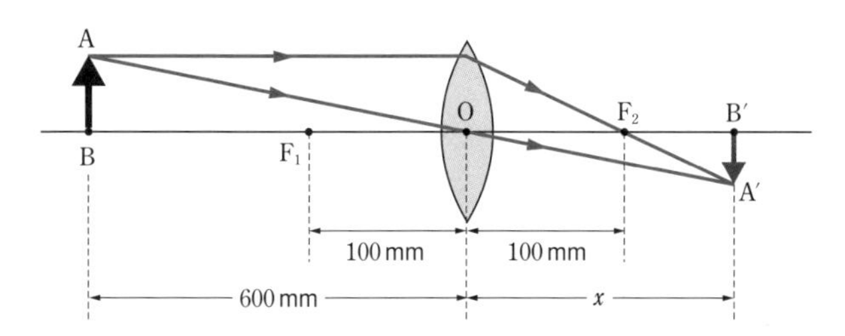

問 3　物体のどの一点からの光も空間に広がり，図のように，物体と向かいあうレンズの全面を通り，スクリーン上の実像の対応する一点に集まる。

よって，レンズのどの部分を隠しても実像が欠けることはないが，スクリーンに到達する光が減少するために暗くなる。

以上より，正解は ③

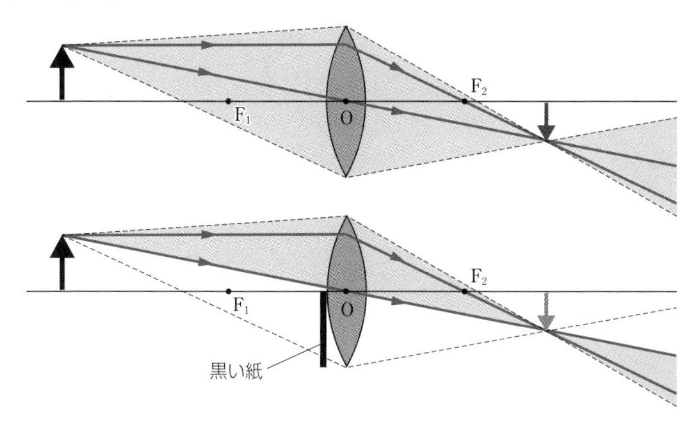

第2章

演習問題

24 凸レンズのつくる像

目安８分

図のように，凸レンズの中心点 O の左側の光軸上の点 A にろうそくを立て，右側の光軸上の点 B に，光軸に垂直にスクリーンを置いたところ，スクリーン上に鮮明なろうそくの実像ができた。

問 1 凸レンズによってスクリーン上にできる像に関する記述として最も適当なものを，次の ①～④ のうちから１つ選べ。 [1]

① 凸レンズの上半分を黒紙でおおうと，スクリーン上の実像は，形は変わらず暗くなる。

② スクリーン上にできる実像は正立である。

③ ろうそくから出た光は，反射の法則に従いスクリーン上に集まり実像をつくる。

④ ろうそくを凸レンズに近づけていくと，ある点でスクリーン上に虚像ができる。

問 2 次の文章中の空欄 [ア]・[イ] に入れる数値の組合せとして最も適当なものを，下の ①～⑨ のうちから１つ選べ。 [2]

図で用いている凸レンズに光軸に平行な光線を入射させると，点 O から 15 cm 離れた光軸上の１点に光が集まる。距離 OB が 60 cm のとき，距離 OA を [ア] cm にすると，ろうそくの大きさの [イ] 倍の鮮明な実像がスクリーン上にできた。

	ア	イ
①	12	3.0
②	12	4.0
③	12	5.0
④	15	3.0
⑤	15	4.0
⑥	15	5.0
⑦	20	3.0
⑧	20	4.0
⑨	20	5.0

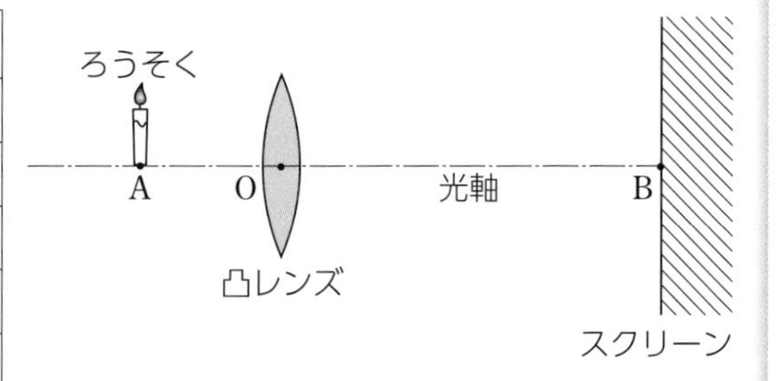

〔2013年　センター試験〕

25 レンズの式

目安 10 分

凸レンズのはたらきについて考えよう。図 1 のように，レンズから距離 a の位置に物体を置いたとき，レンズから距離 b の位置に像ができた。図 2 は a と b の関係を表すグラフである。ただし，b が負の値をとるのは，レンズから見て物体側に像ができるときである。

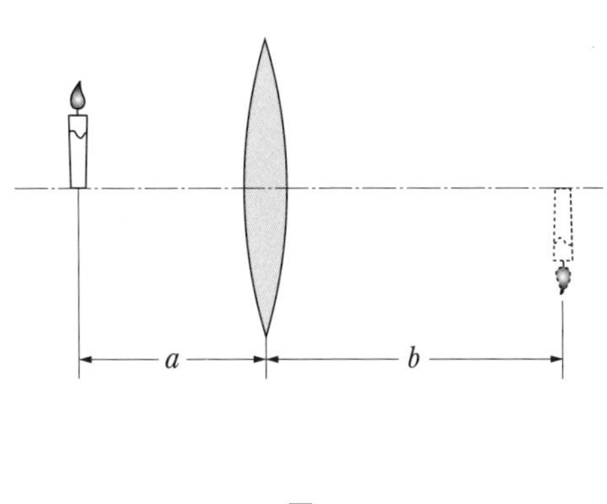

図 1

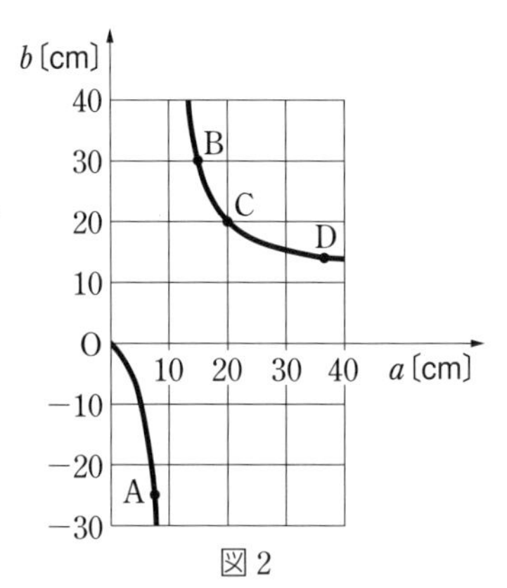

図 2

問 1 このレンズの焦点距離はいくらか。最も適当な数値を，次の ①～④ のうちから 1 つ選べ。 [1] cm

① 5　② 10　③ 20　④ 40

問 2 像と物体の位置が，図 2 中の B で与えられるとき，像の大きさは物体の大きさの何倍か。最も適当な数値を，次の ①～⑤ のうちから 1 つ選べ。

[2] 倍

① $\frac{1}{3}$　② $\frac{1}{2}$　③ 1　④ 2　⑤ 3

問 3 このレンズを虫めがねとして用いるためには，図 2 中の A～D のどこで使えばよいか。最も適当なものを，次の ①～④ のうちから 1 つ選べ。 [3]

① A　② B　③ C　④ D

〔2007 年　センター試験〕

1回目　／　2回目　／

16日目 光の干渉①

例題 16　ヤングの実験

目安8分

下図のように，光源から出た単色光をスリットSに通し，さらに近接した2本のスリットA，Bに当てたところ，スクリーン上に明暗の縞（しま）（干渉縞）が現れ，点Oに最も明るい明線が見られた。スリットA，BはSから等距離に置かれ，AとBの間隔はdとする。

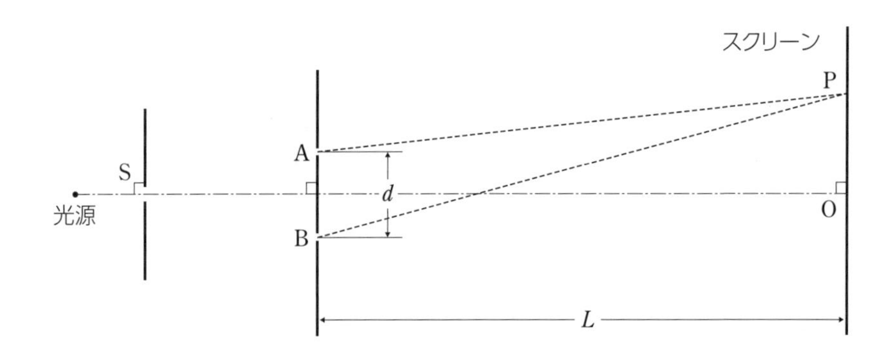

問 1 スクリーン上で点Oに1番近い明線の位置を点Pとする。このとき，経路差 $|AP - BP|$ は，光の波長 λ とどのような関係にあるか。正しいものを，次の ①～④ のうちから1つ選べ。$|AP - BP| =$ [1]

① 2λ　　② $\frac{3\lambda}{2}$　　③ λ　　④ $\frac{\lambda}{2}$

問 2 スリットAとBの間隔 d，またはスリットからスクリーンまでの距離 L を大きくしたとき，干渉縞の隣りあう明線の間隔はどのように変化するか。正しいものを，次の ①～④ のうちから1つ選べ。[2]

① d を大きくすると大きくなり，L を大きくすると小さくなる。
② d を大きくすると小さくなり，L を大きくすると大きくなる。
③ d を大きくしても L を大きくしても，大きくなる。
④ d を大きくしても L を大きくしても，小さくなる。

問 3 スリットSの位置をわずかに図の上方に動かすと，干渉縞はどうなるか。最も適当なものを，次の ①～④ のうちから1つ選べ。[3]

① 干渉縞全体が図の上方に移動する。
② 干渉縞全体が図の下方に移動する。
③ 点Oに見えていた最も明るい明線は移動しないが，隣りあう明線の間隔が広くなる。
④ 点Oに見えていた最も明るい明線は移動しないが，隣りあう明線の間隔が狭くなる。

〔2002年　センター試験〕

第2章

例題 16 解答・解説

[問題のテーマ] ヤングの実験において，光の干渉条件や干渉縞の間隔と，スリットの間隔やスクリーンまでの距離などとの関連を理解する。

解答　問1 $\boxed{1}$ ③　　問2 $\boxed{2}$ ②　　問3 $\boxed{3}$ ②

Keywords　ヤングの実験，経路差，干渉縞

ヤングの実験

・明線　$|l_1-l_2|=m\lambda$

・暗線　$|l_1-l_2|=\left(m+\dfrac{1}{2}\right)\lambda$

$(m=0, 1, 2, \cdots)$

干渉縞の間隔 Δx

$$\Delta x=\frac{l\lambda}{d}$$

＊ $|l_1-l_2|=\dfrac{d}{l}x$ より導く。

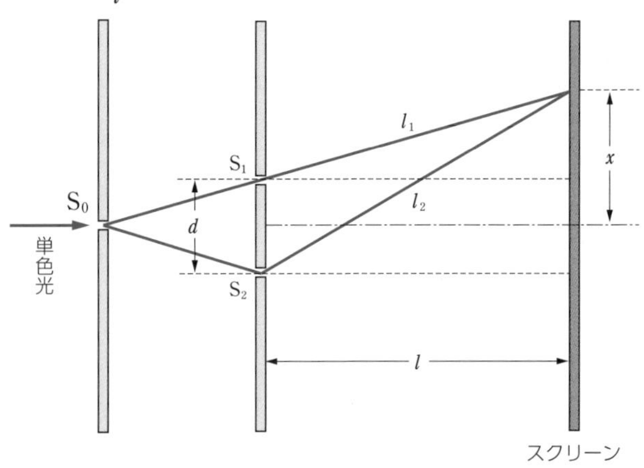

※S_0, S_1, S_2 はスリット

解説

問 1 A, B からの光は同位相なので，経路差

$$|\mathrm{AP}-\mathrm{BP}|=m\lambda \quad \cdots\cdots ① \qquad (m=0, 1, 2, \cdots)$$

を満たす点で明線が見られる。

スクリーン上では，$m = 0$ が点 O，$m = 1$ が点 P

よって，正解は ③

問 2 OP 間を x とする。

$\dfrac{d}{L}|\mathrm{AP}-\mathrm{BP}| = \dfrac{d}{L}x$ および ①式より

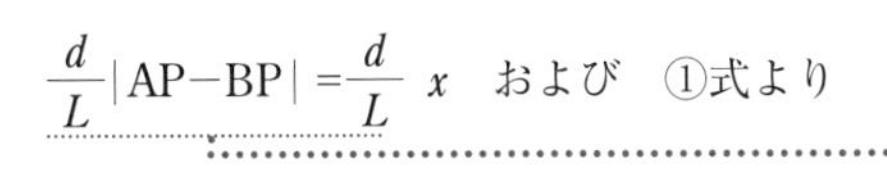

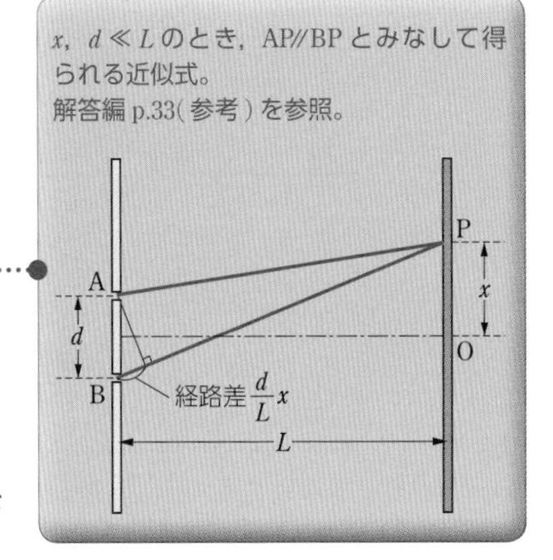

$$x = m\lambda \quad よって \quad x = m\frac{L\lambda}{d} \quad \cdots\cdots ②$$

点 O (m=0) と点 P (m=1) の間隔 Δx は②式より

$$\Delta x = 1 \times \frac{L\lambda}{d} - 0 \times \frac{L\lambda}{d} = \frac{L\lambda}{d}$$

この式より，Δx は d が大きくなるほど小さくなり，L が大きくなるほど大きくなる。

したがって，正解は ②

問 3 S を動かしたとき，スクリーン上の最も明るい明線の位置を O′ とすると，S → A → O′ と S → B → O′ の経路の道のりは等しい。このとき下図のように，S の上方への移動によって SA は短く，SB は長くなるため，AO′ は長く，BO′ は短くなる。

したがって，点 O′ は点 O より下方になるので，正解は ②

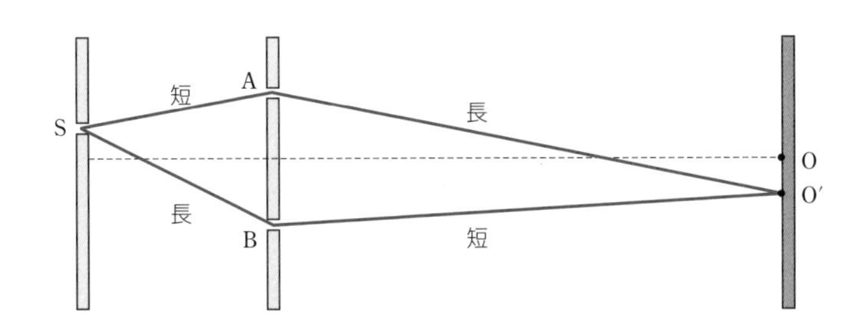

演 習 問 題

26 回折格子

目安８分

図１のような格子定数（スリットの間隔）d の回折格子に，波長 λ の光を垂直に入射した。このとき，隣りあうスリットを通る光の経路差が光の一波長分となる回折光は強めあう。このような方向の回折光を一次回折光という。

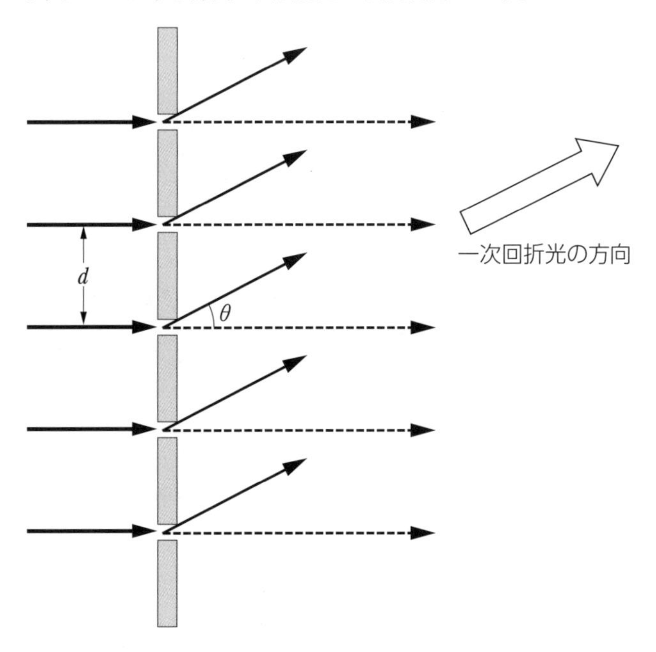

図１

問 1 格子定数 d が 1.0×10^{-6} m，光の波長 λ が 0.5×10^{-6} m であるとき，一次回折光の方向が入射光の方向となす角度 θ の値として最も適当なものを，次の ①～⑥ のうちから１つ選べ。$\theta =$ [1]

① 10°　② 15°　③ 30°　④ 45°　⑤ 60°　⑥ 80°

問 2 この回折格子に垂直に細い太陽光線を入射させ，透過光をスクリーンに投影したところ，図 2 のように，スクリーン上に一次回折光のスペクトルが現れた。このときの光の色の並び方として最も適当なものを，下の ① ～ ⑥ のうちから 1 つ選べ。ただし，入射光線の延長線がスクリーンと交わる位置を P とする。

2

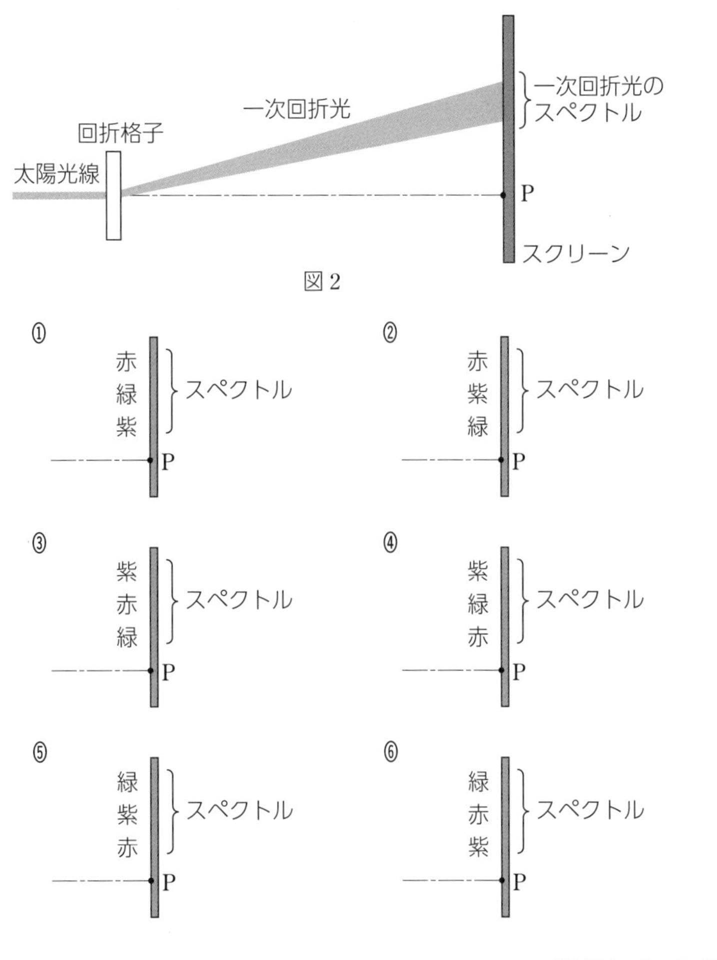

〔2009 年　センター試験〕

1回目　／	2回目　／

17日目 光の干渉②

例題17 薄膜の干渉

目安10分

図のように，波長 λ の平行光線を透明で一様な厚さの薄膜に斜めに入射させ，右側で反射光を観察する。光線 1 は薄膜の表面の点 D で反射する。光線 2 は点 B で薄膜内に入り，薄膜の裏面の点 C で反射して点 D で再び空気中に出てくる。ただし，空気の絶対屈折率を 1, 薄膜の絶対屈折率を n（$n>1$）, 真空中での光の速さを c とする。また，図の点線 AB は光の波面である。

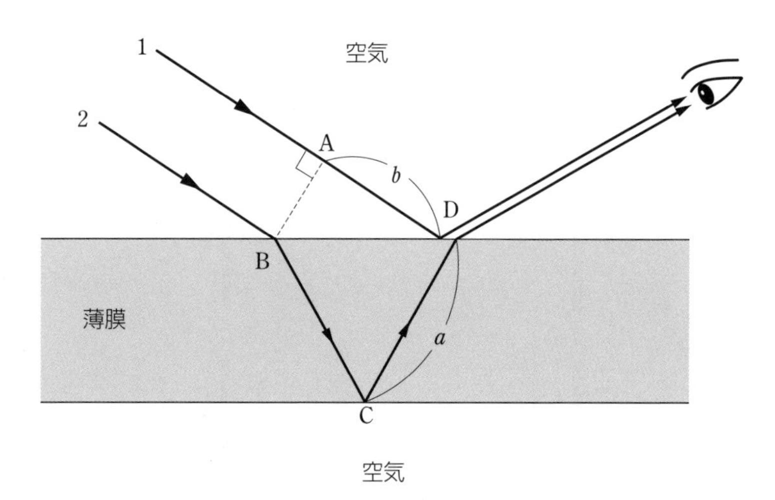

問 1 薄膜中での光の波長を λ'，光の速さを c' とすると，それらを表す式は

$\lambda' = \alpha\lambda$,　　$c' = \beta c$

となる。α，β の組合せとして正しいものを，次の ①～⑥ のうちから1つ選べ。

$(\alpha,\ \beta)$ = [1]

① $(1,\ n)$　② $\left(n,\ \dfrac{1}{n}\right)$　③ $\left(\dfrac{1}{n},\ \dfrac{1}{n}\right)$　④ $(n,\ 1)$

⑤ $\left(\dfrac{1}{n},\ n\right)$　⑥ $(n,\ n)$

問 2 図でCDの距離を a，ADの距離を b とするとき，光線1と光線2とが薄膜から反射された後に弱めあう条件として正しいものを，次の ①～⑥ のうちから1つ選べ。ただし，m は正の整数とする。[2]

① $\left(\dfrac{2a}{\lambda'} - \dfrac{b}{\lambda'}\right) = m + \dfrac{1}{2}$　② $\left(\dfrac{2a}{\lambda} - \dfrac{b}{\lambda}\right) = m + \dfrac{1}{2}$　③ $\left(\dfrac{2a}{\lambda'} - \dfrac{b}{\lambda'}\right) = m$

④ $\left(\dfrac{2a}{\lambda} - \dfrac{b}{\lambda}\right) = m$　⑤ $\left(\dfrac{2a}{\lambda'} - \dfrac{b}{\lambda}\right) = m$　⑥ $\left(\dfrac{2a}{\lambda'} - \dfrac{b}{\lambda}\right) = m + \dfrac{1}{2}$

問 3 薄膜からの反射光は，入射角によって強めあったり弱めあったりする。この干渉現象と最も深く関係していることがらを，次の ①～⑤ のうちから1つ選べ。

[3]

① 白色光を当てると，コンパクトディスクが回折格子の役割をし，色づいて見える。
② 夕暮れ時の太陽は赤く見え，晴れた日の空は青く見える。
③ プリズムに光を当てたら，赤色よりも青色の光の方がより曲がった。
④ 偏光サングラスをかけると，水面からの反射光が遮断される。
⑤ 気象条件によっては，対岸の風景が浮かび上がって見える蜃気楼（しんきろう）が起こる。

〔2005年　センター試験〕

例題 17 解答・解説

[問題のテーマ] 薄膜の上面，下面での反射光どうしの干渉の問題である。経路差，境界面での反射による位相変化の有無から干渉の条件式を正しく求めることが重要である。

解答 問 1 [1] ③ 問 2 [2] ⑤ 問 3 [3] ①

Keywords 光路差，位相差，干渉の条件式

CHART 17

薄膜による光の干渉

明線 $2nd\cos r = \left(m+\frac{1}{2}\right)\lambda$

$(m=0, 1, 2, \cdots)$

暗線 $2nd\cos r = m\lambda$

＊薄膜中の経路を考えるので，光路差 $2nd\cos r$ の条件式となる。

＊点 D での反射で位相は π 変化，点 C での反射では位相は変化せず。

くさび形空気層による光の干渉

明線 $2d = \left(m+\frac{1}{2}\right)\lambda$

$(m = 0, 1, 2, \cdots)$

暗線 $2d = m\lambda$

＊点 B での反射で位相は π 変化，点 A での反射では位相は変化せず。

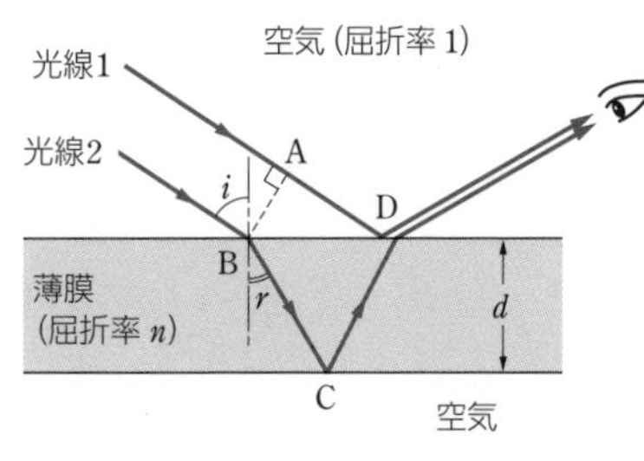

薄膜による光の干渉

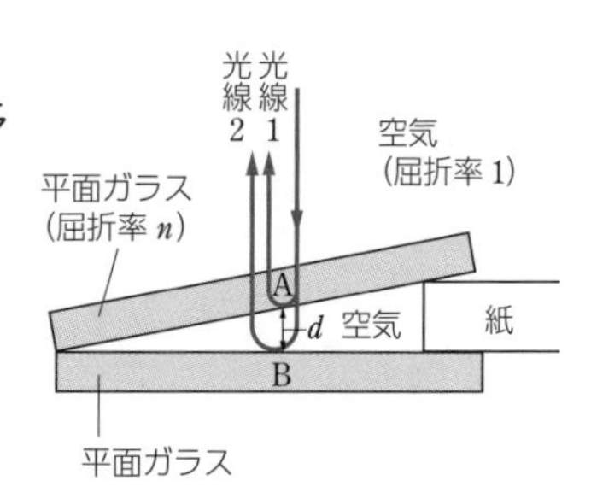

くさび形空気層による光の干渉

解説

問 1 屈折の法則より

$$\frac{c}{c'} = \frac{\lambda}{\lambda'} = \frac{n}{1}$$

$\lambda' = \frac{1}{n}\lambda$, $c' = \frac{1}{n}c$ より $(\alpha, \beta) = \left(\frac{1}{n}, \frac{1}{n}\right)$

したがって，正解は ③

問 2 光線 1, 2 が進む道のりは

$\mathrm{BC} + \mathrm{CD} = 2a$, $\mathrm{AD} = b$

光線 1

光線 2

第 2 章

それぞれの経路中の波の数の差は

$$\frac{2a}{\lambda'} - \frac{b}{\lambda}$$

点 D では位相が π だけ変化するので，弱めあう条件は

$$\frac{2a}{\lambda'} - \frac{b}{\lambda} = m$$

よって，正解は ⑤

問 3 選択肢はそれぞれ以下のような性質による現象である。

① は，コンパクトディスクの反射面の凹凸での反射光の干渉による現象。

② は，光の波長の長短による散乱されやすさの違いによる。

③ は，光の波長の長短による屈折率の違いによる。

④ は，水面での反射光が偏光していることによる。

⑤ は，空気の密度によって光の屈折率が変化することによる現象。

したがって，干渉現象に関係している ① が正解。

演　習　問　題

27 くさび形空気層による光の干渉

目安 10 分

下図のように，2 枚の透明なガラス板の一端を点 O の位置で重ね，他端近くの点 P にアルミ箔（はく）をはさみ，上方から波長 λ の単色光を当てた。ただし，空気の絶対屈折率を 1 とする。

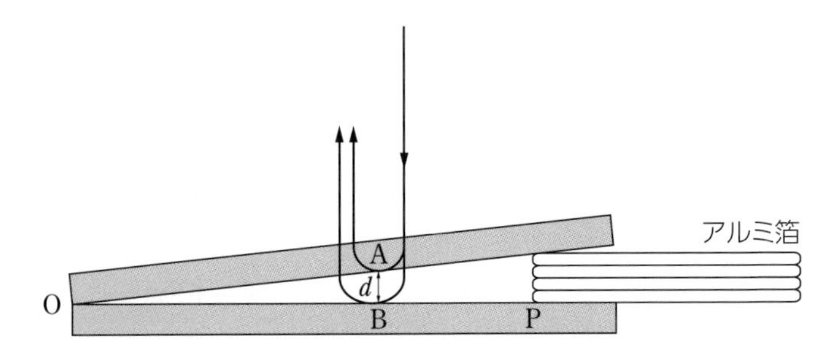

問 1　ガラス板の上方から見ると，上のガラス板の下面の点 A での反射光と下のガラス板の上面の点 B での反射光の干渉による明線が見られた。点 A と点 B の距離 d と波長 λ の関係式として正しいものを，次の ① ～ ④ のうちから 1 つ選べ。ただし，$m=0,\ 1,\ 2,\ \cdots$ とする。［ 1 ］

① $d=\lambda(m+1)$　　② $d=\lambda\left(m+\dfrac{1}{2}\right)$

③ $d=\dfrac{\lambda}{2}(m+1)$　　④ $d=\dfrac{\lambda}{2}\left(m+\dfrac{1}{2}\right)$

問 2　点 P にはさむアルミ箔の枚数を N としたときの明線の間隔は D であった。はさむアルミ箔を 1 枚増やしたとき，明線の間隔はいくらになるか。正しいものを，次の ① ～ ⑥ のうちから 1 つ選べ。［ 2 ］

① $\sqrt{\dfrac{N}{N+1}}D$　　② $\dfrac{N}{N+1}D$　　③ $\left(\dfrac{N}{N+1}\right)^2 D$

④ $\sqrt{\dfrac{N+1}{N}}D$　　⑤ $\dfrac{N+1}{N}D$　　⑥ $\left(\dfrac{N+1}{N}\right)^2 D$

問 3　絶対屈折率 n の透明な液体でガラス板の間を満たす。このとき OP 間の明線の間隔についての記述として正しいものを，次の ① ～ ⑤ のうちから 1 つ選べ。

ただし，n はガラスの絶対屈折率より小さく，1 より大きいものとする。 [3]

① 明線の間隔に変化はない。

② 液体中での光の波長は $n\lambda$ になるので，明線の間隔は増加する。

③ 液体中での光の波長は $n\lambda$ になるので，明線の間隔は減少する。

④ 液体中での光の波長は $\dfrac{\lambda}{n}$ になるので，明線の間隔は増加する。

⑤ 液体中での光の波長は $\dfrac{\lambda}{n}$ になるので，明線の間隔は減少する。

〔2004 年　センター試験〕

28 薄膜による光の干渉

目安 5 分

図のように，表面に薄膜がコーティングされたガラスに，単色光が垂直に入射した場合の反射光の干渉を考える。空気の絶対屈折率を 1 とし，薄膜の絶対屈折率 n は，ガラスの絶対屈折率 n' よりも小さく，1 よりも大きいものとする。

問 1 薄膜中を進む光の速さは，どのように表されるか。正しいものを，次の ① ～ ④ のうちから 1 つ選べ。ただし，空気中の光の速さを c とする。 [1]

① c　② nc　③ $(n-1)c$　④ $\dfrac{c}{n}$

問 2 空気中の光の波長を λ としたとき，反射光が弱めあうための膜の最小の厚さはいくらか。正しいものを，次の ① ～ ④ のうちから 1 つ選べ。 [2]

① $\dfrac{\lambda}{4}$　② $\dfrac{\lambda}{4n}$　③ $\dfrac{\lambda}{2}$　④ $\dfrac{\lambda}{2n}$

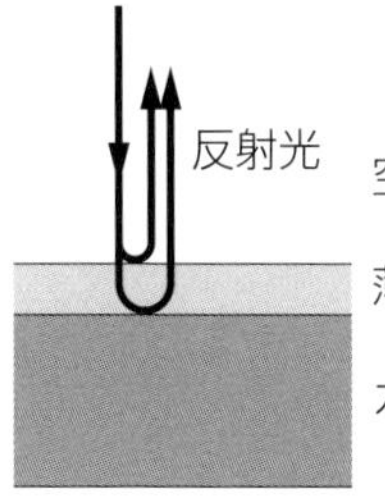

〔2003 年　センター試験〕

1回目　／	2回目　／

18日目 小問集合②

例題 18　小問集合（波）

目安 15分

問 1　底の平らな水槽を水平に置き，水面上の 2 点 P，Q で，2 つの小球を，同じ振動数，同じ振幅，同じ位相で上下に振動させて，波を発生させた。水面が上下にほとんど振動しない点をつなぐと，どのような図形になるか。最も適当なものを，次の ①～④ のうちから 1 つ選べ。［ 1 ］

ただし，水槽の側壁からの反射は無視できるように工夫してある。

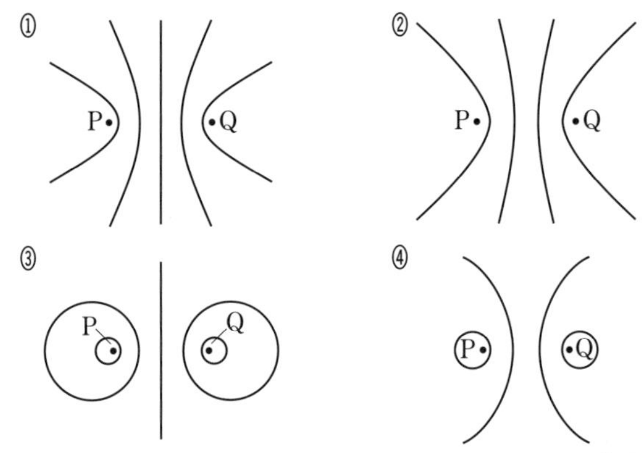

〔2001 年　センター試験〕

問 2　図はガラスと水の境界面での光の進み方を示している。入射角 θ がある値 θ_0（臨界角）以上では，ガラスと水の境界面で光は全反射する。水の絶対屈折率を n とすると，ガラスの絶対屈折率 n' はどのように表されるか。正しいものを，下の ①～④ のうちから 1 つ選べ。n' ＝［ 2 ］

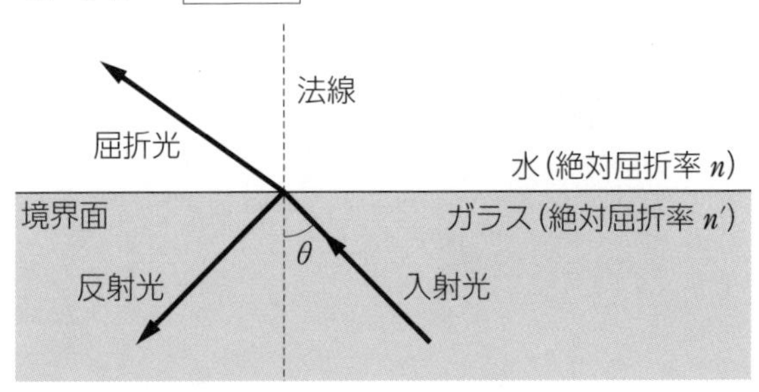

① $n\sin\theta_0$　② $\dfrac{\sin\theta_0}{n}$　③ $\dfrac{n}{\sin\theta_0}$　④ $\dfrac{1}{n\sin\theta_0}$

〔2002 年　センター試験〕

問 3 図のように，凹レンズの前方に物体を置いた。この物体の像として正しいものを，下の ① ～ ⑤ のうちから 1 つ選べ。[3]

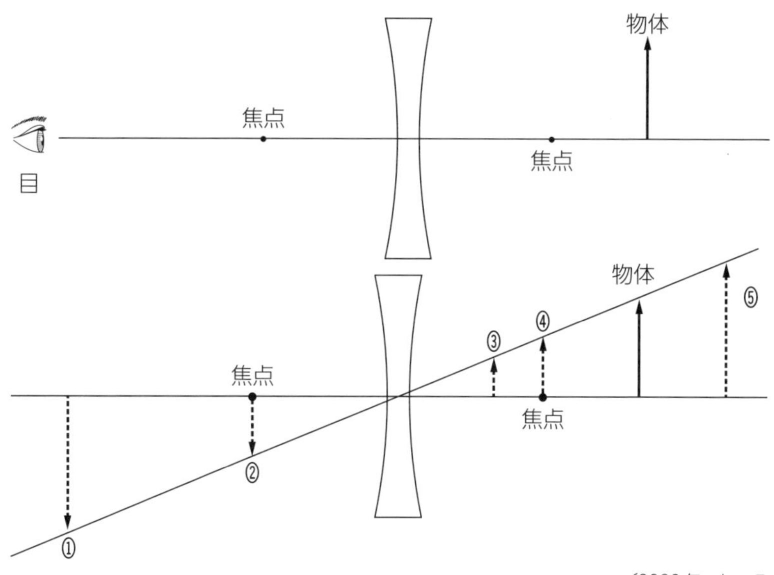

〔2000 年　センター試験〕

問 4 朝や夕方の太陽光は，図のように，大気層に大きな入射角で入射するため，屈折の影響が大きく現れる。この結果，日の出と日の入りの時刻は，地球大気がないと仮定した場合と比べてどのように変化するか。最も適当な記述を，下の ① ～ ④ のうちから 1 つ選べ。[4]

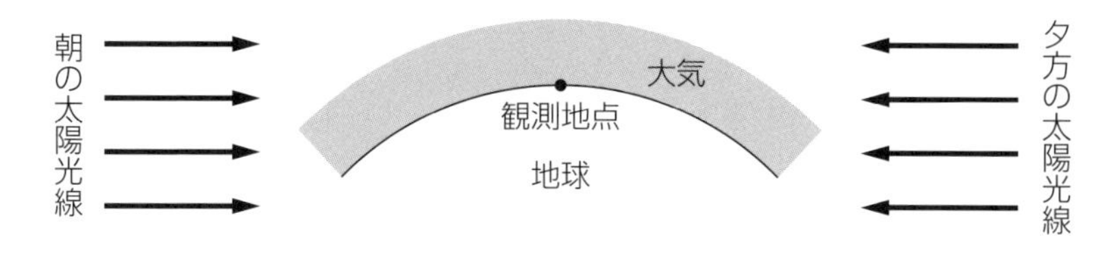

① 日の出も日の入りも早くなる。

② 日の出は早くなり，日の入りは遅くなる。

③ 日の出は遅くなり，日の入りは早くなる。

④ 日の出も日の入りも遅くなる。

〔2007 年　センター試験〕

例題 18 解答・解説

解答　問1 [1] ②　問2 [2] ③　問3 [3] ③　問4 [4] ②

[問1のテーマ] 同位相で振動する2つの波源から広がる2つの波が，逆位相の状態で重なりあう点を考える。

Keywords　同位相，逆位相，波面，山，谷

(→ p.76) 参照。

解説

P，Q から同位相で出た波面を，山を細実線，谷を細破線で表すと図のようになる。P と Q の山と谷 (または谷と山) がぶつかる点をつなぐと赤の太実線のようになり，この線上で波が弱めあうので，水面はほとんど振動しない。

したがって，正解は ②

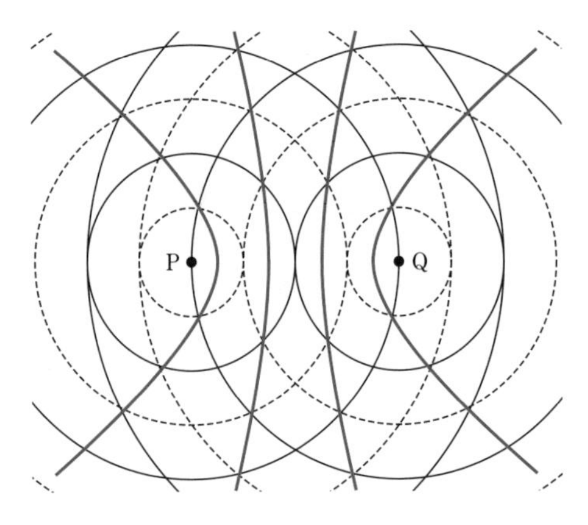

(注) 直線 PQ の垂直二等分線上の点では，2つの波は常に同位相になるので，強めあう。よって，① は誤りとなる。

[問 2 のテーマ] 屈折の法則から絶対屈折率を求める問題である。入射角が臨界角のとき，屈折角は 90° と考えて計算する。

Keywords　屈折の法則，臨界角，全反射，絶対屈折率

（→ p.88）参照。

解説

入射角が臨界角 θ_0 のとき，屈折角は 90° と考えて屈折の法則を用いる。

$\dfrac{n}{n'} = \dfrac{\sin \theta_0}{\sin 90^\circ} = \sin \theta_0$ より

$$n' = \frac{n}{\sin \theta_0}$$

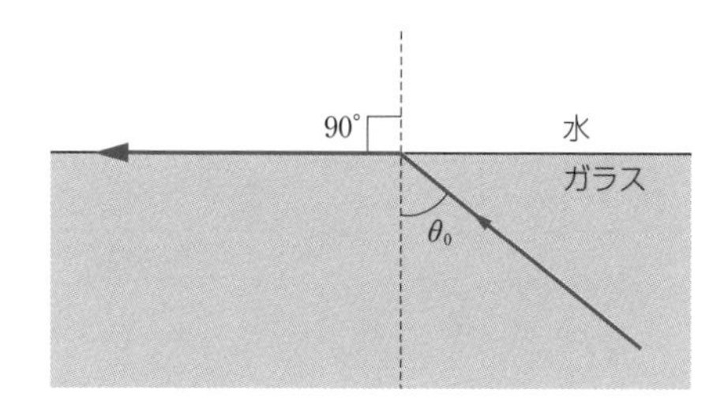

したがって，正解は ③

[問 3 のテーマ] 凹レンズによる虚像の問題である。凹レンズの特徴を考えて，凹レンズを通る光線を作図できることが重要である。

Keywords　凹レンズ，虚像，焦点

解説

物体を出た光は，次のように進む。

(i) 光軸に平行な光は，前方の焦点から出たように進む。

(ii) 後方の焦点に向かう光は，光軸に平行に進む。

(iii) レンズの中心を通る光は，直進する。

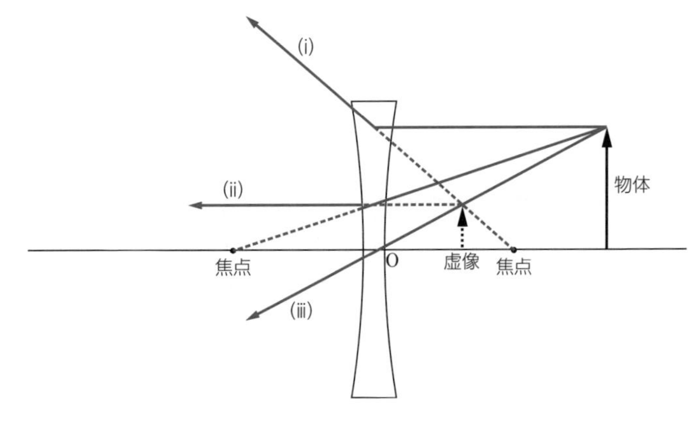

(i) ~ (iii) をもとに虚像を作図すると上図のようになる。

したがって，正解は ③

[問 4 のテーマ] 真空から大気層に太陽光が入射する問題である。
屈折の問題として考える。

光の屈折

(→ p.88) 参照。

解説

図のように，光が真空から大気中に入射することを考える。

大気層の外は真空と考える。

大気層の絶対屈折率を n とすると

大気への入射角 i と屈折角 r の関係は

$$n = \frac{\sin i}{\sin r} > 1 \text{ より } \quad i > r \qquad (0 < r < i < 90^\circ)$$

屈折の法則

したがって，大気がなく直進する場合と比べると下図のようになるので，太陽の位置は大気の存在により実際より高く見える。よって，日の出は早くなり，日の入りは遅くなる。

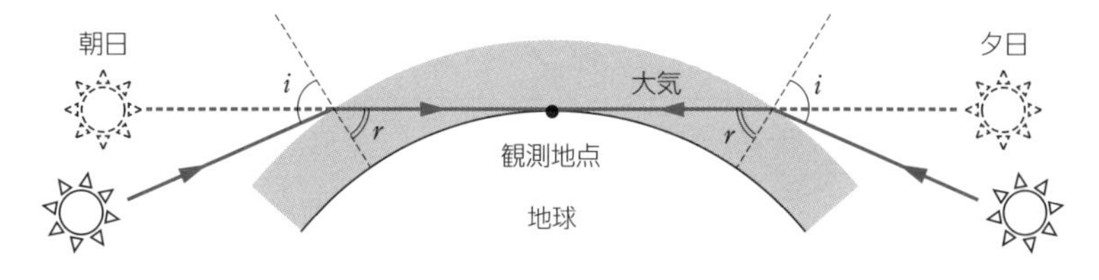

以上より，最も適当なものは ②

第2章

演 習 問 題

29 小問集合（波）

目安 15 分

問 1 水面上で距離 d だけ離れた点 A，B に 2 つの波源を置いた。この 2 つの波源を同じ振動数，同じ振幅，同位相で振動させ，波長 λ の波を発生させた。このとき，2 つの波が常に弱めあう点を連ねた線（節線）の模様は，図の実線のようになった。図に示した節線上の点を P とすると，$|AP-BP|$ はいくらか。正しいものを，次の ①～⑥ のうちから 1 つ選べ。 1

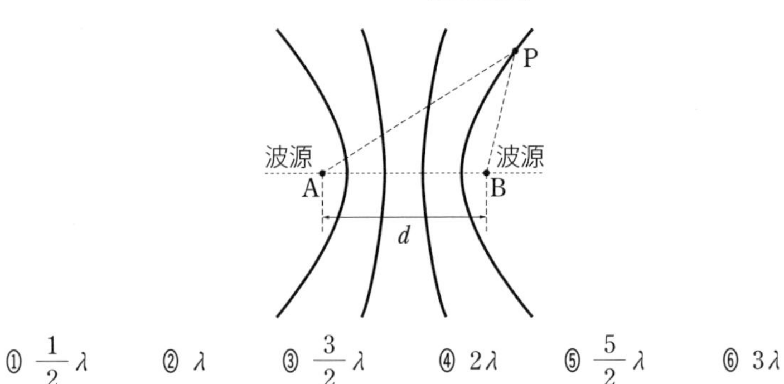

① $\dfrac{1}{2}\lambda$　② λ　③ $\dfrac{3}{2}\lambda$　④ 2λ　⑤ $\dfrac{5}{2}\lambda$　⑥ 3λ

〔2003 年　センター試験〕

問 2 池に潜り，深さ h の位置から水面を見上げ，水の外を見ていた。図のように，光を通さない円板が水面に置かれたので，外がまったく見えなくなった。そのとき円板の中心は，潜っている人の目の鉛直上方にあった。このように外が見えなくなる円板の半径の最小値 R を与える式として正しいものを，①～⑥ のうちから 1 つ選べ。ただし，空気に対する水の屈折率（相対屈折率）を n とし，水面は波立っていないものとする。また，円板の厚さと目の大きさは無視してよい。

$R =$ 2

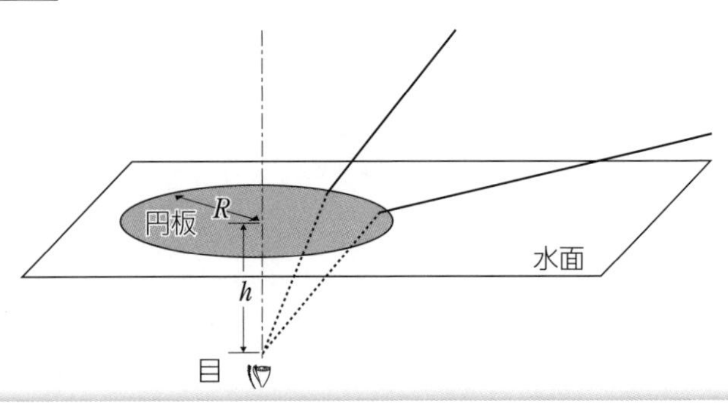

① $\dfrac{h}{\sqrt{1-\dfrac{1}{n}}}$　② $\dfrac{h}{n-1}$　③ $\dfrac{h}{\sqrt{n-1}}$　④ $\dfrac{h}{\sqrt{1-\dfrac{1}{n^2}}}$

⑤ $\dfrac{h}{n^2-1}$　⑥ $\dfrac{h}{\sqrt{n^2-1}}$

〔2009年　センター試験〕

問 3　凸レンズや凹レンズがつくる物体の像のうち，倍率が 1 以上の正立の虚像ができるのはどれか。正しいものを，次の ① ～ ④ のうちから 1 つ選べ。ただし，矢印は物体を示し，F はレンズの焦点を表す。 3

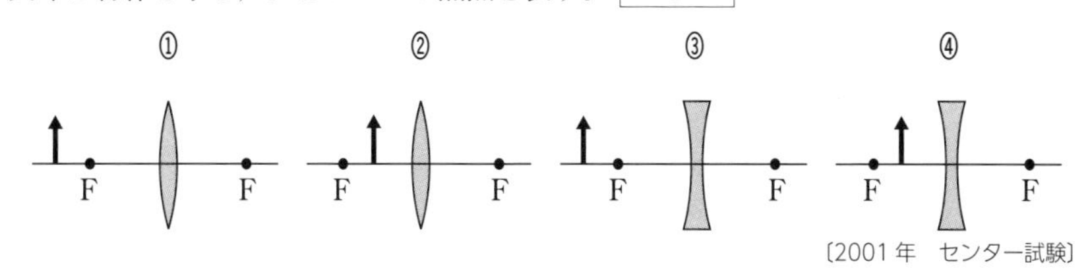

〔2001年　センター試験〕

問 4　次の文章中の空欄 ア ～ ウ に入れる語の組合せとして最も適当なものを，下の ① ～ ⑧ のうちから1つ選べ。 4

図は，白色光を空気中から三角プリズムに入射させたとき，白色光に含まれる赤色光と青色光が，プリズムの 2 つの面で屈折して出てくるようすを模式的に示したものである。赤色光と青色光を比べると，空気に対するプリズムの屈折率は ア のほうが大きく，プリズム中での光の速さは イ のほうが大きい。このように，屈折率が光の波長により異なるために，入射光がいろいろな色の光に分かれる現象を光の ウ という。

	ア	イ	ウ
①	赤色光	赤色光	干渉
②	赤色光	赤色光	分散
③	赤色光	青色光	干渉
④	赤色光	青色光	分散
⑤	青色光	赤色光	干渉
⑥	青色光	赤色光	分散
⑦	青色光	青色光	干渉
⑧	青色光	青色光	分散

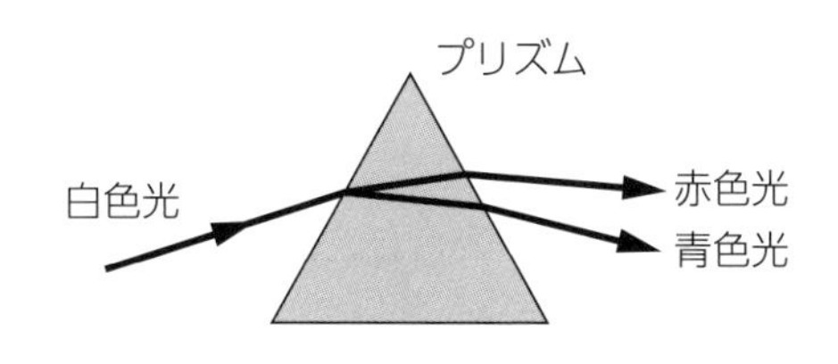

〔2012年　センター試験〕

1回目　／	2回目　／

19日目 電場と電位

例題 19　電場と電位

目安10分

図のように，中心が原点に固定され xy 面内で回転できる絶縁体の棒が，x 軸上に置かれている。その両端の点にそれぞれ $+Q$ (>0)，$-Q$ の電荷を置いた。点A $(d,\ 0)$ は x 軸上に，点B $(0,\ d)$ は y 軸上にある。

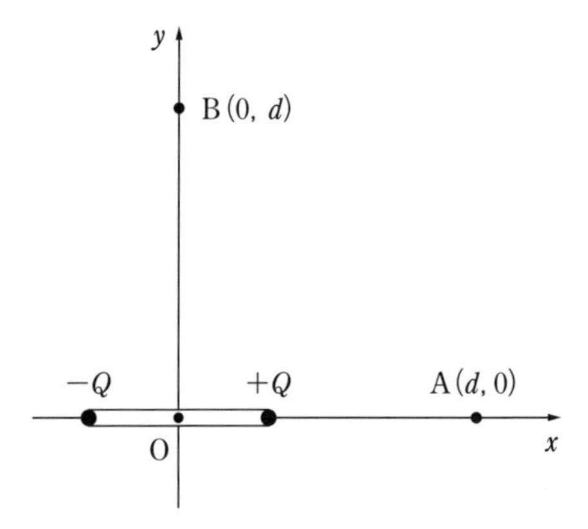

問 1　点Aと点Bでの電場(電界)の向きとして正しいものを，次の ① ～ ④ のうちから1つずつ選べ。

点Aでの電場の向きは [1]，点Bでの電場の向きは [2]

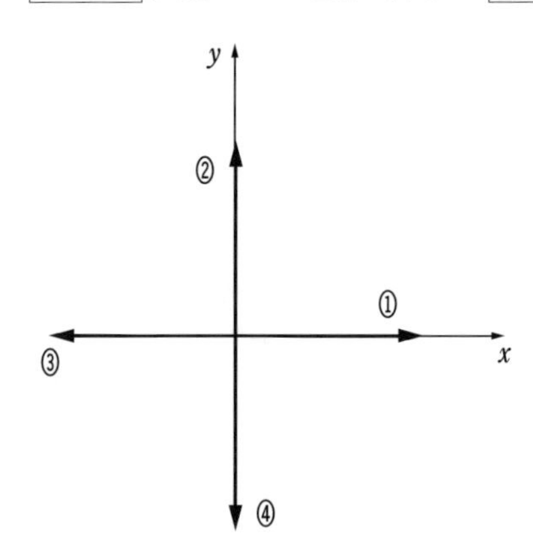

問 2 点Bでの電位について，次の ①～⑤ のうちから正しい記述を1つ選べ。

3

① d の値を0から大きくしていくと，電位は高くなる。

② d の値を0から大きくしていくと，電位は低くなる。

③ d の値を0から大きくしていくと，電位は初め低くなり，その後高くなる。

④ d の値を0から大きくしていくと，電位は初め高くなり，その後低くなる。

⑤ d の値によらず，電位は一定の値をとる。

問 3 y 軸の正の向きに電場 E を加えたところ，絶縁体の棒はエネルギーが最も低くなる向きで静止した。このときの棒の向きはどうなっているか。次の ①～⑧ のうちから正しいものを1つ選べ。 | 4 |

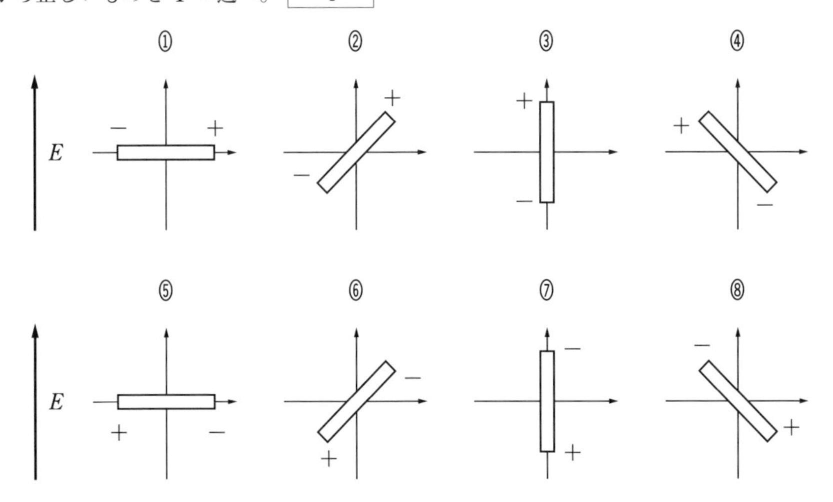

〔1997年　センター試験　改〕

例題 19 解答・解説

[問題のテーマ] 2 つの点電荷による電場と電位の問題である。電場の合成はベクトル和，電位の合成は代数和であることに注意する。

解答　問 1 [1] ①　[2] ③　問 2 [3] ⑤　問 3 [4] ③

Keywords　電荷，電場 (電界)，電位

電場に関する式のまとめ

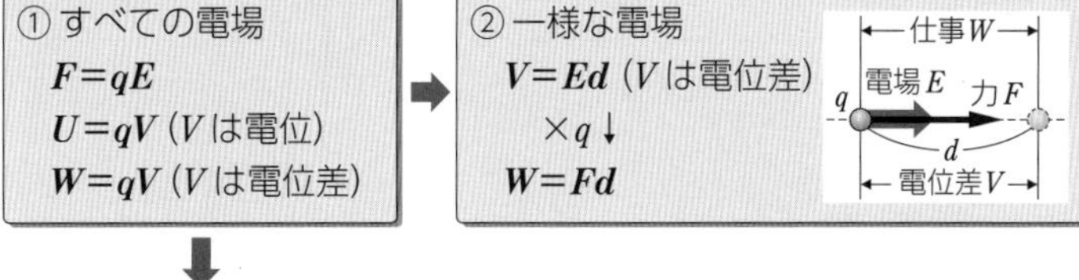

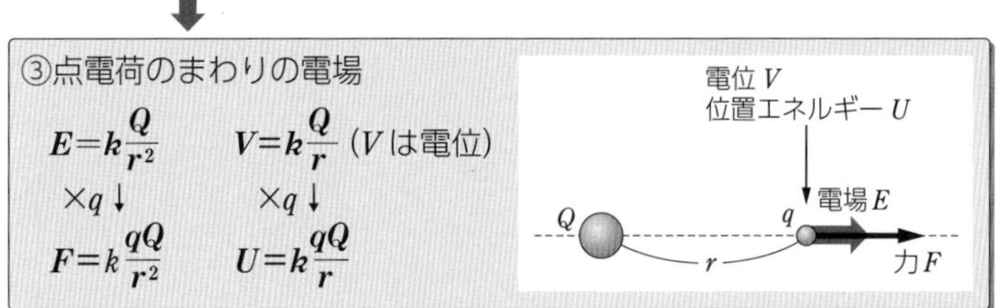

＊複数の電荷による電場を重ねあわせる場合はベクトル和をとる。

＊複数の電荷による電位を重ねあわせる場合は代数和をとる。

＊静電気力がする仕事は経路によらない。

解説

問 1 $+Q$，$-Q$ の電荷がつくる点A，点Bでの電場 $\overrightarrow{E_A}$，$\overrightarrow{E_B}$ は，図のように，電場ベクトル $\overrightarrow{E_{A+}}$ と $\overrightarrow{E_{A-}}$，$\overrightarrow{E_{B+}}$ と $\overrightarrow{E_{B-}}$ の合成で表せる。

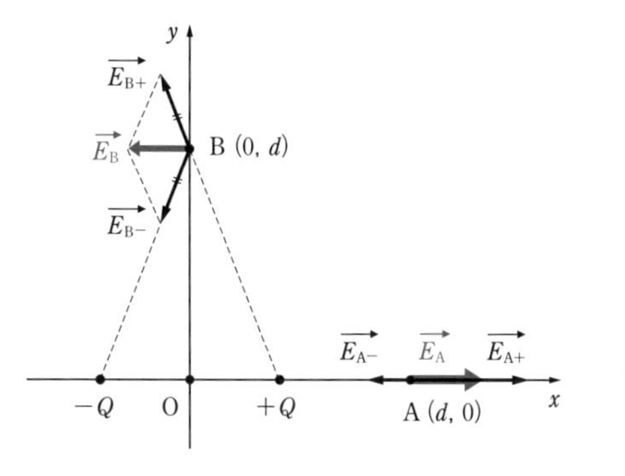

点Aの電場：$\overrightarrow{E_A}$

点Bの電場：$\overrightarrow{E_B}$

$+Q$ の電荷のつくる点Aの電場：$\overrightarrow{E_{A+}}$

$-Q$ の電荷のつくる点Aの電場：$\overrightarrow{E_{A-}}$

$+Q$ の電荷のつくる点Bの電場：$\overrightarrow{E_{B+}}$

$-Q$ の電荷のつくる点Bの電場：$\overrightarrow{E_{B-}}$

点Aにおける電場は，各電荷と点Aとの距離の違いにより $+Q$ の電場の方が強いので $+x$ の向き。

> 電場の強さは距離の2乗に反比例する。

点Bにおける電場は，各電荷と点Bとの距離が等しいので電場の強さは等しい。よって，点Bを頂点として，Bと2つの電荷は二等辺三角形をなすので $-x$ の向き。

したがって，［ 1 ］の正解は ①，［ 2 ］の正解は ③

問 2 y 軸上は，2つの電荷 $+Q$ と $-Q$ から常に等距離であるから電位は0である。よって，d を変化させても電位は常に0で変わらない。よって，正解は ⑤

問 3 図のように，$+Q$，$-Q$ の電荷はそれぞれ $+y$，$-y$ の向きに QE の力を受けるので，棒は偶力を受けて反時計回りに回転し，90° 回転したところで点Oのまわりの力のモーメントは0になり，回転しなくなる。したがって，正解は ③

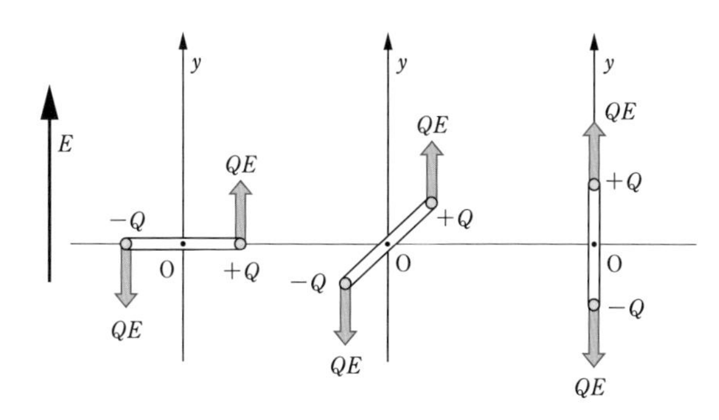

第3章

演 習 問 題

(30) 電場の合成

目安8分

次の文章を読み，下の問いの答えを，それぞれの解答群のうちから1つずつ選べ。

真空中で，図のような縦 0.6 m，横 0.8 m の長方形 abcd の各頂点に電荷を置く。点 a，点 c の電荷はそれぞれ $+4.0\times10^{-8}$ C で，点 b の電荷は -3.0×10^{-8} C，点 d の電荷は -5.0×10^{-8} C である。長方形の各辺の中点をそれぞれ p，q，r，s とし，中心点を o とする。クーロンの法則の比例定数は 9.0×10^{9} N・m²/C² とする。

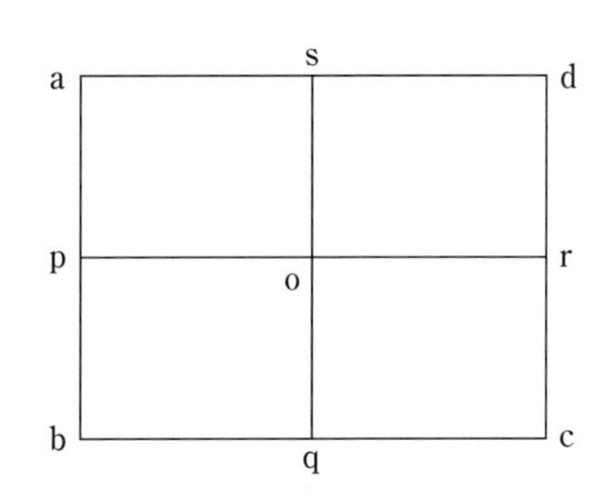

問1 点 o における電場(電界)はどの方向を向いているか。 [1]

① $\overrightarrow{oa}$　② $\overrightarrow{op}$　③ $\overrightarrow{ob}$　④ $\overrightarrow{oq}$　⑤ $\overrightarrow{oc}$

⑥ $\overrightarrow{or}$　⑦ $\overrightarrow{od}$　⑧ $\overrightarrow{os}$

問2 点 o における電場の大きさはいくらか。 [2] N/C

① 0　② 1.8×10^{2}　③ 3.6×10^{2}　④ 5.4×10^{2}　⑤ 7.2×10^{2}

⑥ 1.8×10^{3}　⑦ 3.6×10^{3}　⑧ 5.4×10^{3}　⑨ 7.2×10^{3}

問3 点 o における電位はいくらか。ただし，無限遠点の電位を 0 とする。

[3] V

① 0　② 3.6×10^{2}　③ -3.6×10^{2}　④ 7.2×10^{2}　⑤ -7.2×10^{2}

⑥ 3.6×10^{3}　⑦ -3.6×10^{3}　⑧ 7.2×10^{3}　⑨ -7.2×10^{3}

〔1994年　センター試験〕

31 静電気力と電場

目安8分

図に示した，イ，ロ，ハ，ニ，ホ，ヘ，ト，チは，点Oを中心とする半径rの円周を8等分する点である。強さEの一様な電場(電界)を，直径ホイに平行にあたえる。次に，正の電気量qをもつ小球を点Oに固定する。クーロンの法則の比例定数をk（$k>0$）として，次の問いの答えを，それぞれの解答群の中から1つずつ選べ。

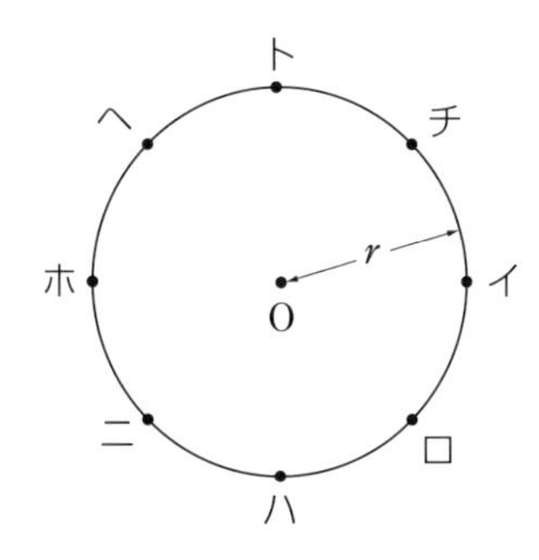

問1 いま，電気量$-p$（$p>0$）をもつ第2の小球Mを点ホの位置に置いたところ，Mにはたらく静電気力は0であった。一様な電場の強さEはいくらか。 1

① $\dfrac{kp}{r^2}$　② $\dfrac{kpq}{r^2}$　③ $\dfrac{kq}{r^2}$　④ $\dfrac{kq^2}{r^2}$　⑤ $\dfrac{kq}{r}$

⑥ $\dfrac{kpq}{r}$　⑦ $\dfrac{kp}{r}$　⑧ $\dfrac{kp^2}{r}$　⑨ $\dfrac{kq}{r^3}$　⓪ $\dfrac{kq^2}{r^3}$

問2 上の問1の小球Mを，点ホの位置から，点トの位置に移す。その位置でMが受ける静電気力の大きさを，上の問1の一様な電場の強さEを使って表すとどうなるか。 2 　また，その力の向きを右下の図から選べ。 3

2 の解答群

① $\sqrt{2}pE$　② $2pE$

③ $\sqrt{2}E$　④ $2E$

⑤ $\sqrt{3}qE$　⑥ $\sqrt{3}pE$

⑦ $2qE$　⑧ $\sqrt{2}qE$

⑨ $\sqrt{2}pqE$　⓪ $2pqE$

3 の解答群

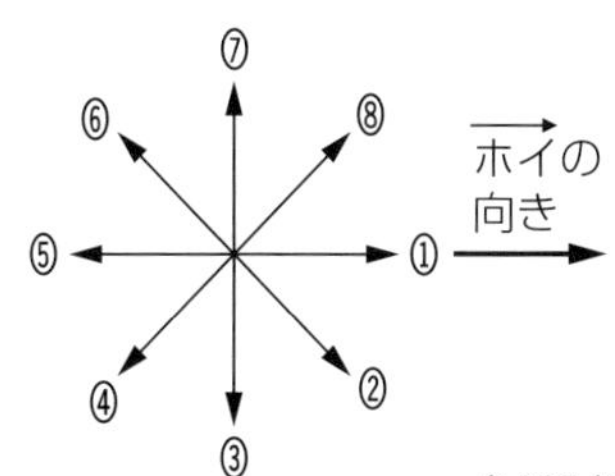

〔1983年　共通一次〕

1回目　／　2回目　／

20日目 コンデンサー①

例題 20　平行板コンデンサー

目安10分

真空中に面積 S の2枚の金属板A，Bが，間隔 d で平行に固定してある。これに起電力 V_0 の電池をつないで充電した後，スイッチを切った。この状態の電場（電界）を表す電気力線は図1に示してある。ε_0 は定数（真空の誘電率）である。

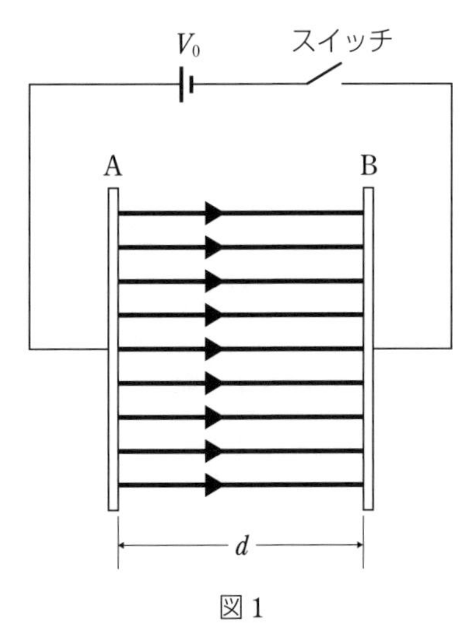

図1

問 1　このコンデンサーの電気容量はいくらか。次の ① ～ ④ のうちから正しいものを1つ選べ。［ 1 ］

① $\dfrac{\varepsilon_0}{dS}$　　② $\dfrac{d}{\varepsilon_0 S}$　　③ $\dfrac{dS}{\varepsilon_0}$　　④ $\dfrac{\varepsilon_0 S}{d}$

問 2　金属板 A, B に蓄えられた電気量をそれぞれ $+Q_0$，$-Q_0$ とする。金属板の間の電場の大きさはいくらか。次の ① ～ ④ のうちから正しいものを 1 つ選べ。

［ 2 ］

① $\dfrac{Q_0}{\varepsilon_0 d}$　　② $\dfrac{Q_0}{\varepsilon_0 S}$　　③ $\varepsilon_0 S Q_0$　　④ $\dfrac{\varepsilon_0 S Q_0}{d}$

問 3 この状態で，図 2 のように，2 枚の金属板と面積が等しくて厚さが $\frac{d}{4}$ の金属板 C（帯電していないものとする）を，A から $\frac{d}{4}$ だけ離して平行に置いた。金属板 A と B の間の電気力線のようすを表した図はどれか。下の ① ～ ④ のうちから正しいものを 1 つ選べ。［ 3 ］

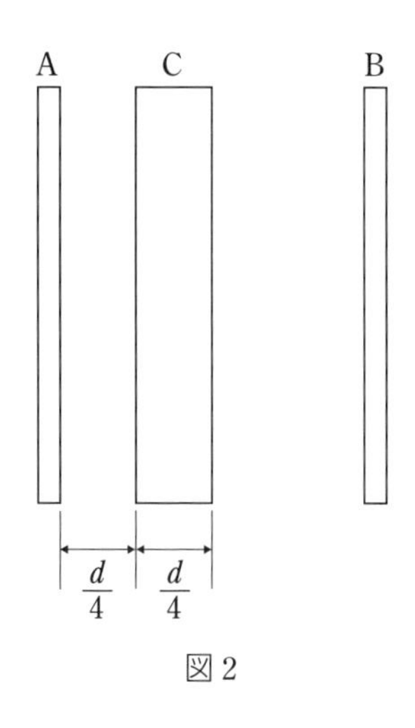

図 2

［ 3 ］の解答群

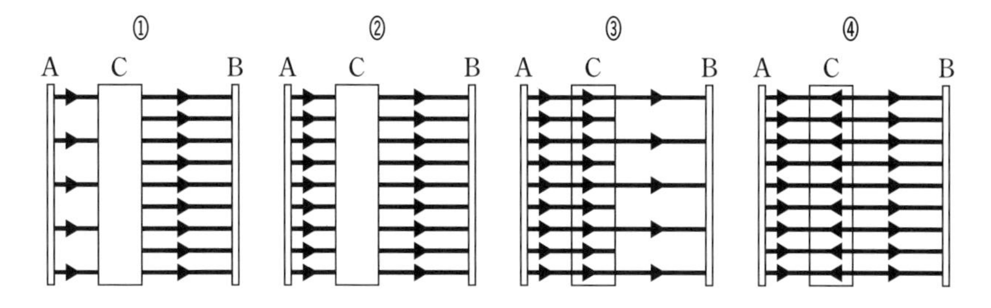

問 4 図 2 の状態で金属板 A と B の間の電位差はいくらか。次の ① ～ ⑤ のうちから正しいものを 1 つ選べ。［ 4 ］

① $\frac{3}{2}V_0$　② $\frac{4}{3}V_0$　③ V_0　④ $\frac{3}{4}V_0$　⑤ $\frac{2}{3}V_0$

〔1996 年　センター試験〕

例題 20 解答・解説

[問題のテーマ] コンデンサーの基本式，および極板間に金属板を挿入した場合の電位差の問題である。各物理量を関連させて考えることが重要である。

解答 問1 [1] ④ 問2 [2] ② 問3 [3] ② 問4 [4] ④

Keywords コンデンサー，電気容量，静電誘導

コンデンサーの基本式

電気量 $Q = CV$

電気容量 $C = \varepsilon \dfrac{S}{d}$ （平行板コンデンサーの場合）

V：極板間の電位差 ε：誘電率 (単位：F/m)

S：極板の面積 d：極板の間隔

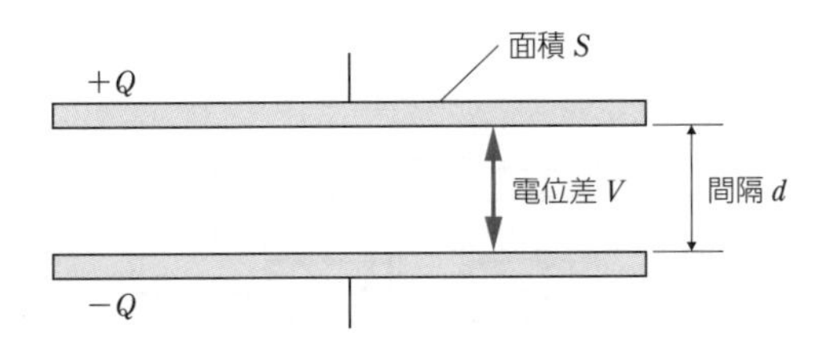

＊極板の片方にたまった電気量が $+Q$ なら，他方は $-Q$ になる。

＊極板間隔を変える場合・誘電体を挿入する場合

①スイッチを閉じたまま→電位差 V が一定，電気量 Q が変化

②スイッチを開いてから→電気量 Q が一定，電位差 V が変化

コンデンサーに蓄えられる静電エネルギー (U)

$$U = \frac{1}{2}QV = \frac{1}{2}CV^2 = \frac{Q^2}{2C}$$

解説

問 1 電気容量 C は，面積 S に比例し，間隔 d に反比例する。

よって　$C = \varepsilon_0 \dfrac{S}{d}$　……①

したがって，正解は ④

問 2 電場の強さを E_0 とすると　$V_0 = E_0 d$　……②

また　$Q_0 = CV_0$　……③

③式に①，②式を代入すると　$Q_0 = \varepsilon_0 \dfrac{S}{d} \cdot E_0 d = \varepsilon_0 S E_0$

よって　$E_0 = \dfrac{Q_0}{\varepsilon_0 S}$

したがって，正解は ②

問 3 C の表面には静電誘導により極板と正負逆の電荷が現れる (下図)。このため C の内部では，極板間の電場と C の表面の電荷による電場が打ち消しあうため電場は 0 となる。また，AC 間および CB 間の電場の強さは問 2 の場合と同じで E_0

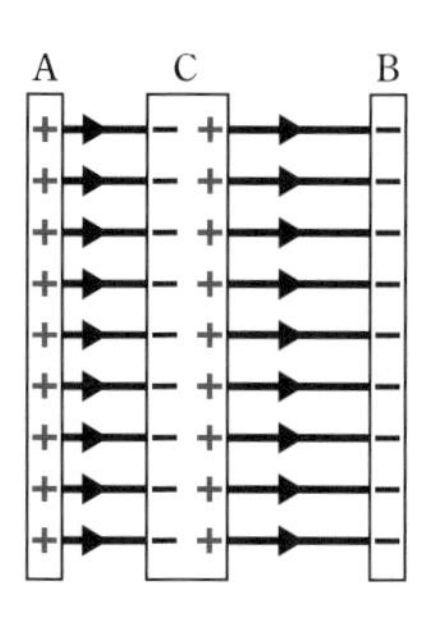

したがって，正解は ②

問 4 C を挿入した場合，AB 間で電場 E_0 がかかっている距離 d' は,

$$d' = d - \frac{d}{4} = \frac{3}{4}d$$

よって，このときの電位差を V とすると

$$V = E_0 d' = \frac{3}{4}E_0 d = \frac{3}{4}V_0$$

②式
$V_0 = E_0 d$

したがって，正解は ④

第3章

演　習　問　題

32 平行板コンデンサー

目安8分

2枚の同じ形の導体板を極板とした平行板コンデンサーを考える。このコンデンサーの両極板に起電力 V の電池とスイッチを図1のように接続した。両極板間に何も入れないでスイッチを閉じたところ，コンデンサーの極板の電荷は図2のように分布した。

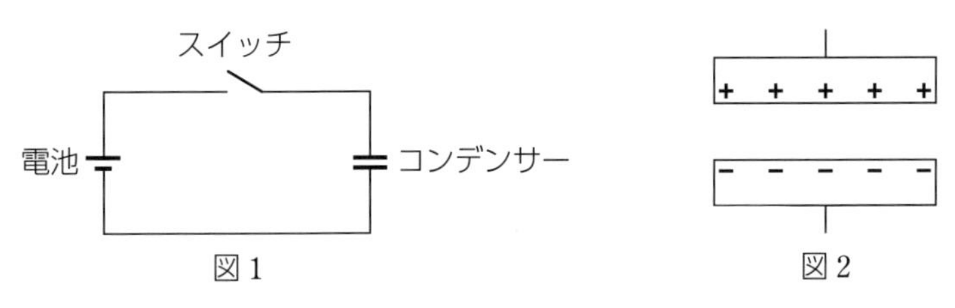

図1　　　　図2

問1 スイッチを閉じたまま，極板間に比誘電率 ε_r の誘電体を入れた。極板と誘電体上の電荷は図2と比べてどのようになるか。次の ① ～ ⑥ のうちから正しいものを1つ選べ。［ 1 ］

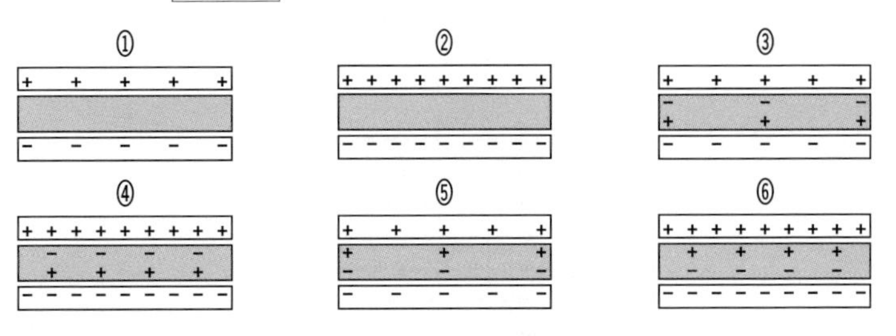

問2 その後スイッチを開いてから，誘電体を抜いた。このとき，極板間の電位差はいくらになるか。次の ① ～ ④ のうちから正しいものを1つ選べ。［ 2 ］

① $\varepsilon_r V$　　② V　　③ $\dfrac{V}{\varepsilon_r}$　　④ 0

問3 問2で，誘電体を抜いた後のコンデンサーの静電エネルギー U_2 と，抜く前のコンデンサーの静電エネルギー U_1 との比 $\dfrac{U_2}{U_1}$ はいくらか。次の ① ～ ⑥ のうちから正しいものを1つ選べ。$\dfrac{U_2}{U_1}=$ ［ 3 ］

① 1　　② ε_r　　③ $2\varepsilon_r$　　④ ε_r^2　　⑤ $\dfrac{1}{\varepsilon_r}$　　⑥ $\dfrac{1}{\varepsilon_r^2}$

〔1998年　センター試験〕

(33) 平行板コンデンサー

目安8分

面積の等しい 2 枚の金属板を距離 d だけ離して平行板コンデンサーをつくった。このコンデンサーに起電力 V_0 の電池とスイッチSを下図のようにつないだ。スイッチSを閉じて十分に時間がたったとき，コンデンサーに蓄えられた電気量を Q_0，静電エネルギーを W_0 とする。以下の問いの [1] ～ [3] の解答として正しいものを，下の解答群の ①～⑤ のうちから 1 つずつ選べ。ただし，同じものをくり返し選んでもよい。

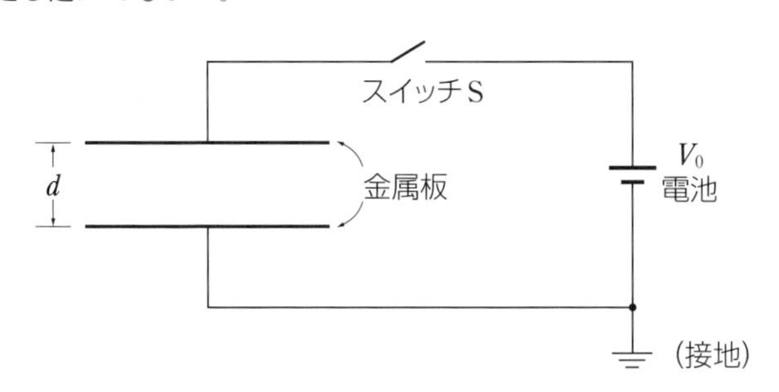

問 1 スイッチSを閉じたまま，コンデンサーの極板間の距離を $2d$ に広げた。コンデンサーに蓄えられた電気量は Q_0 の何倍になったか。 [1] 倍

問 2 スイッチSを閉じたまま極板間の距離を d にもどし，十分に時間がたった後，スイッチSを開いた。その後，極板間の距離を $2d$ に広げたとき，コンデンサーに蓄えられた静電エネルギーは W_0 の何倍になったか。

[2] 倍

問 3 再び極板間の距離を d にもどし，スイッチSを閉じて十分に時間がたった後，スイッチSを開いた。その後，極板間に比誘電率 2 の誘電体をすき間なく入れると極板間の電位差は V_0 の何倍になったか。 [3] 倍

〔解答群〕

① $\frac{1}{4}$　② $\frac{1}{2}$　③ 1　④ 2　⑤ 4

〔2002 年　センター試験〕

第3章

1回目　／　2回目　／

21日目 コンデンサー②

例題21 コンデンサーに蓄えられる電気量

目安8分

図のような電気回路がある。Vは起電力Vの電池，Sはスイッチ，C_0およびC_1はそれぞれ電気容量C_0，C_1のコンデンサーである。初め，コンデンサーC_0とC_1の極板上には電荷はなく，スイッチSは開いていた。この状態でスイッチSを入れた。十分時間がたった後の，コンデンサーC_0のスイッチS側の極板上の電気量をQ_0，コンデンサーC_1のC_0側の極板上の電気量をQ_1とする。

以下の問いの答えを，それぞれの解答群のうちから1つずつ選べ。

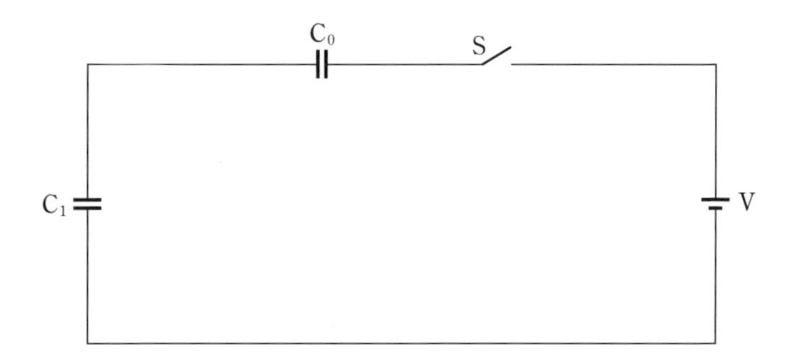

問 1 Q_1 と Q_0 との間にはどのような関係があるか。 [1]

① $Q_1 = Q_0$　② $\dfrac{Q_1}{C_1} = \dfrac{Q_0}{C_0}$　③ $C_1Q_1 = C_0Q_0$

④ $Q_1 = -Q_0$　⑤ $\dfrac{Q_1}{C_1} = -\dfrac{Q_0}{C_0}$　⑥ $C_1Q_1 = -C_0Q_0$

問 2 Q_0 はいくらか。 [2]

① C_0V　② $(C_0+C_1)V$　③ $\dfrac{C_0+C_1}{C_0C_1}V$

④ $\dfrac{C_0C_1}{C_0+C_1}V$　⑤ $-C_0V$　⑥ $-(C_0+C_1)V$

⑦ $-\dfrac{C_0+C_1}{C_0C_1}V$　⑧ $-\dfrac{C_0C_1}{C_0+C_1}V$

問 3 このとき，C_0 に蓄えられるエネルギーはいくらか。 [3]

① $\dfrac{1}{2}C_0V^2$　② $\dfrac{1}{2}(C_0+C_1)V^2$

③ $\dfrac{1}{2}C_0\left(\dfrac{C_1}{C_0+C_1}\right)^2V^2$　④ $\dfrac{1}{2}C_1\left(\dfrac{C_0}{C_0+C_1}\right)^2V^2$

⑤ $\dfrac{1}{2}C_0\left(\dfrac{C_0+C_1}{C_1}\right)^2V^2$　⑥ $\dfrac{1}{2}C_1\left(\dfrac{C_0+C_1}{C_0}\right)^2V^2$

〔1993 年　センター試験〕

例題21 解答・解説

[問題のテーマ] コンデンサーの直列接続の問題である。合成容量を求め，1 つのコンデンサーとして考える。

解答　問1 [1] ①　　問2 [2] ④　　問3 [3] ③

Keywords　直列接続の合成容量，静電エネルギー

コンデンサーの合成容量

並列接続

$$C = C_1 + C_2$$

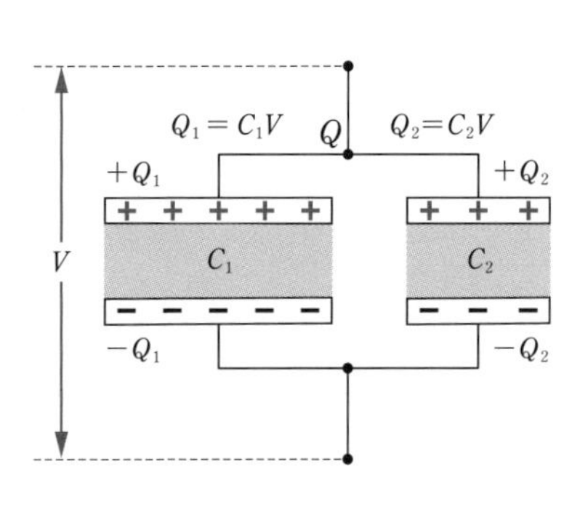

＊電位差 V 一定

$$Q_1 : Q_2 = C_1 : C_2$$

直列接続

$$\frac{1}{C} = \frac{1}{C_1} + \frac{1}{C_2}$$

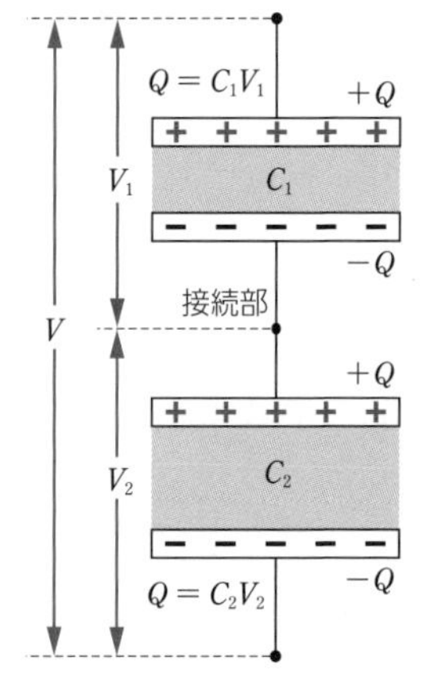

＊電気量 Q 一定

$$V_1 : V_2 = \frac{1}{C_1} : \frac{1}{C_2}$$

解説

問 1 初め，コンデンサーの電気量は0だったので，図の（＊）部分の電気量の合計は0となる。

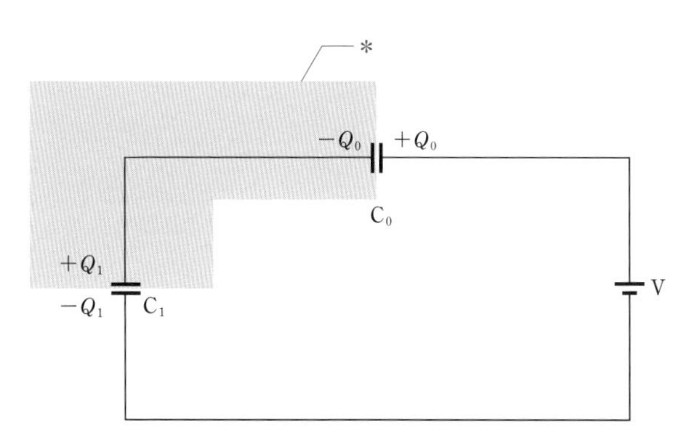

$-Q_0+Q_1=0$ より，$Q_1=Q_0$ ……①

電気量保存の法則

したがって，正解は ①

問 2 C_0 と C_1 の合成容量 C は

$$\frac{1}{C}=\frac{1}{C_0}+\frac{1}{C_1} \text{ より} \quad C=\frac{C_0C_1}{C_0+C_1} \quad \cdots\cdots②$$

よって $Q_0=CV=\dfrac{C_0C_1}{C_0+C_1}V$ ……③

したがって，正解は ④

問 3 C_0 に蓄えられる静電エネルギーを U_0 とすると

$$U_0=\frac{Q_0{}^2}{2C_0}=\frac{1}{2C_0}\left(\frac{C_0C_1}{C_0+C_1}V\right)^2$$

③式を代入

$$=\frac{1}{2}C_0\left(\frac{C_1}{C_0+C_1}\right)^2V^2$$

したがって，正解は ③

第3章

演習問題

34 コンデンサー回路のスイッチ操作

目安 10 分

図のように，電気容量 C のコンデンサー A，B と起電力 V の電池を接続した回路がある。切りかえスイッチの操作によって，a または b 側へスイッチを切りかえる。最初，スイッチは a 側に倒してあり，コンデンサー B には電荷は蓄えられていない。

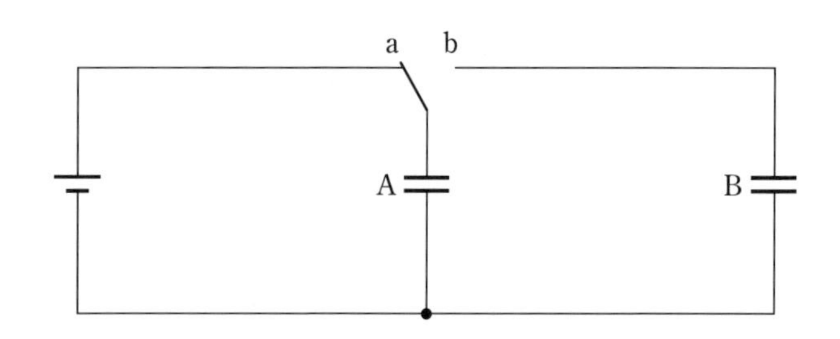

問 1 コンデンサー A に蓄えられている電気量 Q はいくらか。正しいものを，次の ① ～ ⑥ のうちから 1 つ選べ。 [1]

① $\dfrac{V}{C}$　② CV　③ $\dfrac{CV}{2}$　④ $2CV$　⑤ $\dfrac{C}{V}$　⑥ $\dfrac{CV^2}{2}$

問 2 次に，スイッチを b 側に倒す。図のコンデンサー A，B の上側の電極板に蓄えられている電気量をそれぞれ q_A，q_B とする。これらと Q との関係として正しいものを，次の ① ～ ⑥ のうちから 1 つ選べ。 [2]

① $q_A = Q$　② $q_B = Q$　③ $q_A - q_B = Q$

④ $q_A + q_B = Q$　⑤ $q_A - q_B = \dfrac{1}{2}Q$　⑥ $q_A + q_B = \dfrac{1}{2}Q$

問 3 スイッチをa→b→a→b→ …… と何回もくりかえし切りかえる。コンデンサーBに蓄えられる電気量は，スイッチをb側へ倒す回数とともにどのように変化するか。最も適当なものを，次の ① ～ ④ のうちから1つ選べ。 [3]

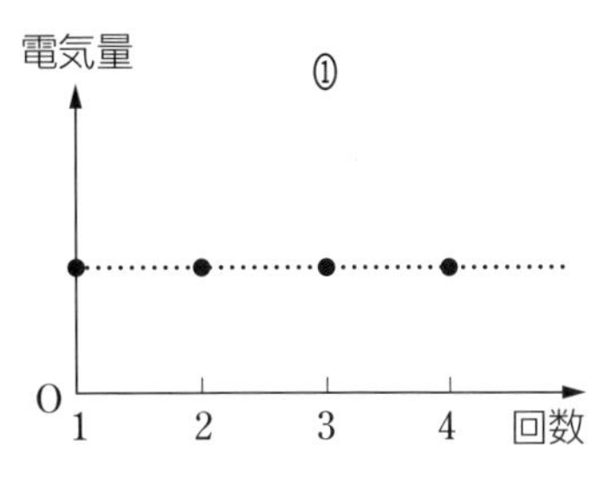

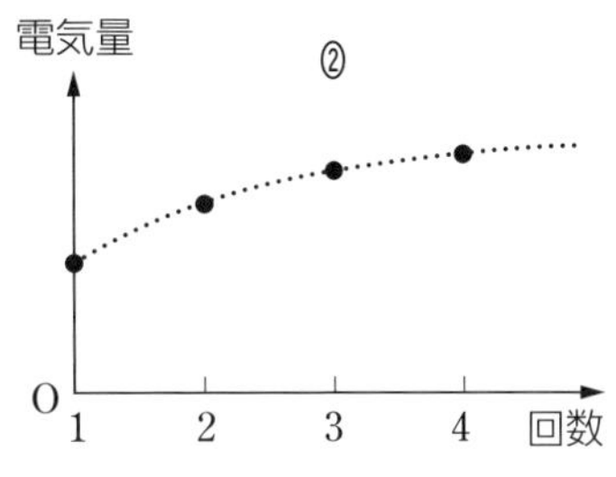

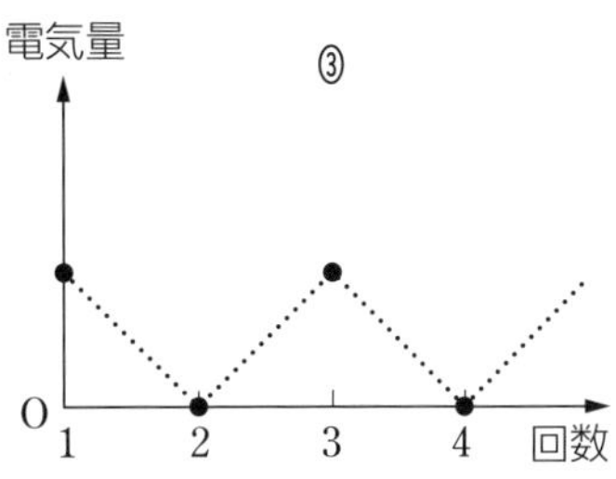

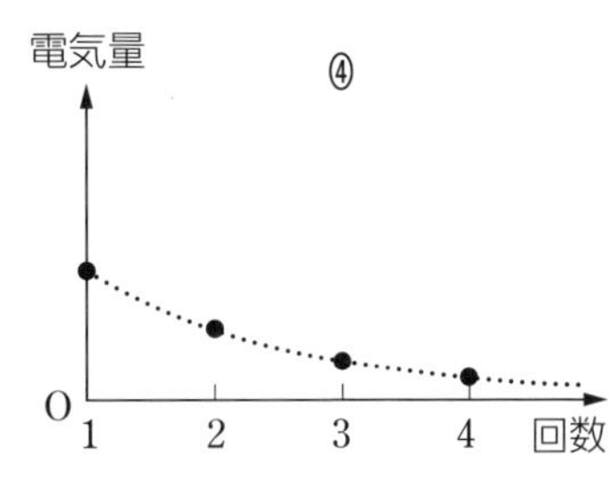

〔1999年　センター試験　改〕

1回目　／　2回目　／

22日目 電気回路①

例題22 キルヒホッフの法則

目安8分

抵抗値 R の3つの抵抗，スイッチS，起電力 E_1，E_2 の2個の電池が，図のように接続されている。ただし，電池の内部抵抗は無視できるものとする。

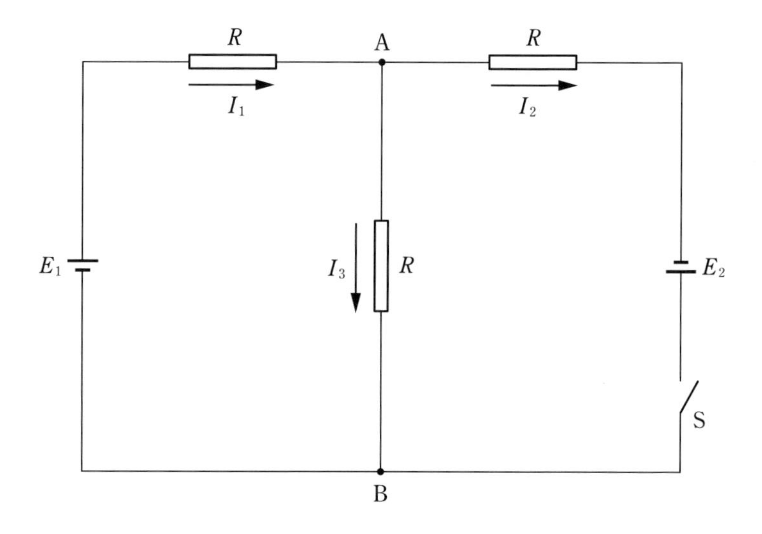

問 1 スイッチSが開いているとき，AB 間を流れる電流 I_3 の大きさはいくらか。次の ① ～ ⑤ のうちから正しいものを 1 つ選べ。I_3 = [1]

① $\frac{4E_1}{R}$　② $\frac{2E_1}{R}$　③ $\frac{E_1}{R}$　④ $\frac{E_1}{2R}$　⑤ $\frac{E_1}{4R}$

問 2 スイッチSを閉じたとき，各抵抗に矢印の向きに流れる電流を I_1，I_2，I_3 とする。この回路で成りたつ関係式はどれか。次の ① ～ ⑧ のうちから正しいものを 1 つ選べ。[2]

① $\begin{cases} E_1=RI_1+RI_3 \\ E_2=RI_2+RI_3 \end{cases}$　② $\begin{cases} E_1=RI_1+RI_3 \\ E_2=RI_2-RI_3 \end{cases}$　③ $\begin{cases} E_1=RI_1-RI_3 \\ E_2=RI_2+RI_3 \end{cases}$

④ $\begin{cases} E_1=RI_1-RI_3 \\ E_2=RI_2-RI_3 \end{cases}$　⑤ $\begin{cases} E_1=-RI_1+RI_3 \\ E_2=-RI_2+RI_3 \end{cases}$　⑥ $\begin{cases} E_1=-RI_1+RI_3 \\ E_2=-RI_2-RI_3 \end{cases}$

⑦ $\begin{cases} E_1=-RI_1-RI_3 \\ E_2=-RI_2+RI_3 \end{cases}$　⑧ $\begin{cases} E_1=-RI_1-RI_3 \\ E_2=-RI_2-RI_3 \end{cases}$

問 3 問 2 で，$E_1=12\,\mathrm{V}$，$E_2=3\,\mathrm{V}$，$R=30\,\Omega$ のとき，AB 間を流れる電流 I_3 はいくらか。次の ① ～ ⑧ のうちから正しいものを 1 つ選べ。I_3= [3] A

① −0.20　② −0.15　③ −0.10　④ −0.05

⑤ 0.05　⑥ 0.10　⑦ 0.15　⑧ 0.20

〔1998 年　センター試験〕

例題 22　解答・解説

[問題のテーマ] 3つの抵抗，2つの電源が接続されている回路にキルヒホッフの法則を適用させる問題である。電圧降下の向きに気をつけて式を立てる。

解答　問1 [1] ④　　問2 [2] ②　　問3 [3] ⑥

Keywords　キルヒホッフの法則

キルヒホッフの法則

Ⅰ　回路中の任意の交点について

流れこむ電流の和　＝　流れ出る電流の和

例）

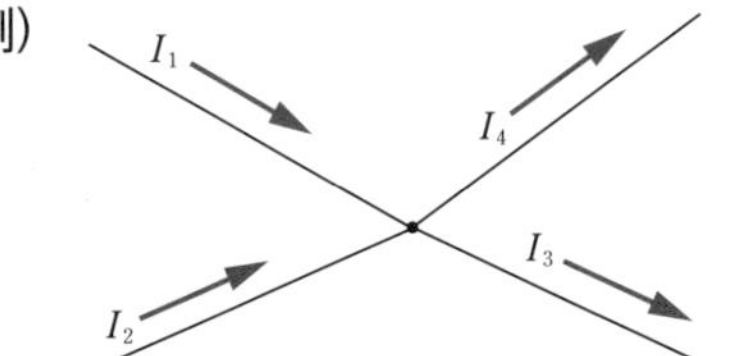

$I_1+I_2=I_3+I_4$

Ⅱ　回路中の，任意の一回りの閉じた経路について

起電力の和　＝　電圧降下の和

例）

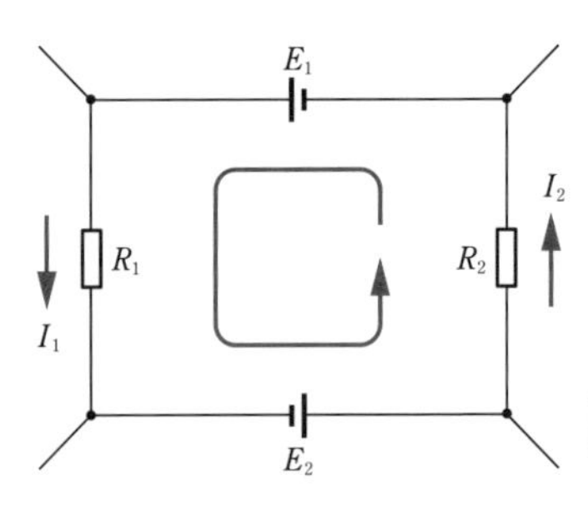

$E_1+E_2=R_1I_1+R_2I_2$

＊キルヒホッフの法則Ⅰでの電流の向き，Ⅱでの一回りする向きは，どちらかひとつの向きに仮定する。

解説

図のように，電流の経路 1，経路 2 を考える。

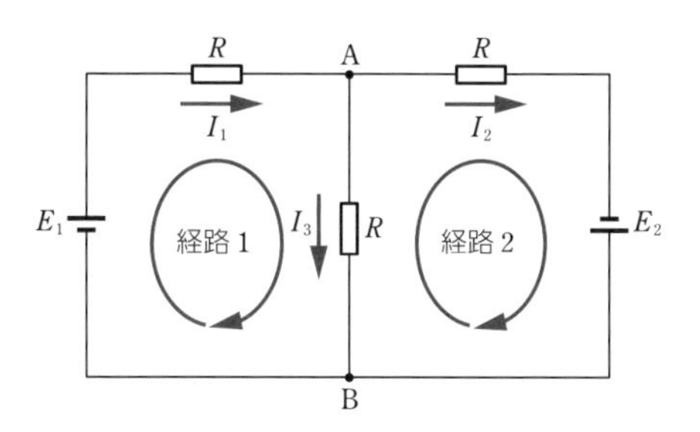

問 1 S が開いているので，電流が流れるのは経路 1 のみ。

よって　$I_1 = I_3$

また，経路 1 の合成抵抗は　$R + R = 2R$

以上より　$E_1 = 2RI_3$

直列接続の合成抵抗

オームの法則

よって　$I_3 = \dfrac{E_1}{2R}$

したがって，正解は ④

問 2 経路 1，2 にそれぞれキルヒホッフの法則Ⅱを適用すると

$$E_1 = RI_1 + RI_3 \quad \cdots\cdots ①$$

$$E_2 = RI_2 - RI_3 \quad \cdots\cdots ②$$

したがって，正解は ②

問 3 点 A にキルヒホッフの法則Ⅰを適用すると

$$I_1 = I_2 + I_3 \quad \cdots\cdots ③$$

③式を①式に代入して，

$$E_1 = RI_2 + 2RI_3 \quad \cdots\cdots ④$$

④式－②式より

$$E_1 - E_2 = 3RI_3$$

よって　$I_3 = \dfrac{E_1 - E_2}{3R} = \dfrac{12-3}{3 \times 30} = 0.10$ A

したがって，正解は ⑥

35 直流回路

目安 8 分

1kΩ と 2kΩ の抵抗と電池を使って下図のような回路を組んだところ，点 B と点 C の間の抵抗には 1mA，点 C と点 D の間の抵抗には 3mA の電流が図の向きに流れた。

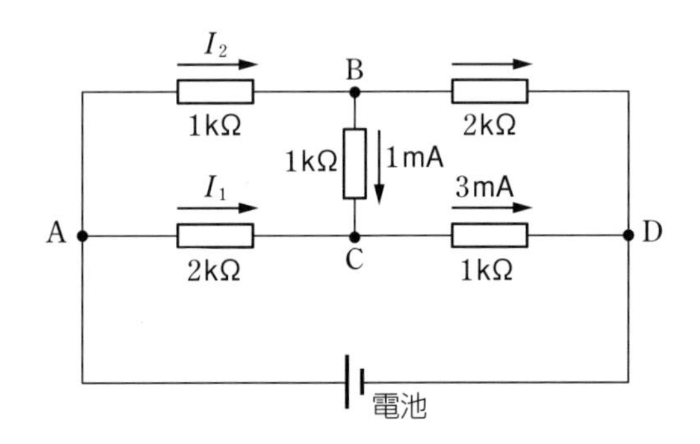

次の文章中の空欄 [1] ～ [3] に入れる数値として正しいものを，下の ①～⓪ のうちから 1 つずつ選べ。ただし，同じものをくり返し選んでもよい。
点 A と点 C の間の 2kΩ の抵抗に流れる電流 I_1 は [1] mA であり，点 A と点 D の間の電位差は [2] V である。また，点 A と点 B の間の 1kΩ の抵抗に流れる電流 I_2 は [3] mA である。

[1] ～ [3] の解答群

① 1	② 2	③ 3	④ 4	⑤ 5
⑥ 6	⑦ 7	⑧ 8	⑨ 9	⓪ 10

〔2002 年　センター試験〕

36 コンデンサーを含む直流回路

目安５分

下図は，電圧 V の電池，コンデンサー C，抵抗値が R，$2R$，$2R$ の 3 つの抵抗，および可変抵抗器 (抵抗値 r) からなる回路である。

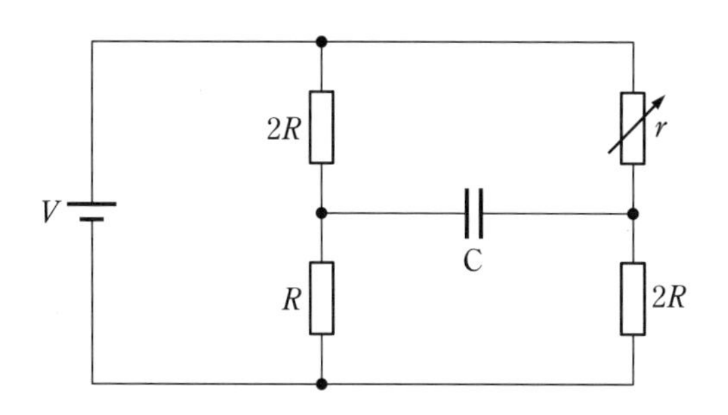

問 1 コンデンサー C の両極板の電位が等しくなるとき，可変抵抗器の抵抗値 r として正しいものを，次の ① ～ ⑤ のうちから 1 つ選べ。r = [1]

① R　② $3R$　③ $4R$　④ $6R$　⑤ $8R$

問 2 可変抵抗器の抵抗値 r を 0 にしたとき，一定の電流が流れた。このとき電池を流れる電流の大きさとして正しいものを，次の ① ～ ⑥ のうちから 1 つ選べ。[2]

① $\frac{V}{6R}$　② $\frac{V}{3R}$　③ $\frac{V}{2R}$　④ $\frac{2V}{3R}$　⑤ $\frac{5V}{6R}$　⑥ $\frac{6V}{5R}$

〔2005 年　センター試験〕

第 3 章

1回目　／	2回目　／

23日目 電気回路②

例題23　電球を含む回路

目安8分

電球に加わる電圧と流れる電流の関係を調べるため，図1のような回路(a)を組んだ。可変抵抗器の抵抗値を変えながら，電圧計の値 V〔V〕と電流計の値 I〔A〕を読み取り，図2の結果を得た。ただし，電池および電流計の内部抵抗と電圧計に流れる電流は無視できるものとする。

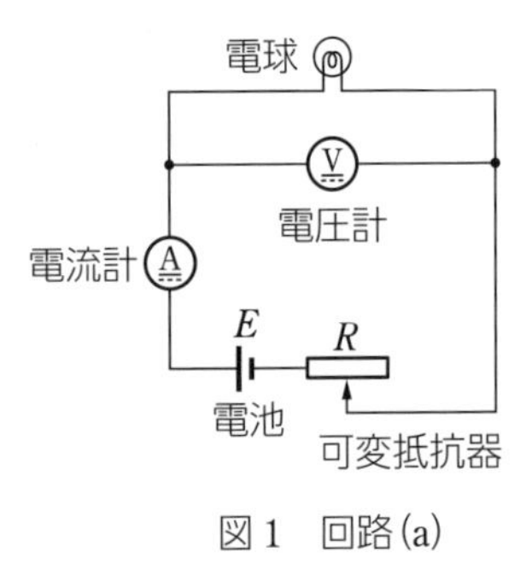

図1　回路(a)

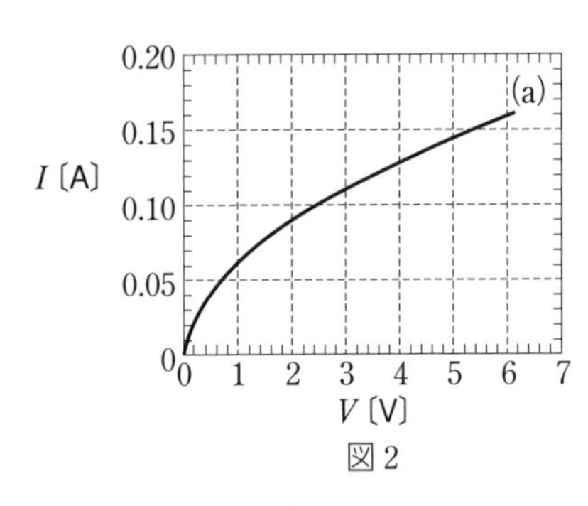

図2

問1　回路(a)で，電池の起電力 E〔V〕，可変抵抗器の抵抗値が R〔Ω〕のとき，V と I の間に成りたつ関係として正しいものを，次の①～④のうちから1つ選べ。［ 1 ］

① $V = -E + RI$　② $V = -E - RI$　③ $V = E - RI$　④ $V = E + RI$

問2　回路(a)で，起電力 $E = 6.0$ V，可変抵抗器の抵抗値 $R = 30\Omega$ のときの電圧の測定値 V はいくらか。最も適当なものを，次の①～⑥のうちから1つ選べ。［ 2 ］V

① 1.6　② 2.0　③ 2.4　④ 2.8　⑤ 3.2　⑥ 3.6

問3　回路(a)と同じ電球2個を直列につないだ回路(b)(図3)，並列につないだ回路(c)(図4)を考える。回路(a)のときと同じように，電圧計と電流計を用いて，回路(b)，回路(c)について電圧と電流の関係を調べた。これらの結果を回路(a)の結果と共に表すと，どのようなグラフが得られるか。最も適当なものを，次ページの図の①～⑥のうちから1つ選べ。［ 3 ］

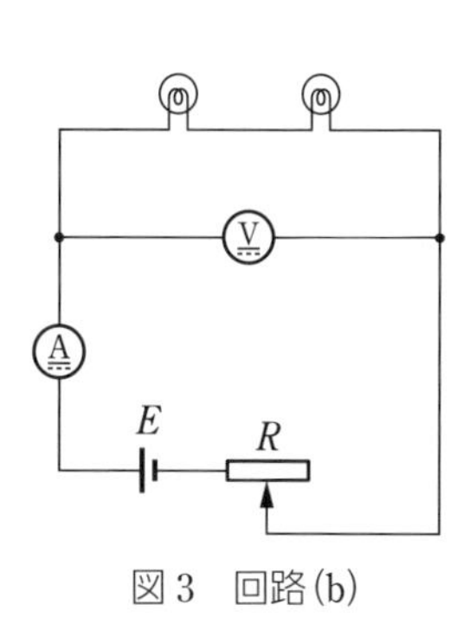

図3　回路(b)

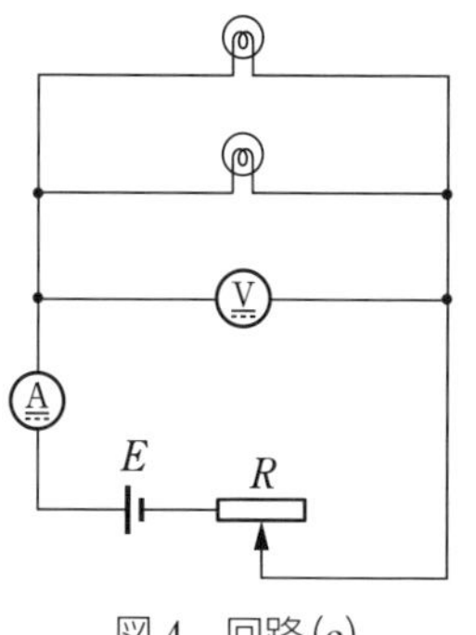

図4　回路(c)

①

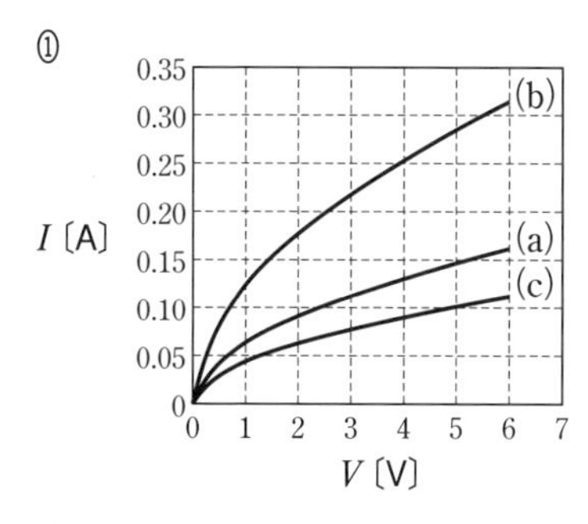

②

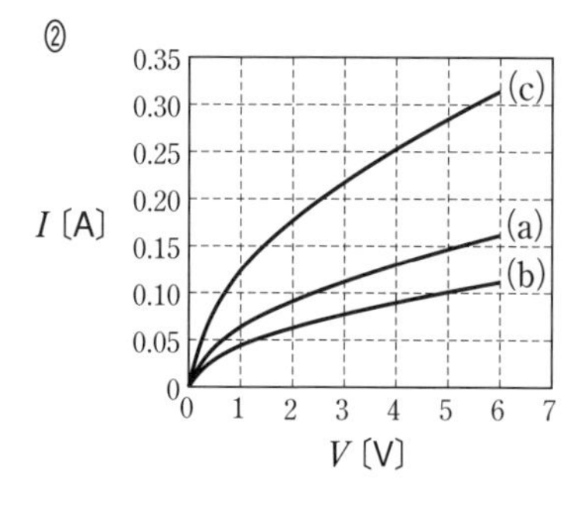

③

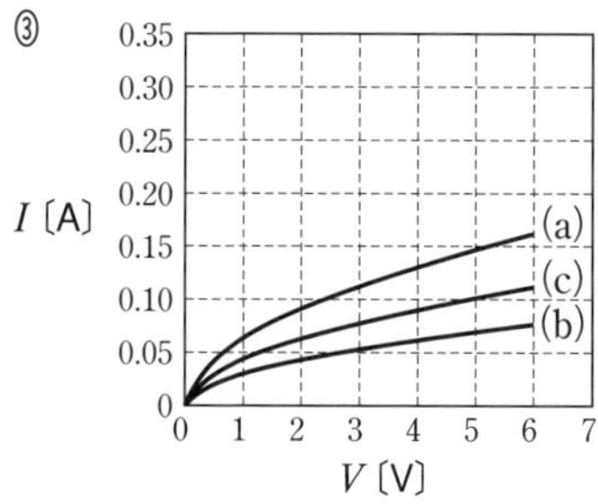

④

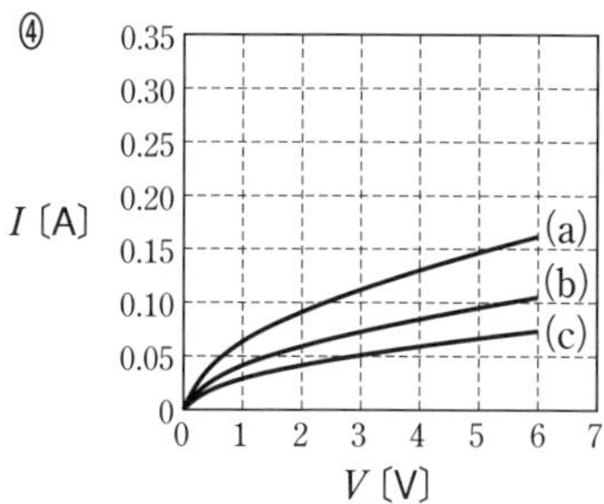

⑤

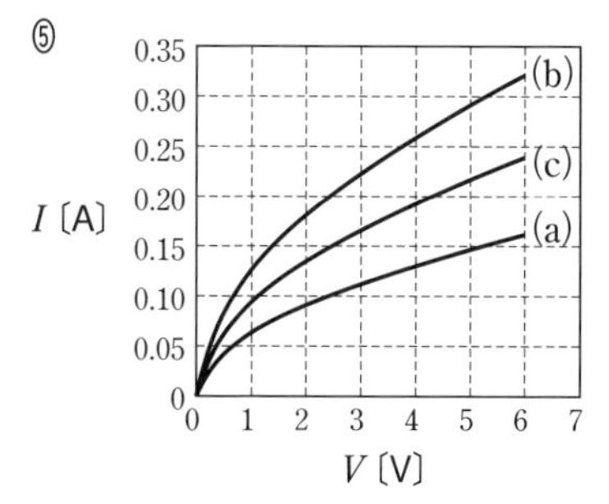

⑥

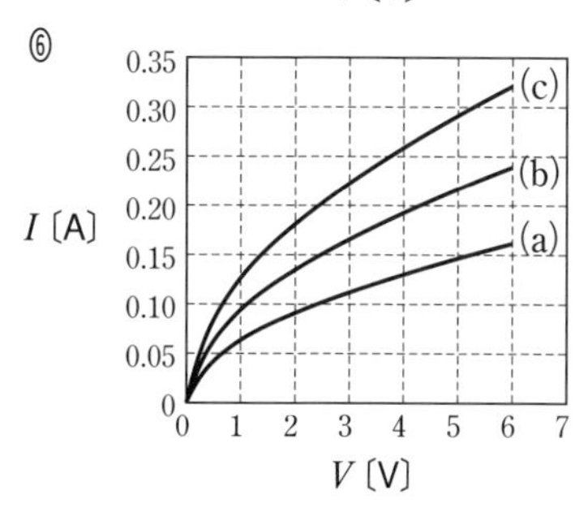

〔2001年　センター試験〕

例題 23 解答・解説

[問題のテーマ] 非直線抵抗を含む回路の問題である。計算ではなく，グラフを読み取ることで電圧や電流を求める。

解答 問1 [1] ③　問2 [2] ④　問3 [3] ②

Keywords 非直線抵抗，キルヒホッフの法則

CHART 22

非直線抵抗

電流 I と電圧 V の関係を示す I-V グラフが直線にならない抵抗。

非直線抵抗を含む回路の解き方

① 非直線抵抗に加わる電圧を V〔V〕，流れる電流を I〔A〕とし，キルヒホッフの法則から V と I の関係式を出す。

② ①の関係を I-V 図上にかき，交点を求める。

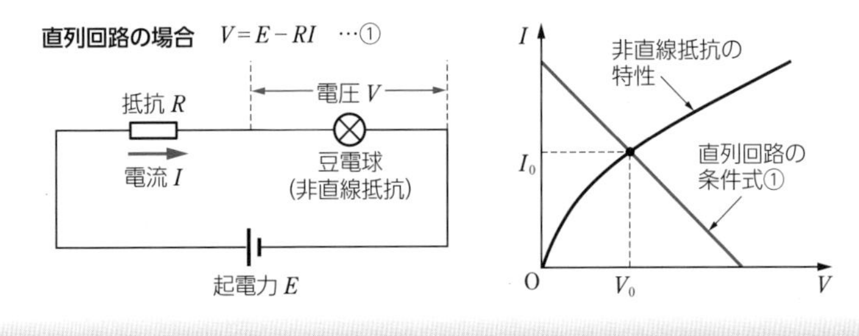

解説

問 1 このときの電球の抵抗を R'〔Ω〕とすると

$V = R'I$ ← オームの法則

$E = R'I + RI$ ← キルヒホッフの法則Ⅱ

よって　$E = V + RI$ より　$V = E - RI$　……①

したがって，正解は ③

問 2　①式より　$V = 6.0 - 30\,I$　……②

回路に関する条件（②式）を図 2 のグラフにかき込むと下図になり，(a) との交点を読み取ると　$V = 2.8$ V

> ②式から
> $V = 0$ V のとき $I = 0.20$ A
> $I = 0$ A のとき　$V = 6.0$ V

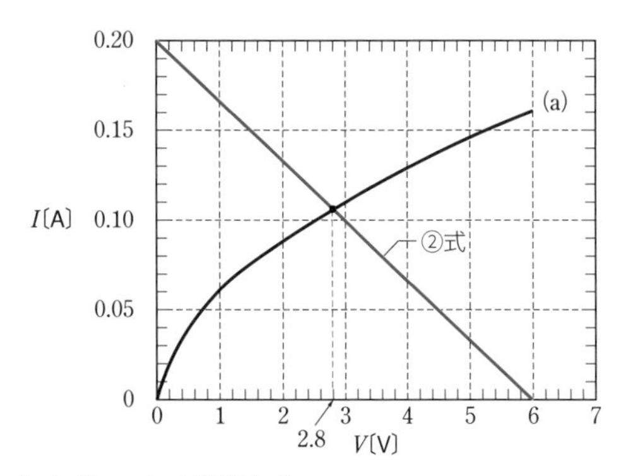

したがって，正解は ④

問 3　1 個の電球に，ある電圧 V_0〔V〕が加わったときに流れる電流を I_0〔A〕とする。

回路 (b) において電流計の値が I_0〔A〕のとき，2 個の電球は直列に接続されているので，同じ電流

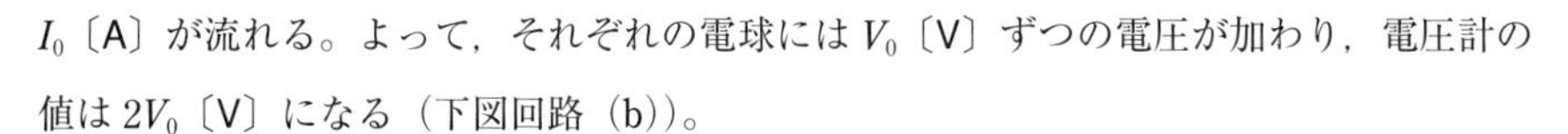

I_0〔A〕が流れる。よって，それぞれの電球には V_0〔V〕ずつの電圧が加わり，電圧計の値は $2V_0$〔V〕になる（下図回路 (b)）。

回路 (c) において電圧計の値が V_0〔V〕のとき，2 個の電球は並列に接続されているので，ともに V_0〔V〕の電圧が加わる。よって，それぞれの電球には同じ電流 I_0〔A〕が流れるので電流計の値は $2\,I_0$〔A〕になる（下図回路 (c)）。

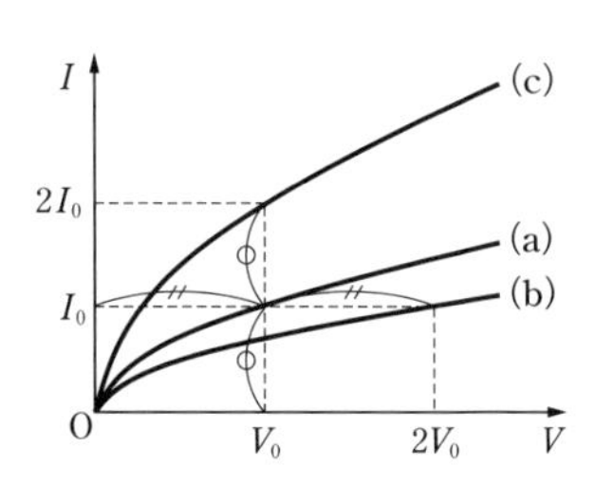

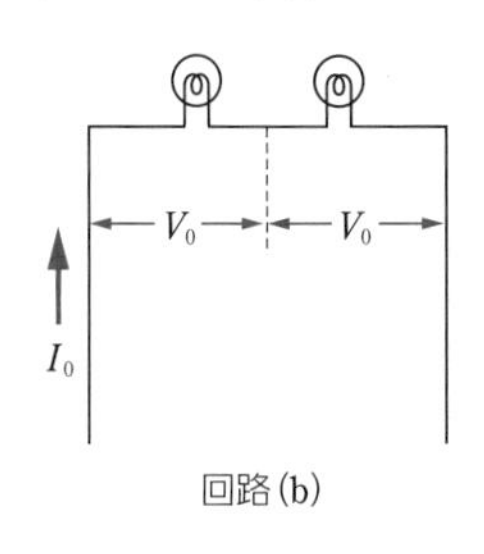

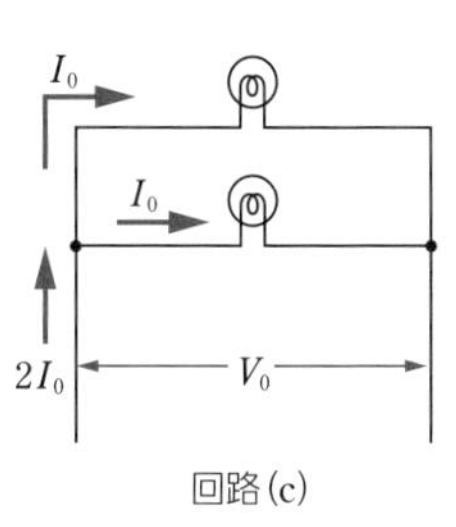

したがって，上図のグラフのような関係となるので，正解は ②

37 電球を含む回路

目安５分

図１のように，抵抗 R または豆電球 M を電源 E につなぎ，その両端の電圧 V〔V〕と電流 I〔mA〕を測定したところ，図２に示す結果が得られた。

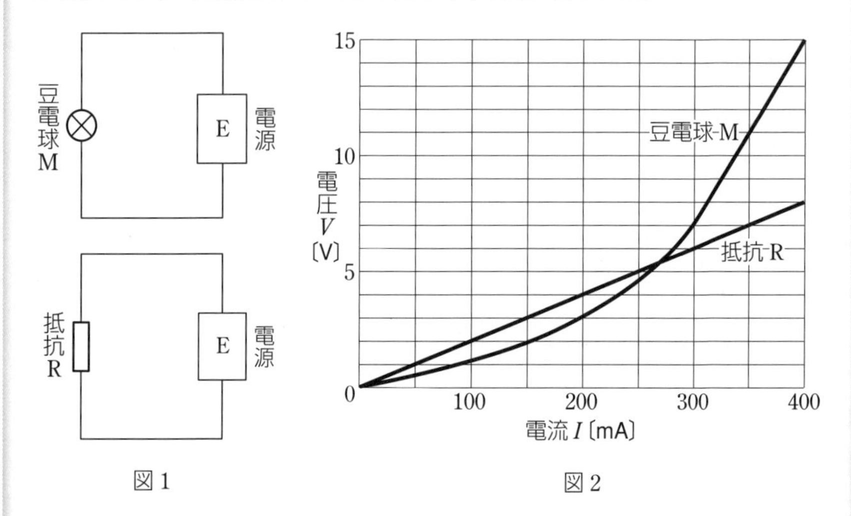

図１　　図２

図３のように，R と M を (a) 直列または (b) 並列につなぎ，電源 E の電圧を７V としたとき，電流計 A を流れる電流はそれぞれいくらか。次の解答群 ①～⑧ のうちから１つ選べ。　(a) [1] mA，(b) [2] mA

[1]，[2] の解答群

① 100　② 150　③ 200　④ 250
⑤ 300　⑥ 500　⑦ 650　⑧ 800

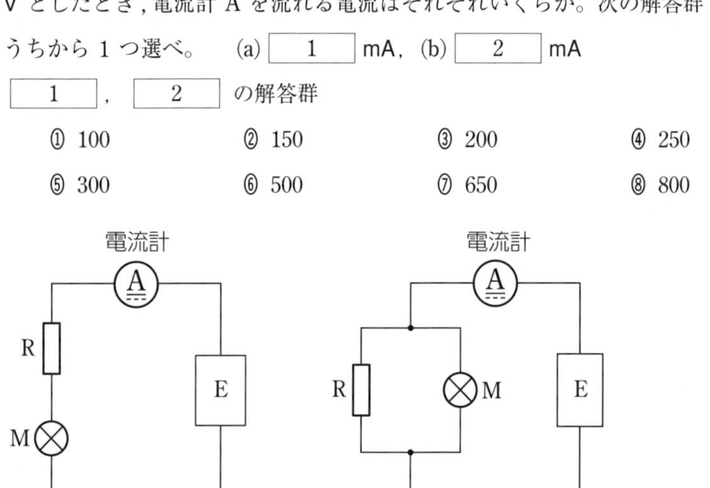

図３

〔1994 年　センター試験〕

38 ダイオードを流れる電流と電圧

目安５分

図１のように，半導体ダイオードD，大きさRの抵抗，電流計，電圧計，直流電源を接続した回路がある。半導体ダイオードDに加わる電圧と流れる電流の関係は，図２のように与えられる。ただし，a側の電位がb側に対して高い場合に電圧を正とする。

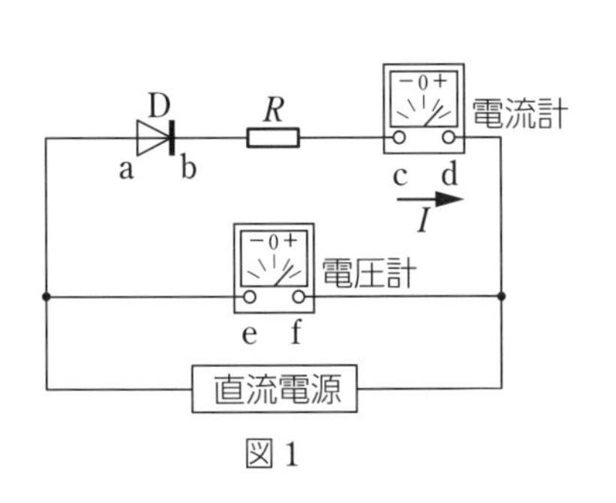

図１

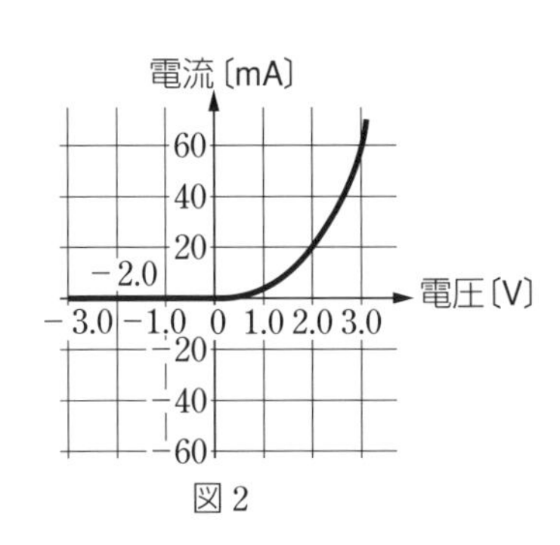

図２

問１　電流計が電流Iを示し，電圧計が電圧Eを示すとき，半導体ダイオードDに加わっている電圧Vはいくらか。正しいものを，次の①～④のうちから１つ選べ。ただし，電流計が示す電流Iは点cから点dに向かって流れる場合を正とし，電圧計が示す電圧Eは点fに対して点eの電位が高い場合を正とする。［ 1 ］

① $V = E + RI$　　② $V = E - RI$

③ $V = -E + RI$　　④ $V = -E - RI$

問２　図１の回路において抵抗がR=50Ω，電圧計の読みがE=3.0Vのとき，半導体ダイオードDを流れる電流の大きさはいくらか。最も適当なものを，次の①～⑥のうちから１つ選べ。［ 2 ］mA

① 0　　② 10　　③ 20

④ 30　　⑤ 40　　⑥ 60

〔2004年　センター試験〕

第３章

1回目　／　2回目　／

24日目 ローレンツ力

例題24　質量分析器

目安12分

簡単な質量分析器(ローレンツ力を利用してイオン等の質量を測定する装置)を考える。図において領域ABCDには磁束密度B_0の一様な磁場が加わっており，また間隔dの平行板電極EFには電場E_0が加わっている。S_0，S_1，S_2，S_3はスリットであり，Gは粒子を検出する検出器である。いま，S_0から速度v_0で入射した質量m，電気量qの陽イオンが電極EFで加速されてS_1を通りS_2から速度$2v_0$で磁場中に入射し，紙面に平行な面内で半円軌道を描いてS_3を通過して検出器Gで検出された。以下の問いの答えを，それぞれの解答群のうちから1つずつ選べ。

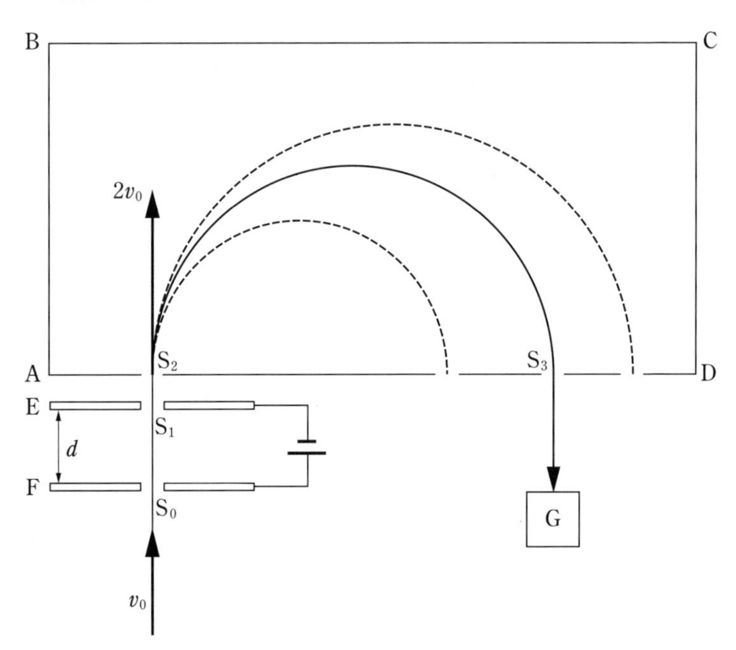

問1 領域ABCDの磁場の向きは，紙面に対してどちら向きか。 [1]

① 紙面に平行に，右から左　② 紙面に平行に，左から右

③ 紙面に垂直に，表から裏　④ 紙面に垂直に，裏から表

⑤ 紙面に平行に，上から下　⑥ 紙面に平行に，下から上

問2 陽イオンの半円軌道の直径はいくらか。 [2]

① $\dfrac{mv_0}{qB_0}$　② $\dfrac{2mv_0}{qB_0}$　③ $\dfrac{4mv_0}{qB_0}$　④ $\dfrac{qB_0}{mv_0}$　⑤ $\dfrac{qB_0}{2mv_0}$

問3 電極EFの間隔 d はいくらか。 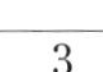

① $\dfrac{mv_0^2}{2qE_0}$　② $\dfrac{3mv_0^2}{2qE_0}$　③ $\dfrac{mv_0^2}{qE_0}$　④ $\dfrac{2mv_0^2}{qE_0}$　⑤ $\dfrac{3mv_0^2}{qE_0}$

問4 さらに，エネルギーと電気量が等しく，質量が $2m$ の陽イオンを S_0 から入射させた。この粒子が S_2 から磁場中に入射するときの速度の大きさはいくらか。

[4]

① $4v_0$　② $2v_0$　③ $\dfrac{1}{2}v_0$　④ $\sqrt{2}v_0$　⑤ $\dfrac{1}{\sqrt{2}}v_0$

問5 この陽イオンを検出器Gで検出したい。検出するためには検出器を最初の位置からどれだけ移動させればよいか。 [5]

① $\dfrac{mv_0}{qB_0}(2\sqrt{2}-1)$　② $\dfrac{2mv_0}{qB_0}(2\sqrt{2}-1)$　③ $\dfrac{4mv_0}{qB_0}(2\sqrt{2}-1)$

④ $\dfrac{2mv_0}{qB_0}(\sqrt{2}-1)$　⑤ $\dfrac{4mv_0}{qB_0}(\sqrt{2}-1)$

〔2002年　東北学院大〕

例題24 解答・解説

[**問題のテーマ**] 荷電粒子を電場で加速させ，磁場中で円運動をさせる問題である。ローレンツ力が向心力となる運動方程式を立てて考える。

解答

問1	1 ④	問2	2 ③	問3	3 ②
問4	4 ④	問5	5 ⑤		

Keywords ローレンツ力，フレミングの左手の法則

CHART 23

ローレンツ力

$$f = qvB\sin\theta$$

＊ f:力の大きさ，v:速さ，q:電気量の大きさ，B:磁束密度の大きさ，θ:磁場と速度のなす角度

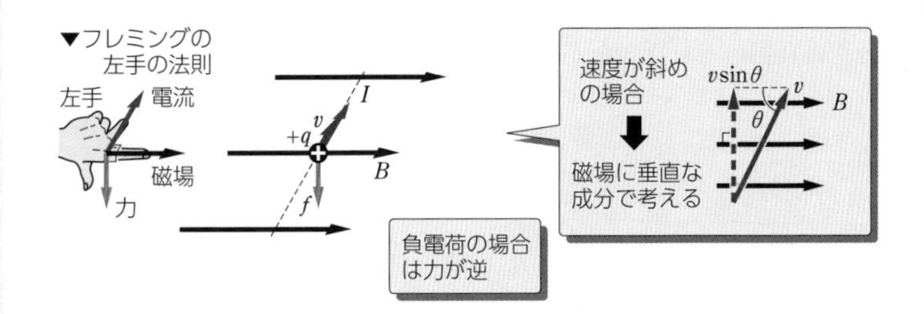

＊力の向きは，正電荷の速度の向きを電流の向き（負電荷の場合は逆向き）として，フレミングの左手の法則で決める。

＊磁場と荷電粒子の運動方向が垂直のときは　$f = qvB$

＊磁場と荷電粒子の運動方向が平行のときは　$f = 0$

解説

問 1 陽イオンの速度の向きを電流の向きとしてフレミングの左手の法則を用いると，磁場の向きは，紙面の裏から表の向き。よって，正解は ④

問 2 陽イオンにはたらくローレンツ力が円運動の向心力になるので，軌道半径を r とすると運動方程式は

$$m\frac{(2v_0)^2}{r} = q(2v_0)B_0 \quad より \quad r = \frac{2mv_0}{qB_0}$$

よって，直径は $2r = \dfrac{4mv_0}{qB_0}$　　したがって，正解は ③

問 3 電気量 q の荷電粒子が電場で加速されるので，

電極を通過するときに粒子が得るエネルギーは qE_0d

速さが v_0，運動エネルギーが $\dfrac{1}{2}mv_0^2$ の電荷が電場からのエネルギー qE_0d を得て，

速さが $2v_0$，運動エネルギーが $\dfrac{1}{2}m(2v_0)^2$ となることから

$$\frac{1}{2}mv_0^2 + qE_0d = \frac{1}{2}m(2v_0)^2 \quad より \quad d = \frac{3mv_0^2}{2qE_0} \cdots\cdots ①$$

したがって，正解は ②

> 電場中の加速度
> $a = \dfrac{qE}{m}$ を
> 等加速度直線運動の式
> $(2v_0)^2 - v_0^2 = 2ad$
> に代入して求めることもできる。

問 4 求める速度の大きさを v とすると，問 3 と同様に

$$\frac{1}{2}mv_0^2 + qE_0d = \frac{1}{2}(2m)v^2$$

d に①式を代入して整理すると

$$v = \sqrt{2}v_0 \cdots\cdots ②$$

したがって，正解は ④

> 問 3 と同じエネルギーで入射している。
> つまり，
> $\dfrac{1}{2}(2m)\left(\dfrac{v_0}{\sqrt{2}}\right)^2$
> となり，入射速度は遅くなる。

問 5 軌道半径を R とすると，運動方程式は

$$2m\frac{v^2}{R} = qvB_0$$

②式を代入して整理すると　$R = \dfrac{2\sqrt{2}mv_0}{qB_0}$

よって　$2R - 2r = \dfrac{4\sqrt{2}mv_0}{qB_0} - \dfrac{4mv_0}{qB_0} = \dfrac{4mv_0}{qB_0}(\sqrt{2} - 1)$

したがって，正解は ⑤

演習問題

39 荷電粒子の運動

目安 15 分

図のように，紙面に垂直な平面境界 S_1 と S_2 によって分けられた領域Ⅰ，Ⅱ，Ⅲがある。S_1 と S_2 は平行である。領域ⅠとⅢには電場（電界）はなく，紙面に垂直に，裏から表に向かう一様な磁場がある。その磁束密度は，それぞれ B_{I}，B_{III} である。領域Ⅱには，磁場はなく，境界に垂直で S_2 から S_1 に向かう一様な電場 E がある。S_1 と S_2 の距離を $2l$ として，S_1 と S_2 から等距離にある一点をOとする。質量 m，電気量 $q(q>0)$ の荷電粒子が，点Oから初速度 v_0 で，境界 S_1 に向かって垂直に打ち出された後，図のような軌道を描いて再び点Oにもどってきた。この荷電粒子の運動について，次の問いの答えを，それぞれの解答群のうちから1つずつ選べ。ただし，重力の影響は無視する。

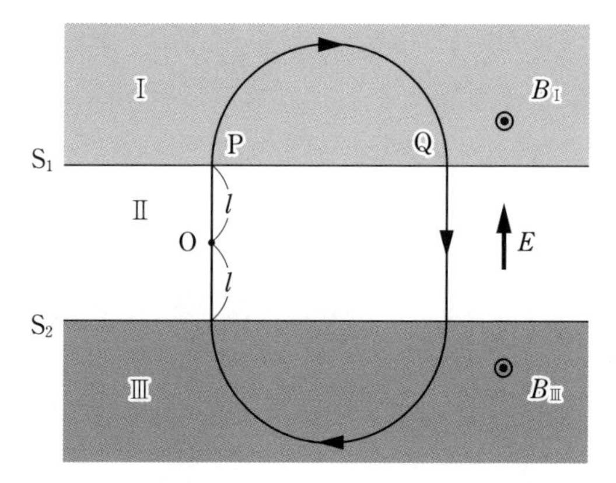

問1 領域Ⅱにおいて，荷電粒子の受ける力の大きさはいくらか。［ 1 ］

荷電粒子が，点Oを出て S_1 に到達するまでに，静電気力のした仕事はいくらか。

［ 2 ］

荷電粒子が S_1 に到達したときの速さ v_1 はいくらか。$v_1=$［ 3 ］

［ 1 ］，［ 2 ］，［ 3 ］の解答群

① El　② qmE　③ qE　④ $\dfrac{q}{El}$　⑤ qEl　⑥ $\dfrac{qE}{m}$

⑦ $\sqrt{\dfrac{2qEl}{m}}$　⑧ $\sqrt{\dfrac{2qEl}{m}-{v_0}^2}$　⑨ $\sqrt{{v_0}^2+\dfrac{2qEl}{m}}$　⓪ $\sqrt{-\dfrac{1}{2}m{v_0}^2+qEl}$

問 2 領域Ⅰに突入した荷電粒子は，速さ v_1 で等速円運動をする。領域Ⅰにおいて，荷電粒子の受ける力の大きさはいくらか。 [4]

また，再び境界 S_1 に到達したときの位置Qは，突入の位置Pから，どれだけの距離にあるか。 [5]

[4]，[5] の解答群

① qv_1El　② qE　③ qv_1B_{I}　④ $\dfrac{qE}{m}$

⑤ qv_1lB_{I}　⑥ $\dfrac{2mv_1}{qB_{\mathrm{I}}}$　⑦ $\dfrac{qB_{\mathrm{I}}}{mv_1}$　⑧ $\dfrac{qv_1B_{\mathrm{I}}}{mv_1}$

問 3 荷電粒子が領域Ⅱを通過して，境界 S_2 に到達するための条件を求めよ。

[6]

① $qE \geqq v_0$　② $mE \geqq \pi qB_{\mathrm{I}}$

③ $mv_0 \leqq qEl$　④ $\dfrac{1}{2}mv_0^2 \leqq 2qEl$

⑤ $\dfrac{1}{2}mv_0^2 \geqq qEl$　⑥ $\dfrac{1}{2}mv_0^2 \leqq 2qv_0B_{\mathrm{I}}$

問 4 荷電粒子が S_2 に到達して，図のような軌道を描いてO点にもどって来るための磁束密度 B_{I} と B_{III} の比を求めよ。$\dfrac{B_{\mathrm{I}}}{B_{\mathrm{III}}}$ = [7]

① $\sqrt{\dfrac{qmv_0}{El}}$　② $\sqrt{\dfrac{v_0^2+\dfrac{2qEl}{m}}{v_0^2-\dfrac{2qEl}{m}}}$　③ $\sqrt{\dfrac{1}{2}mv_0^2+qEl}$

④ $\sqrt{v_0+\dfrac{qE}{ml}}$　⑤ $\sqrt{\dfrac{mv_0^2}{2qEl}}$

〔1987年　共通一次〕

第3章

1回目　／　2回目　／

25日目 電磁誘導

例題 25　誘導起電力

目安12分

図に示すように，紙面に垂直に裏から表へ向かう鉛直方向の一様な磁場(磁界)(磁束密度の大きさ B)の中に，長方形の回路 $P_1P_2Q_2Q_1$ が水平面(紙面)内に固定されている。P_1P_2 と Q_1Q_2 は長さが a の直線状導体で，その間隔は b である。P_1 と Q_1 の間に抵抗R（抵抗値 R）が，P_2 と Q_2 の間に抵抗r(抵抗値 r)がそれぞれ接続されている。さらに，P_1P_2 と Q_1Q_2 に垂直に金属棒を渡して置いた。これらの接点をそれぞれSとTとする。金属棒と2本の直線状導体の抵抗，SとTでの接触抵抗，および回路を流れる電流自身による電磁誘導は無視できるものとする。下の問いの答えを，それぞれの解答群のうちから1つずつ選べ。

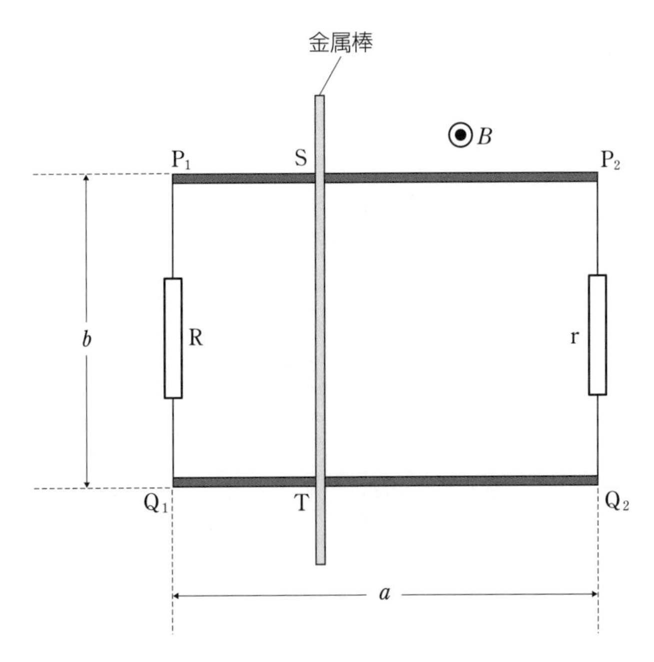

〔A〕磁束密度の大きさ B は，時間によらず一定とする。この磁場内で金属棒を，P_1P_2 に垂直に保ったまま，左から右へ（P_1P_2 と平行な方向に）一定の速さ v で，なめらかにすべらせた。

問 1　磁場内における金属棒の運動によって生じるＳＴ間の誘導起電力の大きさ V はいくらか。V = [1]

① Bva　② Bva^2　③ $\dfrac{Bv}{a}$　④ $Bvab$

⑤ Bvb　⑥ Bvb^2　⑦ $\dfrac{Bv}{b}$　⑧ $\dfrac{Bv}{ab}$

問 2　抵抗Ｒと抵抗ｒには，電流はどの向きに流れるか。次の図 ① ～ ④ のうちから正しいものを選べ。ただし，図中の矢印は電流の向きを示す。[2]

①
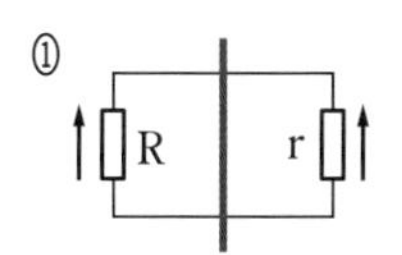

②
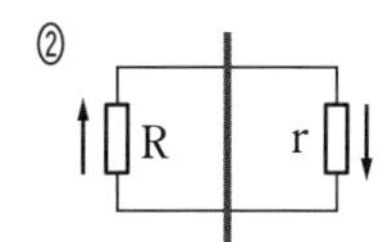

③
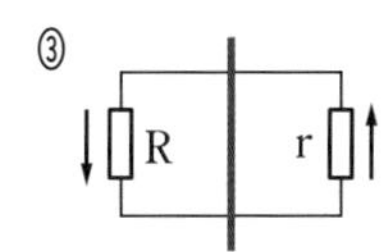

④
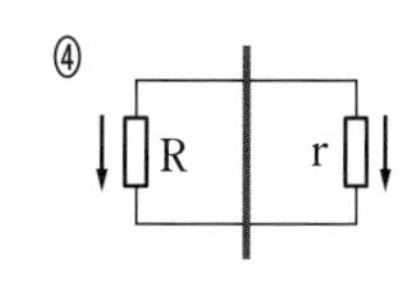

〔B〕次に，P_1Q_1 と P_2Q_2 から等距離の位置に金属棒を固定し，磁束密度の大きさ B を時間 t について $B = kt$（k は正の定数）となるように変化させた。

問 3　回路 P_1STQ_1 全体に生じる誘導起電力の大きさはいくらか。[3]

① $\dfrac{abk}{2}$　② $\dfrac{ak}{2b}$　③ $\dfrac{bk}{2a}$　④ $\dfrac{k}{2ab}$

⑤ abk　⑥ $\dfrac{ak}{b}$　⑦ $\dfrac{bk}{a}$　⑧ $\dfrac{k}{ab}$

問 4　抵抗Ｒと抵抗ｒには，電流はどの向きに流れるか。次の図 ① ～ ④ のうちから正しいものを選べ。ただし，図中の矢印は電流の向きを示す。[4]

①
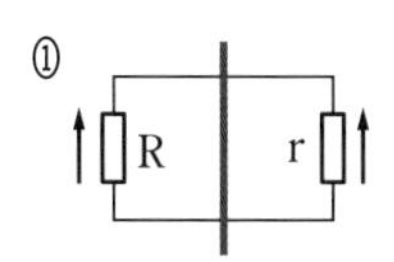

②
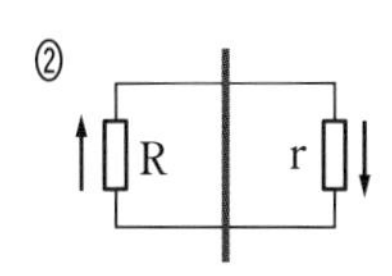

③
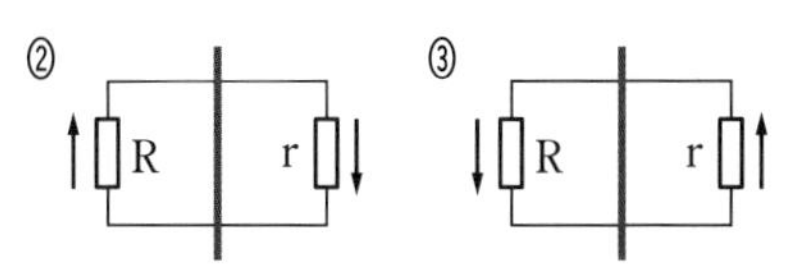

④
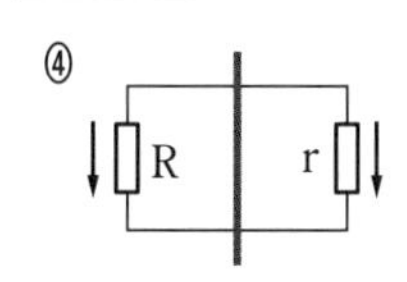

〔1991 年　センター試験　改〕

例題 25 解答・解説

[問題のテーマ] 磁場中を金属棒が横切る，または磁場が時間変化する場合に生じる誘導起電力の問題である。レンツの法則，右ねじの法則を用いて電流の向きを考える。

解答 問 1 [1] ⑤ 問 2 [2] ① 問 3 [3] ① 問 4 [4] ②

Keywords 誘導起電力，レンツの法則，ファラデーの電磁誘導の法則

誘導起電力

導線を磁場に垂直に動かす

$$V = vBl$$

導線を磁場に斜めに動かす

$$V = vBl\sin\theta$$

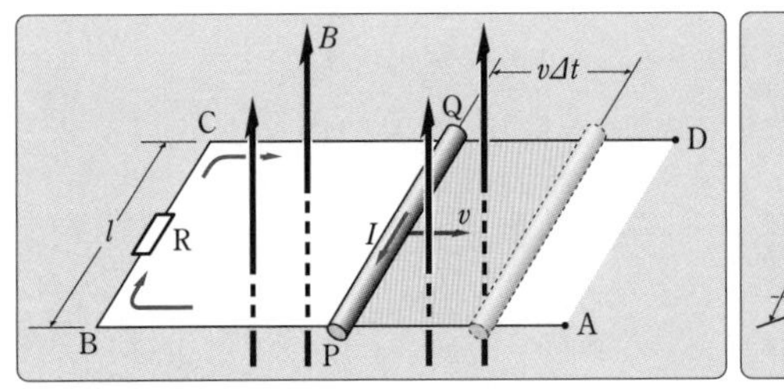

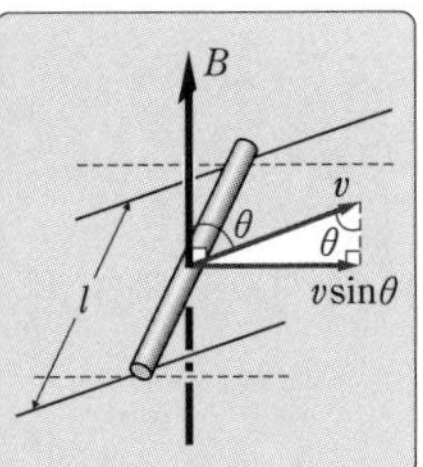

レンツの法則

コイルを貫く磁束が外から変化を受けると，その変化を打ち消すような向きに誘導起電力が生じる。

ファラデーの電磁誘導の法則

$$V = -N\frac{\Delta\Phi}{\Delta t}$$ N：コイルの巻数，$\frac{\Delta\Phi}{\Delta t}$：磁束の時間変化

解説

問 1　磁場に対して垂直に金属棒が横切るので

$V = Bvb$

よって，正解は ⑤

問 2　レンツの法則により，回路 P_1STQ_1 には磁束を減少させる向きに電流が流れ，回路 P_2STQ_2 には磁束を増加させる向きに電流が流れる。

よって，右ねじの法則により，正解は ①

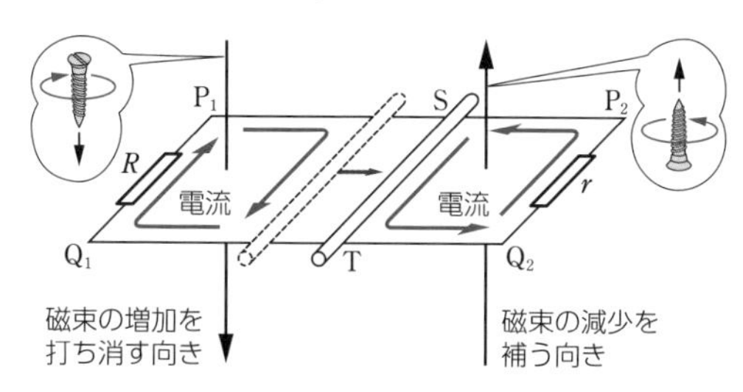

問 3　時刻 t から $t+\Delta t$ の間の，回路 P_1STQ_1 を貫く磁束の変化 $\Delta\Phi$ は

$$\Delta\Phi = \frac{1}{2}ab\Delta B(t) = \frac{1}{2}abk\Delta t$$

$\frac{1}{2}ab$ は回路 P_1STQ_1 の面積

よって，誘導起電力の大きさ V は

$$V = \left| -N\frac{\Delta\Phi}{\Delta t} \right| = \frac{abk}{2}$$

ファラデーの電磁誘導の法則（巻数 $N = 1$）

したがって，正解は ①

問 4　$k > 0$ より B は時間とともに単調増加していく。よって，レンツの法則により，回路には図のように，紙面の表から裏に向かう磁場が生じるように誘導電流が流れようとする。したがって，正解は ②

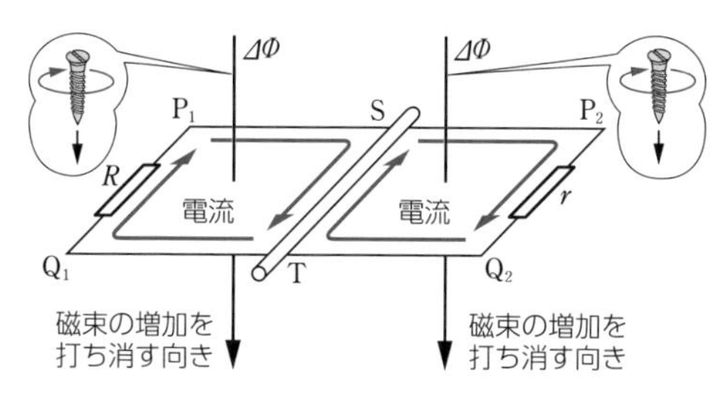

第3章

演 習 問 題

40 磁場を横切る金属棒

目安８分

図のように，磁束密度 B〔T〕の一様な磁場（磁界）が鉛直上向きに加えられており，2本の細い棒 abc，def が同一水平面内に間隔 l〔m〕で平行に置かれている。それぞれの棒の ab，de の部分は絶縁体，bc，ef の部分は電気抵抗の無視できる導体であり，cf 間は R〔Ω〕の抵抗で連結されている。また，長さ l〔m〕の金属棒 PQ がこれらの棒上に接して，棒に垂直に置かれており，PQ につけられた糸を引くことによりなめらかに動かすことができる。ただし，PQ の電気抵抗は無視できるものとする。以下の問いの答えを，それぞれの解答群のうちから１つずつ選べ。

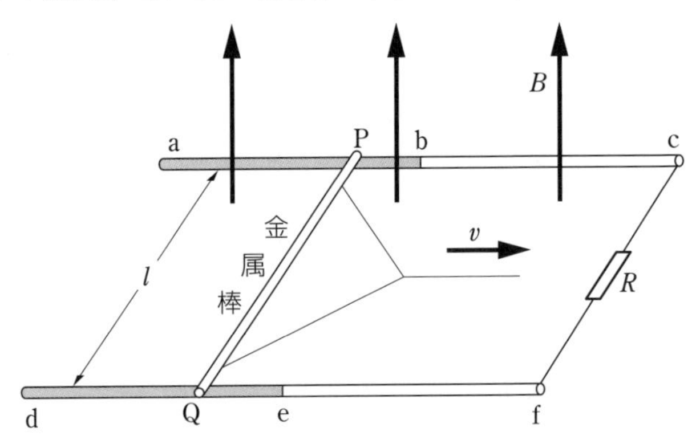

問 1　金属棒が ab，de の部分の上にあり，一定の速さ v〔m/s〕で動いているとき，金属棒内に発生する誘導起電力 V〔V〕はいくらか。また，金属棒を動かし続けるために必要な力 F〔N〕はいくらか。ただし，起電力は P → Q の向きを正とする。

$V =$ [1]〔V〕，$F =$ [2]〔N〕

[1] の解答群

① Blv　② B^2lv　③ Blv^2　④ $-Blv$

⑤ $-B^2lv$　⑥ $-Blv^2$　⑦ 0

[2] の解答群

① Bv　② Blv　③ $\dfrac{Blv}{R}$　④ $\dfrac{B^2l^2v}{R}$

⑤ $\dfrac{B^2l^2v^2}{R}$　⑥ 0

問 2　金属棒が bc, ef の部分に移動してきたとき，前と同じ一定の速さ v〔m/s〕を保って金属棒を動かし続けるためには，どれだけの力 F'〔N〕で糸を引けばよいか。

F' = [3]〔N〕

① Bv　② Blv　③ $\dfrac{Blv}{R}$　④ $\dfrac{B^2l^2v}{R}$

⑤ $\dfrac{B^2l^2v^2}{R}$　⑥ 0

〔1993年　センター試験〕

41 ソレノイドに生じる誘導起電力

目安5分

直径 2.0×10^{-2} m，長さ 2.0×10^{-1} m，巻数が 100 回のソレノイド（円筒状に巻いたコイル）がある。下の問いの答えを，それぞれの解答群のうちから1つずつ選べ。

問 1　このソレノイドに 1.0 A の電流を流したときに，ソレノイドの内部にできる磁場（磁界）の強さはいくらか。[1] A/m

① 1.0　② 5.0　③ 1.0×10

④ 5.0×10　⑤ 1.0×10^2　⑥ 5.0×10^2

問 2　毎秒 5.0×10^{-1} T の割合で磁束密度が増加している磁場中に，このソレノイドを，その中心軸が磁場の向きと平行になるように置いたとき，このソレノイドに生じる誘導起電力の大きさはいくらか。[2] V

① 1.6×10^{-4}　② 3.6×10^{-3}　③ 1.6×10^{-2}

④ 1.8×10^{-1}　⑤ 5.0×10　⑥ 2.5×10^2

〔1992年　センター試験〕

1回目　／　2回目　／

26日目 交流回路

例題26 コイルに流れる交流

目安12分

次の文中の［ 1 ］～［ 5 ］について，解答群から正しいものを1つずつ選べ。

図に示すように，自己インダクタンスLのコイルを角周波数ωの交流電源に接続した回路において，時刻tにコイルを流れる電流は振幅をI_0として$I=I_0\sin\omega t$（図の右回りを正とする）と表される。微小時間Δtでの電流の変化量をΔIとするとき，コイルには誘導起電力$V_L=$［ 1 ］（右回りに電流を流そうとする向きを正とする）が発生する。電源電圧 V は振幅を V_0 として$V=-V_L=$［ 2 ］と表され，電流 I と電圧 V の位相は［ 3 ］。電源電圧の振幅は，$V_0=I_0$［ 4 ］である。［ 4 ］はコイルの［ 5 ］とよばれる。

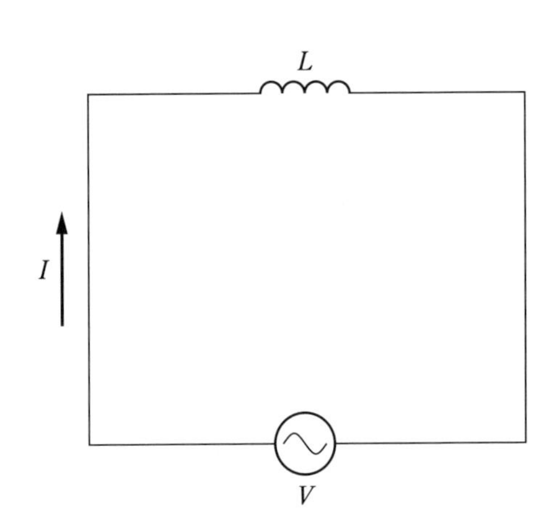

[1] の解答群

① $-\dfrac{\Delta I}{\Delta t}$　② $-LI$　③ $-L\dfrac{\Delta I}{\Delta t}$　④ $-\omega LI$　⑤ $-\omega L$

[2] の解答群

① $V_0\sin\left(\omega t+\dfrac{\pi}{2}\right)$　② $V_0\sin\omega t$　③ $V_0\sin\left(\omega t-\dfrac{\pi}{2}\right)$

④ $V_0\sin(\omega t-\pi)$　⑤ $V_0\sin(\omega t+\pi)$

[3] の解答群

① 等しい　② I が V より $\dfrac{\pi}{2}$ 進んでいる

③ I が V より π 進んでいる　④ V が I より $\dfrac{\pi}{2}$ 進んでいる

⑤ V が I より π 進んでいる

[4] の解答群

① ωL　② $(\omega L)^2$　③ $\dfrac{1}{\omega L}$

④ $\sqrt{\omega L}$　⑤ $\dfrac{\omega}{L}$

[5] の解答群

① 相互インダクタンス　② リアクタンス　③ 自己誘導

④ 実効値　⑤ 静電容量

〔2005年　広島大〕

第3章

例題 26 解答・解説

[問題のテーマ] 交流の瞬間値についての問題である。電源電圧の正負を仮定して，瞬間的には直流回路と同様に扱えるが，コイルは自己インダクタンスをもつので，逆起電力が生じることに注意する。

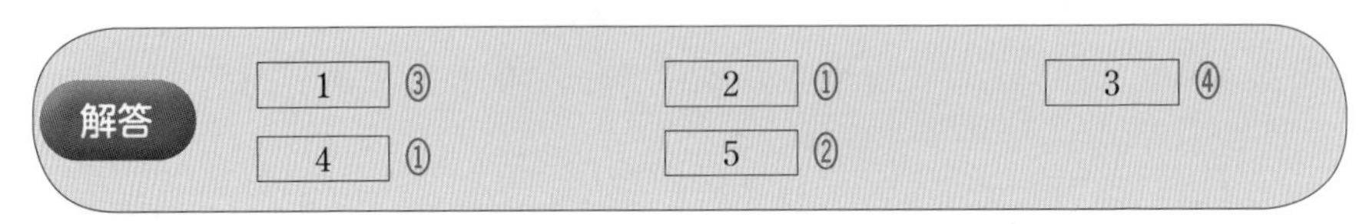

解答

1 ③	2 ①	3 ④
4 ①	5 ②	

自己インダクタンス，位相変化，リアクタンス

交流に対する抵抗・コイル・コンデンサーの性質

	抵抗 抵抗値 R〔Ω〕	コイル 自己インダクタンス L〔H〕	コンデンサー 電気容量 C〔F〕
抵抗としてのはたらき	抵抗値 R〔Ω〕 交流の周波数によらない	リアクタンス ωL〔Ω〕 周波数が高いほど電流が流れにくい	リアクタンス $\dfrac{1}{\omega C}$〔Ω〕 周波数が低いほど電流が流れにくい
電流と電圧の関係	電圧と電流は 同位相	電圧は電流より 位相は $\dfrac{\pi}{2}$ 進む	電圧は電流より 位相は $\dfrac{\pi}{2}$ 遅れる

＊コイルとコンデンサーの平均消費電力は 0

＊コイル：電圧が先→誘導起電力が小さくなってから電流が流れる。

＊コンデンサー：電流が先→電流がコンデンサーに電気をためると，電圧が生じる。

解説

自己誘導の式より　$V_L = -L\dfrac{\Delta I}{\Delta t}$

[1] の正解は ③

自己誘導
コイルに流れる電流が変化すると，変化を打ち消す向きに誘導起電力が生じる現象。

キルヒホッフの法則より　$V + V_L = 0$

(起電力の和)＝(電圧降下の和)
誘導起電力も起電力として左辺に入れる。抵抗はないので電圧降下はなく，右辺は0となる。

よって　$V = -V_L = L\dfrac{\Delta I}{\Delta t}$

ここで　$\Delta I = I_0\sin\omega(t + \Delta t) - I_0\sin\omega t$

$= I_0(\sin\omega t\cos\omega\Delta t + \cos\omega t\sin\omega\Delta t - \sin\omega t)$

であり，$\cos\omega\Delta t \fallingdotseq 1$，$\sin\omega\Delta t \fallingdotseq \omega\Delta t$ より

$\Delta I = \omega I_0\cos\omega t\cdot\Delta t$

Δt は微小時間

したがって　$V = \omega LI_0\cos\omega t = \omega LI_0\sin\left(\omega t + \dfrac{\pi}{2}\right)$

ここで，$\omega LI_0 = V_0$　……①　とおくと

$V = V_0\sin\left(\omega t + \dfrac{\pi}{2}\right)$

初めから，コイルに加わる電圧の位相は，コイルを流れる電流よりも $\dfrac{\pi}{2}$ だけ進んでいること（[3] の結果）を使って求めてもよい。

[2] の正解は ①

コイルの端子電圧は，電流より位相が $\dfrac{\pi}{2}$ 進んでいるので，

[3] の正解は ④

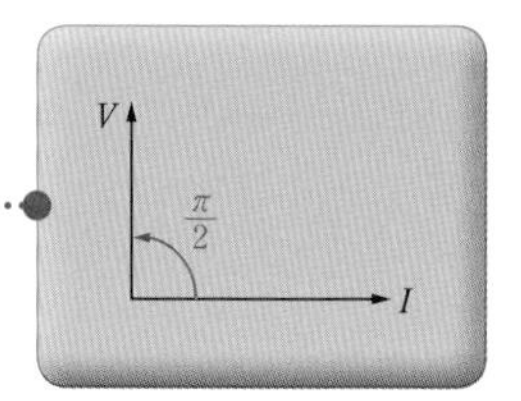

①式より　$V_0 = \omega LI_0 = I_0 \times \omega L$

[4] の正解は ①

交流に対するコイルやコンデンサーの抵抗のはたらきを示す量をリアクタンスという。

[5] の正解は ②

演習問題

42 交流回路の電力

目安 15 分

交流電源 D，抵抗器 R，コンデンサー C，コイル L および豆電球 M を用いて，図の(ア)～(エ)のような回路をつくった。ただし，豆電球の抵抗は電流によらず一定とする。次の問いの答えを，それぞれの解答群のうちから 1 つずつ選べ。

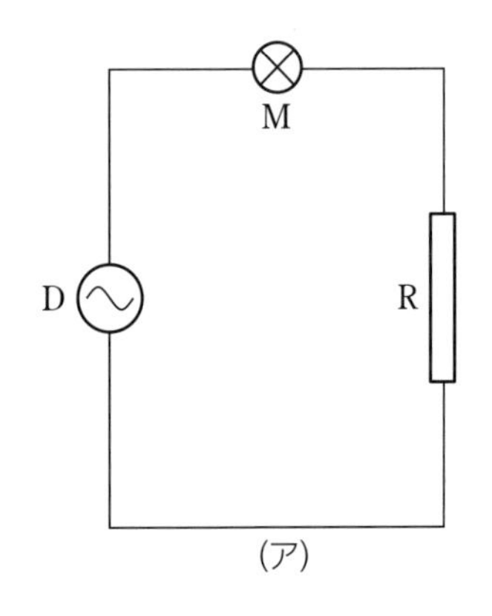

(ア)

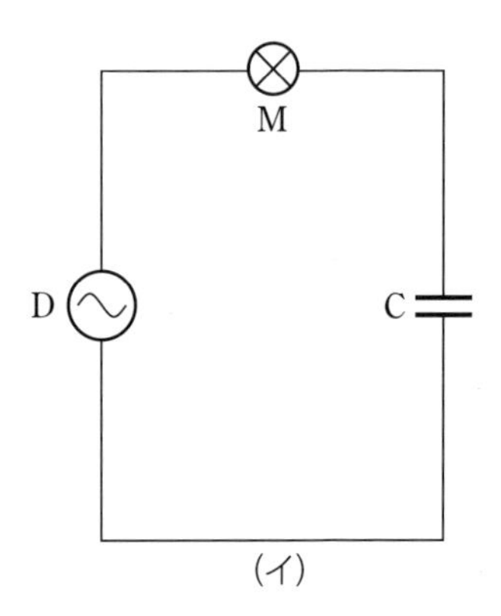

(イ)

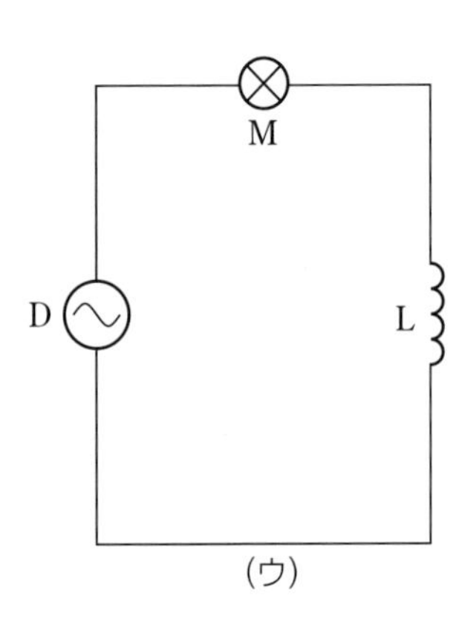

(ウ)

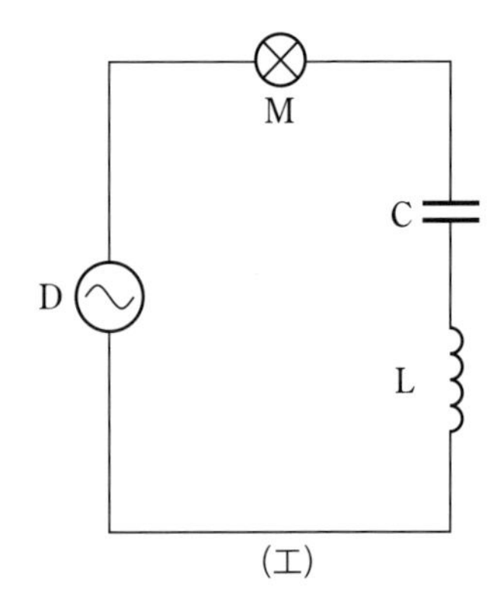

(エ)

問 1　交流電源の電圧を一定にしたまま周波数を変化させたときの，（ア）～（エ）の回路の豆電球の明るさの変化を表すグラフはそれぞれどれか。

（ウ）［ 3 ］

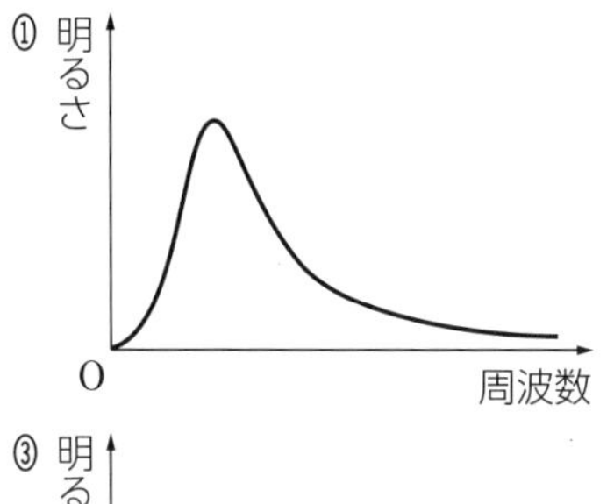

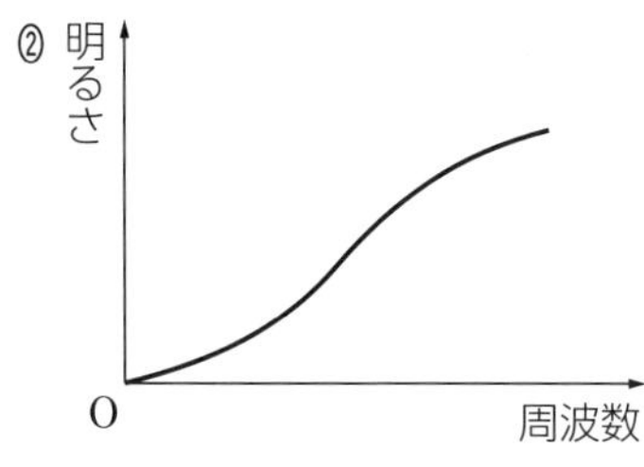

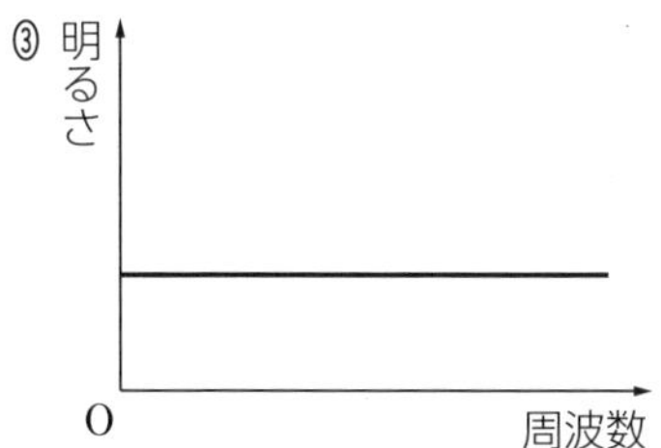

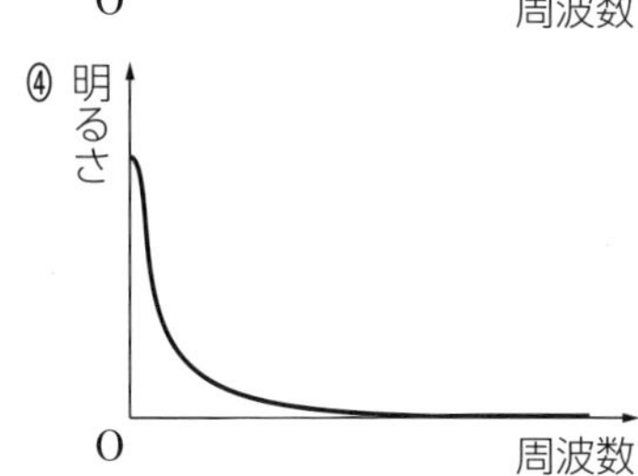

問 2　図の回路（ウ）において，交流電源の電圧と周波数を一定にしたままでコイル L に比透磁率の大きい鉄心を入れると，豆電球の明るさはどうなるか。

［ 5 ］

① 明るくなる。　② 変わらない。　③ 暗くなる。

〔1995 年　センター試験〕

1回目　／　2回目　／

27日目 小問集合③

例題 27 小問集合（電気と磁気）

目安15分

問1 帯電している3本の棒A，B，Cがある。AとBを近づけると互いに引きあう力がはたらき，AとCを近づけると互いに反発する力がはたらいた。BとCを近づけるときにはたらく力に関する記述として正しいものを，次の ① ～ ④ のうちから1つ選べ。 1

① BとCは同符号の電荷を帯びていて，互いに引きあう。

② BとCは同符号の電荷を帯びていて，互いに反発する。

③ BとCは異符号の電荷を帯びていて，互いに引きあう。

④ BとCは異符号の電荷を帯びていて，互いに反発する。

〔2006年　センター試験〕

問2 図で，⊕と⊖は電気量の絶対値が等しい正負の点電荷で，破線は一定の電位差ごとに描かれた等電位線である。別の正電荷をAからFまでの実線にそって矢印の向きに運ぶとき，外力のする仕事が，正で最大の区間はどれか。正しいものを，下の ① ～ ⑤ のうちから1つ選べ。 2

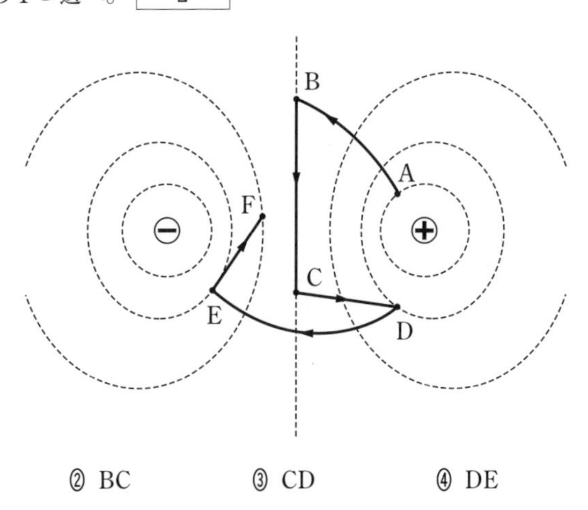

① AB　② BC　③ CD　④ DE　⑤ EF

〔2000年　センター試験〕

問 3 長い直線状の導線に大きさ I の電流が流れている。導線からの距離が r の点 P における磁場(磁界)の強さと向きはどうなるか。それぞれの解答群のうちから正しいものを 1 つずつ選べ。 磁場の強さ [3] 磁場の向き [4]

[3] の解答群

① I に比例し，r に反比例する。
② I に比例し，r^2 に反比例する。
③ I^2 に比例し，r に反比例する。
④ I^2 に比例し，r^2 に反比例する。

[4] の解答群

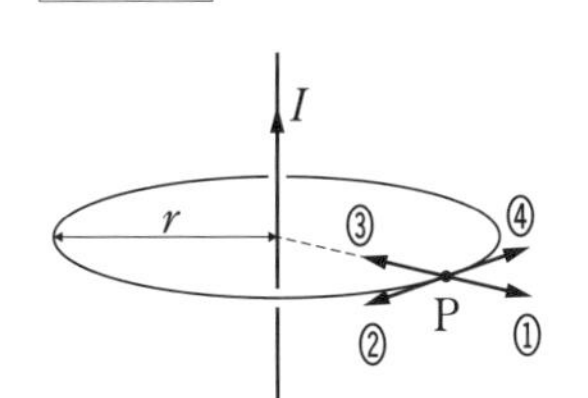

〔1996 年 センター試験〕

問 4 図のように，コイルを検流計につなぎ，N 極を下にして棒磁石をゆっくりコイルに近づけたところコイルに電流が流れた。次に，N 極を下にしたまま勢いよくコイルから遠ざけて，コイルに流れた電流を測定してみた。コイルに磁石を近づけたときの電流と，遠ざけたときの電流を比較した記述として最も適当なものを，下の ① ～ ⑥ のうちから 1 つ選べ。 [5]

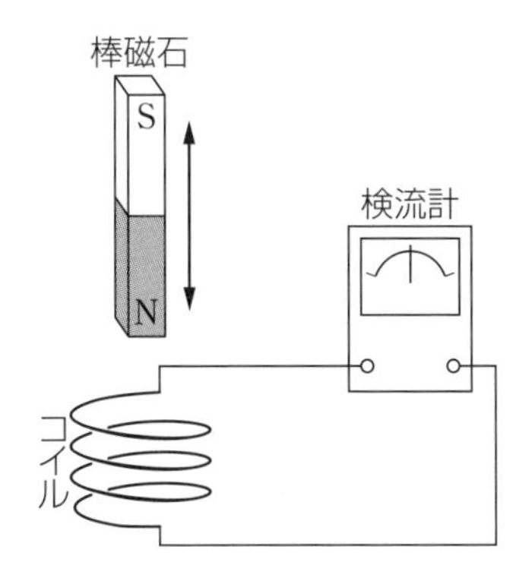

① 電流の向きは同じで，大きさも同じだった。
② 電流の向きは同じで，電流の大きさは遠ざけたときの方が小さかった。
③ 電流の向きは同じで，電流の大きさは遠ざけたときの方が大きかった。
④ 電流の向きは逆で，大きさは同じだった。
⑤ 電流の向きは逆で，電流の大きさは遠ざけたときの方が小さかった。
⑥ 電流の向きは逆で，電流の大きさは遠ざけたときの方が大きかった。

〔2004 年 センター試験〕

第3章

例題 27 解答・解説

解答 問1 [1] ③ 問2 [2] ③ 問3 [3] ① [4] ④
問4 [5] ⑥

[問1のテーマ] 電荷が及ぼしあう力についての問題である。

Keywords 斥力，引力

解説

（i）AとBは互いに引力を及ぼしあう。よって，AとBは異符号。

（ii）AとCは互いに斥力を及ぼしあう。よって，AとCは同符号。

（i）（ii）より，BとCは異符号。よって，BとCは互いに引力を及ぼしあう。

したがって，正解は ③

[問2のテーマ] 等電位線から電位の大小を読み取る問題である。

Keywords 等電位線，電位差

解説

等電位線の電位は，正電荷に近いほど高く，負電荷に近いほど低い。したがって，正電荷を低い電位から高い電位の所へ運ぶとき，外力のする仕事は正になるので，E → F，C → D が正の仕事である。

ここで，EF 間より CD 間のほうが電位差が大きい。よって，正解は ③

等電位面（線）

(a)

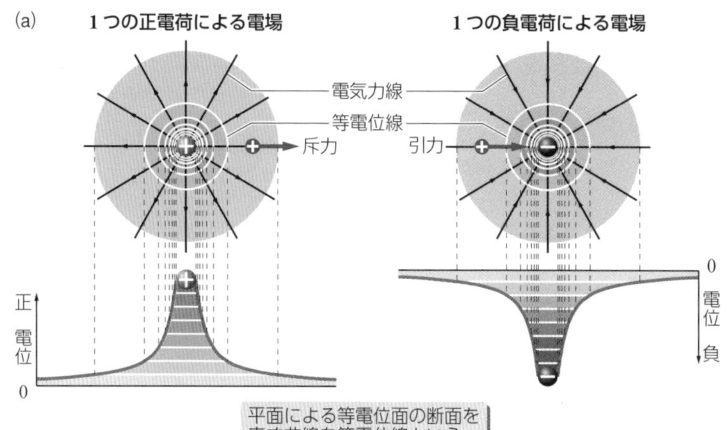

平面による等電位面の断面を表す曲線を等電位線という

(b)

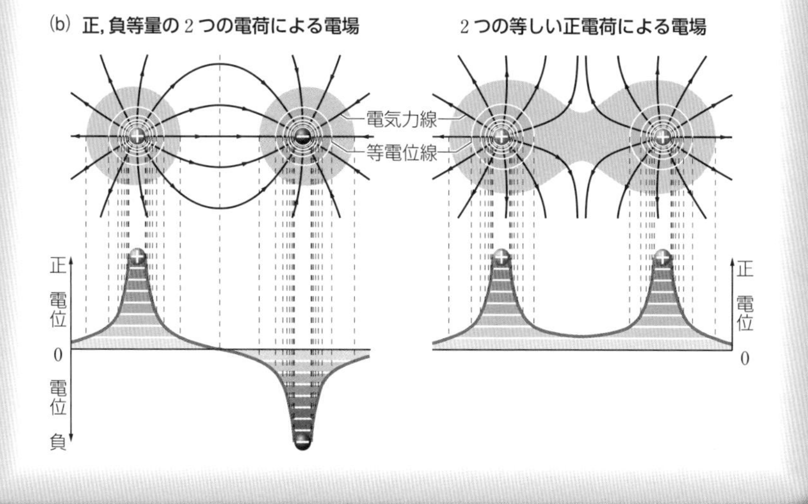

［問 3 のテーマ］直線電流がつくる磁場についての問題である。

Keywords　直線電流がつくる磁場，右ねじの法則

電流がつくる磁場

	直線電流	円形電流	ソレノイド
磁力線	I, r, H, −, +	I, r, H, −, +	単位長さ当たりの巻数 n I, H, −, +
磁場の向き	電流の向き 磁場の向き 右手	右手 電流の向き 磁場の向き	
磁場の強さ	$H=\dfrac{I}{2\pi r}$	$H=\dfrac{I}{2r}$	$H=nI$

解説

大きさ I の直線電流が，導線からの距離 r の点につくる磁場の強さ H は

$$H=\frac{I}{2\pi r}$$

よって，H は I に比例し，r に反比例するので ［ 3 ］ の正解は ①

また，磁場の向きは，右ねじの法則から求められるので，［ 4 ］ の正解は ④

[問 4 のテーマ] レンツの法則，ファラデーの電磁誘導の法則の意味を問う基本問題である。

レンツの法則，ファラデーの電磁誘導の法則

(→ p.156) を参照。

解説

レンツの法則から誘導電流の流れる向きを考える。

(ⅰ) N 極を下にして棒磁石をコイルに近づけると，下向きの磁束が増加するため，誘導電流は上向きの磁束を増加させる向きに流れる（図 1）。

(ⅱ) N 極を下にしたまま棒磁石をコイルから遠ざけると，下向きの磁束が減少するため，誘導電流は，下向きの磁束を増加させる向きに流れる（図 2）。

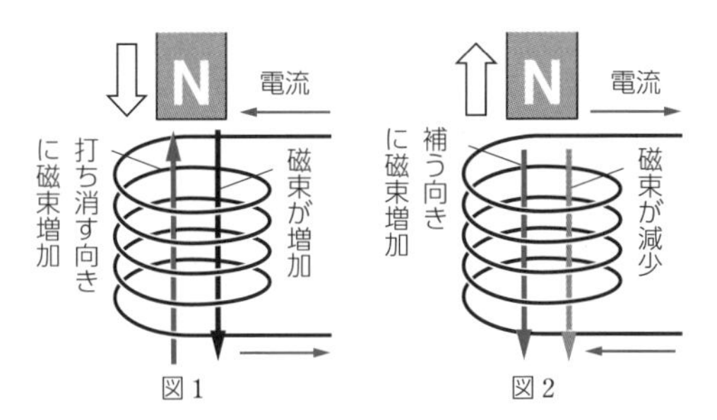

図 1　図 2

(ⅰ)，(ⅱ) より，コイルに流れる誘導電流の向きは逆である。

また，ファラデーの電磁誘導の法則

$$V = -N\frac{\Delta\Phi}{\Delta t}$$

より，磁束の単位時間当たりの変化の割合 $\frac{\Delta\Phi}{\Delta t}$ が大きいほど，誘導起電力も大きくなり，流れる電流も大きくなる。

したがって，棒磁石をゆっくり動かす (ⅰ) より，勢いよく遠ざける (ⅱ) のほうが電流の大きさは大きくなる。

以上より，正解は ⑥

演　習　問　題

43 小問集合（電気と磁気）

目安15分

問 1 図のように，手で触れている箔（はく）検電器の電極に，正に帯電したガラス棒を近づけた後，手をはなしてから次にガラス棒を遠ざけた場合の記述として最も適当なものを，次の ① ～ ④ のうちから1つ選べ。 [1]

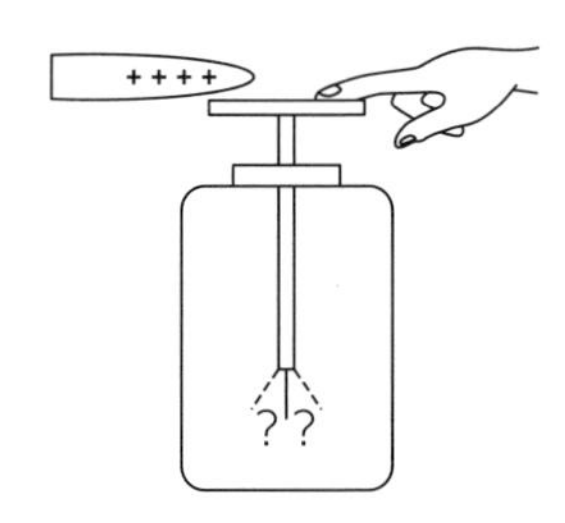

① 閉じていた箔は，手をはなしても変化せず，ガラス棒を遠ざけると開いた。

② 閉じていた箔は，手をはなすと開き，ガラス棒を遠ざけると再び閉じた。

③ 開いていた箔は，手をはなしても変化せず，ガラス棒を遠ざけると閉じた。

④ 開いていた箔は，手をはなすと閉じ，ガラス棒を遠ざけると再び開いた。

〔2003年　センター試験〕

問 2 x 軸上に2点A，Bをとり，ABの中点をOとする。点Aに電気量 Q_1 の点電荷を，点Bに電気量 Q_2 の点電荷を置いた。x 軸上の各点で電位 V を測定したところ，図のような結果が得られた。2つの電気量 Q_1 と Q_2 の組合せとして最も適当なものを，下の ① ～ ⑧ のうちから1つ選べ。ただし，① ～ ⑧ の Q は正とする。

$(Q_1,\ Q_2)$ = [2]

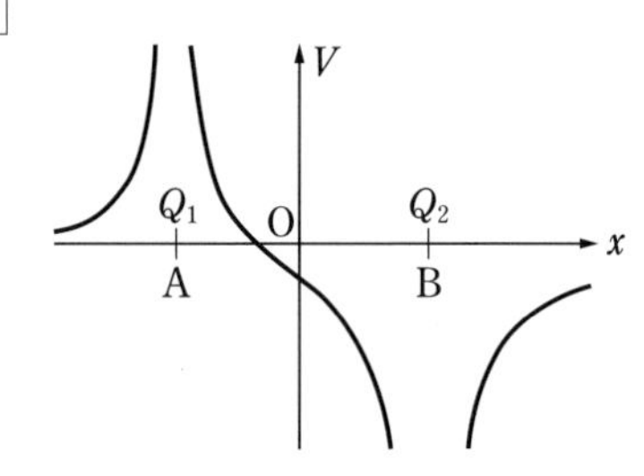

① $(Q,\ 2Q)$　② $(-Q,\ 2Q)$　③ $(Q,\ -2Q)$　④ $(-Q,\ -2Q)$

⑤ $(2Q,\ Q)$　⑥ $(-2Q,\ Q)$　⑦ $(2Q,\ -Q)$　⑧ $(-2Q,\ -Q)$

〔2004年　センター試験〕

問 3 距離 r だけ離れた 2 本の平行な導線に，それぞれ大きさ I_1，I_2 の電流が同じ向きに流れている。この 2 本の導線の間にはどのような力がはたらくか。次の ①～④ のうちから正しいものを 1 つ選べ。 [3]

① $\frac{I_1I_2}{r}$ に比例する引力　　② $\frac{I_1I_2}{r}$ に比例する斥力（反発力）

③ $\frac{I_1I_2}{r^2}$ に比例する引力　　④ $\frac{I_1I_2}{r^2}$ に比例する斥力（反発力）

〔1996 年　センター試験〕

問 4 次の文章中の空欄 [ア] ～ [ウ] に入れる語句および記述の組合せとして最も適当なものを，下の ①～⑥ のうちから 1 つ選べ。 [4]

図のように，コイル P の近くに小さな円形のコイル Q を中心軸を一致させて置き，コイル Q の両端を検流計に接続した。コイル P にスイッチと直流電源を接続し，時刻 t_1 でスイッチを入れてコイル P に図の矢印の向きに電流を流し，その後しばらくして時刻 t_2 でスイッチを切った。このとき検流計は時刻 t_1 の直後に [ア] の値を示し，その後 [イ] ，時刻 t_2 の直後に [ウ] 。ただし，検流計の + 端子に電流が流れ込んだときに，検流計は正の値を示すものとする。

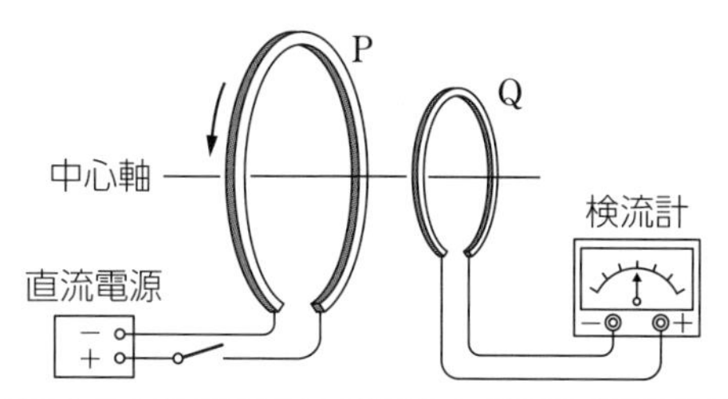

	ア	イ	ウ
①	正	すみやかに 0 にもどり	正の値を示し，すみやかに 0 にもどった
②	正	すみやかに 0 にもどり	負の値を示し，すみやかに 0 にもどった
③	正	そのまま同じ値を示し	0 にもどった
④	負	すみやかに 0 にもどり	正の値を示し，すみやかに 0 にもどった
⑤	負	すみやかに 0 にもどり	負の値を示し，すみやかに 0 にもどった
⑥	負	そのまま同じ値を示し	0 にもどった

〔2012 年　センター試験〕

1回目　／　2回目　／

28日目 電子と光

例題 28　光電効果

目安12分

金属に光を当てると，電子が表面から飛び出す。これは光電効果とよばれ，光の粒子性を示す現象である。波長 λ の光は $\dfrac{hc}{\lambda}$ のエネルギーをもつ粒子（光子）の流れと考えられる。ここで，h はプランク定数，c は真空中の光の速さである。1個の電子を金属の外に取り出すために必要なエネルギーの最小値 W を，その金属の仕事関数という。ある金属でできている2つの電極KとPを真空管におさめ，図のような装置で光電効果の実験をした。Kから放出された電子がPに到達すると，回路に電流が流れる。その電流の大きさ I は電流計Aで読み取ることができる。PのKに対する電位 V は，正から負まで値を連続的に変えることができ，その値は電圧計Vではかる。次の問いの答えを，それぞれの解答群のうちから1つずつ選べ。計算には次の数値を用いよ。

電気素量 $e=1.6\times10^{-19}$ C　　真空中の光の速さ $c=3.0\times10^{8}$ m/s

プランク定数 $h=6.6\times10^{-34}$ J·s

エネルギーの単位 1eV=1.6×10^{-19} J　（1eVは電子が電位差1Vの2点間で加速されたときに得る運動エネルギーの大きさに等しい。）

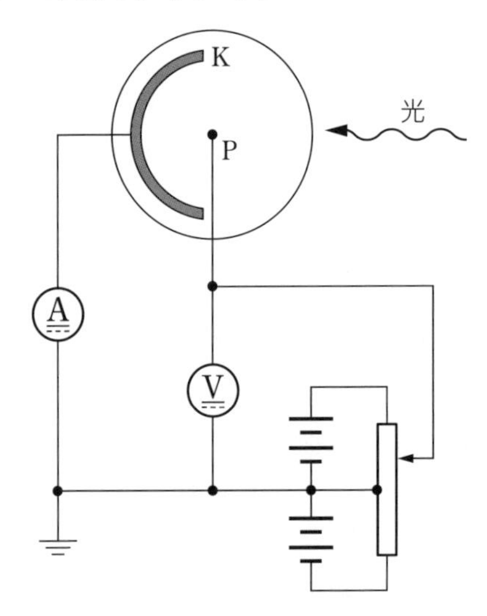

波長 4.0×10^{-7} m の光を K の表面に当てて，P の電位 V と電流 I の関係を調べた。電流は P の電位 V が 0 でも流れ，光を当てたまま V を下げていくと I は減少し，$V=-0.5$V およびそれ以下では 0 となった。また V を上げたときは，I もしだいに増加したが，$V=0.3$V で最大値 I_0 に達し，それ以上 V を上げても一定のままであった。

問 1 K の表面から飛び出す電子のもつ運動エネルギーの最大値はいくらか。

[1] $\times10^{-19}$ J

① 0.32　② 0.48　③ 0.64　④ 0.80　⑤ 0.96
⑥ 1.12　⑦ 1.28　⑧ 1.44　⑨ 1.60

問 2 この金属の仕事関数 W はいくらか。$W=$ [2] $\times10^{-19}$ J

① 0.48　② 0.80　③ 1.28　④ 4.15　⑤ 4.47
⑥ 4.95　⑦ 8.00　⑧ 8.32　⑨ 8.80

問 3 光の強さを 2 倍にすると，K に当たる光子の数は 2 倍になる。このとき，電位 V と電流 I との関係はどうなるか。[3]

① $V=-0.5$V でも電流が流れ，$V>0.3$ V では $I=I_0$
② $V=-0.5$V でも電流が流れ，$V>0.3$ V では $I=\sqrt{2}I_0$
③ $V=-0.5$V でも電流が流れ，$V>0.3$ V では $I=2I_0$
④ $V=-0.5$V でも電流が流れ，$V>0.3$ V では $I=4I_0$
⑤ $V=-0.5$V では $I=0$，$V>0.3$ V では $I=I_0$
⑥ $V=-0.5$V では $I=0$，$V>0.3$ V では $I=\sqrt{2}I_0$
⑦ $V=-0.5$V では $I=0$，$V>0.3$ V では $I=2I_0$
⑧ $V=-0.5$V では $I=0$，$V>0.3$ V では $I=4I_0$

〔1989年　共通一次　改〕

第4章

例題 28 解答・解説

[問題のテーマ] 光電効果の問題である。問題文より，I-V 図を図示して考える。また，解答の単位に注意すること。

解答　問 1 [1] ④　　問 2 [2] ④　　問 3 [3] ⑦

Keywords　光電効果，仕事関数，阻止電圧

CHART 28

光子のエネルギー

$$E = h\nu = \frac{hc}{\lambda}$$

E〔J〕: 光子のエネルギー　c〔m /s〕: 真空中の光の速さ

h〔J·s〕: プランク定数　λ〔m〕: 光の波長　ν〔Hz〕: 光の振動数

光電効果

$$K_0 = h\nu - W$$

K_0〔J〕: 電子の運動エネルギーの最大値　W〔J〕: 仕事関数

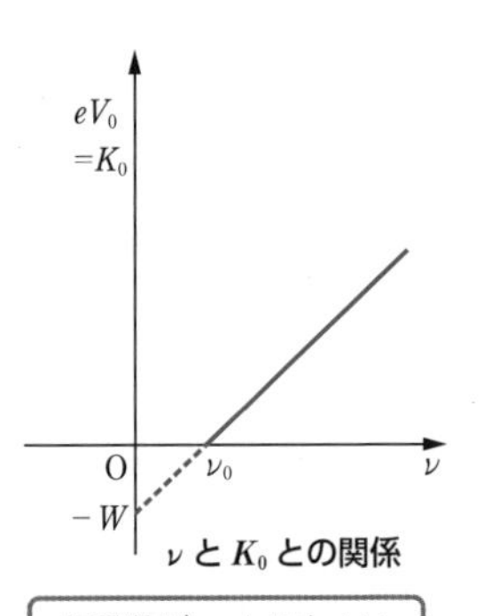

ν と K_0 との関係

振動数が ν_0 より小さいと電子は飛び出さない

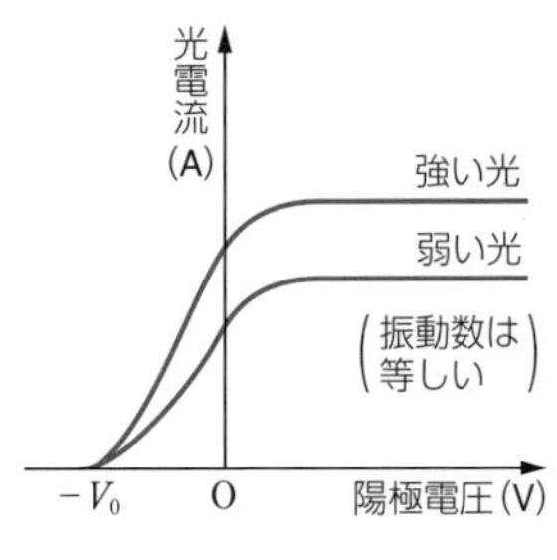

光の強さと V_0 との関係

V_0 は光の強さに関係がない

解説

問 1　問題文の状況を I-V 図にかくと次のようになる。

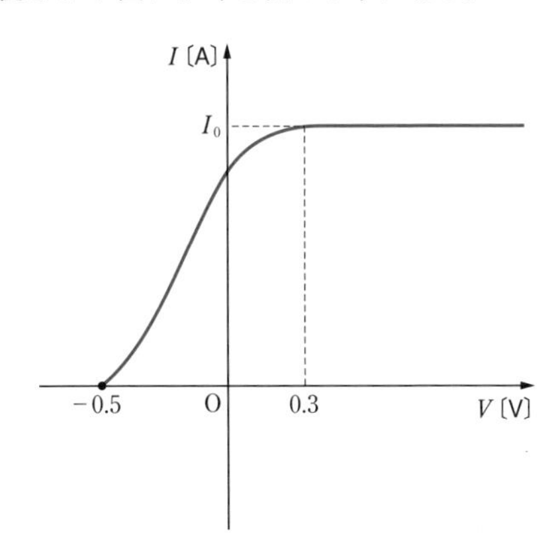

このとき，阻止電圧 V_0 は 0.5V となるので，

電子のもつ運動エネルギーの最大値 K_0 は

$$K_0 = eV_0 = (1.6 \times 10^{-19}) \times 0.5 = 0.80 \times 10^{-19}\ \mathrm{J}$$

よって，正解は ④

問 2　光子のエネルギーは

$$h\nu = \frac{hc}{\lambda} = \frac{(6.6 \times 10^{-34}) \times (3.0 \times 10^{8})}{4.0 \times 10^{-7}} = 4.95 \times 10^{-19}\ \mathrm{J}$$

また，光電効果の式 $K_0 = h\nu - W$　および問 1 の結果より

$$0.80 \times 10^{-19} = 4.95 \times 10^{-19} - W$$

よって　$W = 4.95 \times 10^{-19} - 0.80 \times 10^{-19} = 4.15 \times 10^{-19}\ \mathrm{J}$

したがって，正解は ④

問 3　光の強さを変えても，仕事関数か振動数が変わらない限り阻止電圧は変わらないので，解答群⑤～⑧のどれかに絞られる。

また，電流値はPが受け取る電子の数に比例し，Pが受け取る電子の数は，Kに当たる光子の数に比例する。

したがって，正解は ⑦

> 電子は 1 個当たり 1.6×10^{-19} C　の電気量をもつ。電流は，単位時間当たりに導線の断面を流れる電気量なので，光子の数に比例することがわかる。

第4章

演 習 問 題

(44) 光電効果

目安 12 分

金属の表面に光を当てると，その表面から電子が飛び出す。これを光電効果といい，飛び出した電子を光電子という。図 1 は光電効果を調べる実験装置を示している。光電管のセシウム金属電極 K(陰極) と電極 P(陽極) 間に電圧を加え，すべり (可変) 抵抗器でこの電圧を可変できるようになっている。この電圧は電圧計で測定される。一定強度の光を電極 K に当てたとき，流れる電流 (光電流) は電流計によって測定される。電気素量 e を 1.6×10^{-19} C（$-e$〔C〕は電子の電気量)，プランク定数を h〔J·s〕として，次の □ に当てはまる答え，またはもっとも近い答えを解答群から選べ。

(1) 振動数 ν〔Hz〕の光を電極 K に当てた状態で，電圧 V〔V〕を変化させ電流 I〔A〕との関係を調べた。その結果，図 2 に示すように，電圧 V が正のある電圧以上では電流 I は一定値 I_0〔A〕に保たれ，電圧 V が $-V_0$〔V〕より低い電圧では電流が流れなかった。この V_0 の値から，振動数 ν の光を当てたとき，電極 K から飛び出した光電子の最大運動エネルギーは [1]〔J〕と求まる。

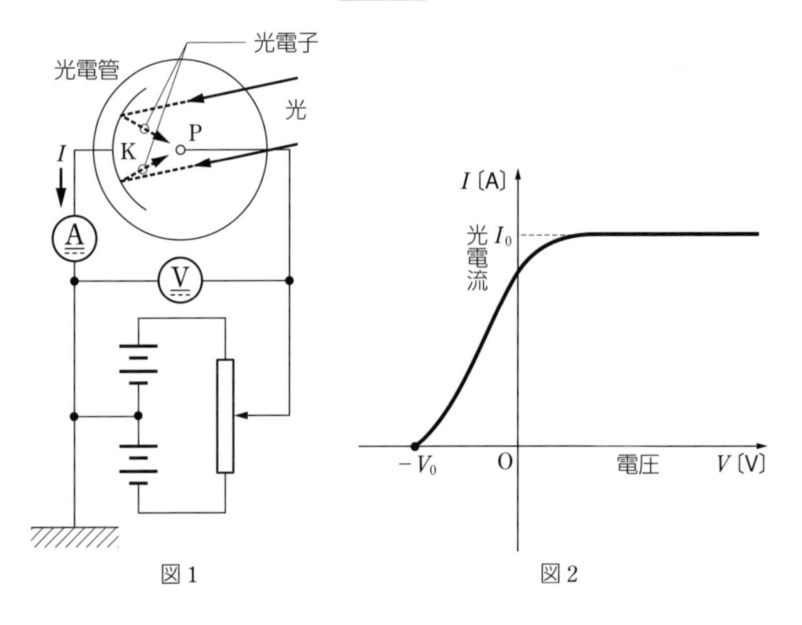

図 1　　図 2

(2) 光電管の電極Kに入射する光の振動数νを変化させるとV_0の値が変化し，図3のようになった。光子のエネルギーは [2] 〔J〕で与えられ，このエネルギーは飛び出した光電子の最大運動エネルギーと金属内の1個の自由電子を外部に取り出すのに必要なエネルギー，すなわち仕事関数W〔J〕との和で表されることにより，図3の直線の式をe, h, ν, Wで表すと $V_0 =$ [3] $\nu -$ [4] と書ける。よって図よりW〔J〕を求めると，[5] $\times 10^{-19}$ J となり，プランク定数hは [6] $\times 10^{-34}$〔J·s〕となる。

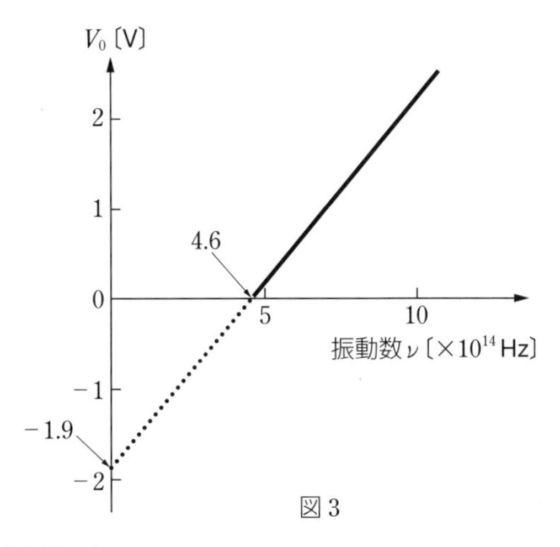

図3

[1] ～ [4] の解答群

① $\dfrac{W}{e}$　② $\dfrac{e}{W}$　③ eW　④ $\dfrac{h}{e}$　⑤ $\dfrac{e}{h}$　⑥ eh

⑦ eV_0　⑧ $\dfrac{V_0}{e}$　⑨ $\dfrac{e}{V_0}$　⓪ $\dfrac{\nu}{h}$　ⓐ $\dfrac{h}{\nu}$　ⓑ $h\nu$

[5] ～ [6] の解答群

① 0.2　② 0.5　③ 1.0　④ 1.3　⑤ 1.7　⑥ 2.0

⑦ 2.4　⑧ 3.0　⑨ 3.5　⓪ 4.2　ⓐ 5.1　ⓑ 5.8

ⓒ 6.5　ⓓ 7.7

〔2003年　近畿大〕

第4章

1回目　／　2回目　／

29日目 原子と原子核

例題29 年代測定

目安12分

炭素の2つの同位体 $^{14}_{6}C$ と $^{12}_{6}C$ の割合を調べることにより，古い木材の年代を測定することができる。この年代測定とそれに関連した原子核の性質について，下の問いの答えを，それぞれの解答群のうちから選べ。

〔A〕 $^{12}_{6}C$ は安定な同位体で，大気中に二酸化炭素として存在する炭素の大部分を占めている。これに対し，$^{14}_{6}C$ は不安定な放射性同位体で，おもに宇宙線注) により大気上層部で生成され，しだいに崩壊していく。宇宙線の量に変動がないとすれば，大気中の $^{14}_{6}C$ と $^{12}_{6}C$ の割合はほぼ一定に保たれる。

注）地球にたえず降り注いでいるエネルギーの高い粒子や γ 線を総称して宇宙線という。

問1 原子核のさまざまな反応や崩壊において，その前後でつねに保存される量は，次の ① ～ ⑥ のうちのどれか。正しいものを2つ選べ。ただし，解答の順序は問わない。

[1]，[2]

① 電気量の和　　② 陽子の数の和

③ 中性子の数の和　　④ 陽子と中性子の数の和

⑤ 陽子と電子の数の和　　⑥ 中性子と電子の数の和

問2 次の文中の [3]，[4] に当てはまるものを，下の解答群 ① ～ ⑥ のうちから1つずつ選べ。

宇宙線に含まれる [3] と大気中の窒素 $^{14}_{7}N$ との衝突による反応

[3] + $^{14}_{7}N \rightarrow {}^{14}_{6}C + p$（陽子）

により $^{14}_{6}C$ が生成される。この生成された $^{14}_{6}C$ は [4] を放出する崩壊（β 崩壊）をして，安定な $^{14}_{7}N$ になる。

[3]，[4] の解答群

① e（電子）　② p（陽子）　③ n（中性子）

④ $^{2}_{1}H$　⑤ $^{4}_{2}He$　⑥ $^{12}_{6}C$

〔B〕 植物は，光合成によって二酸化炭素を取り込むとき，${}^{14}_{6}\mathrm{C}$ と ${}^{12}_{6}\mathrm{C}$ を大気中と同じ割合で体内に取り入れて成長する。樹木内の，炭素の取り込みが止まった部分では，${}^{12}_{6}\mathrm{C}$ の数は変わらないが，${}^{14}_{6}\mathrm{C}$ は β 崩壊し，その数は減少していく。${}^{14}_{6}\mathrm{C}$ の減少のしかたは，初めの数を N_0，時間 t の後に壊れないで残っている数を N とすると，$N = N_0\left(\dfrac{1}{2}\right)^{\frac{t}{T}}$ と表される。ここで，T は ${}^{14}_{6}\mathrm{C}$ の半減期である。

問 3 壊れないで残っている ${}^{14}_{6}\mathrm{C}$ の数 N と時間 t との関係をグラフで表せばどうなるか。次の図 ① ～ ④ のうちから正しいものを選べ。 5

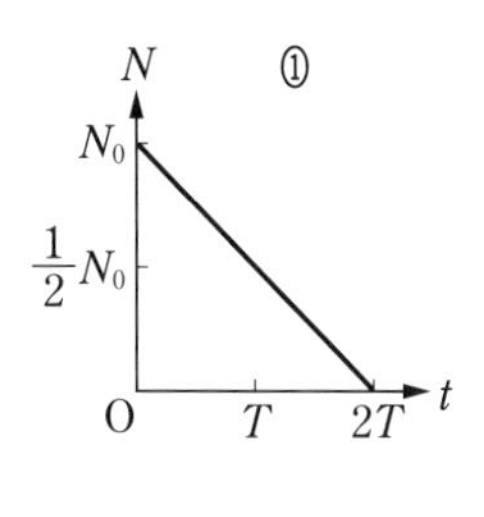

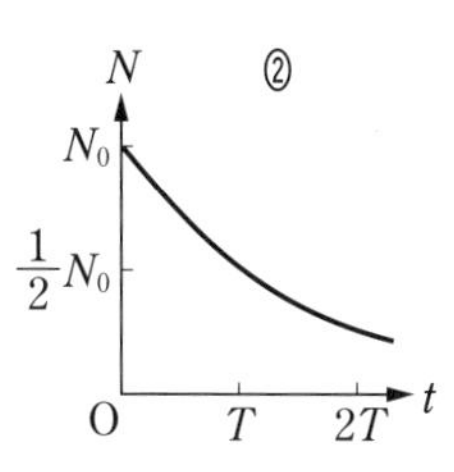

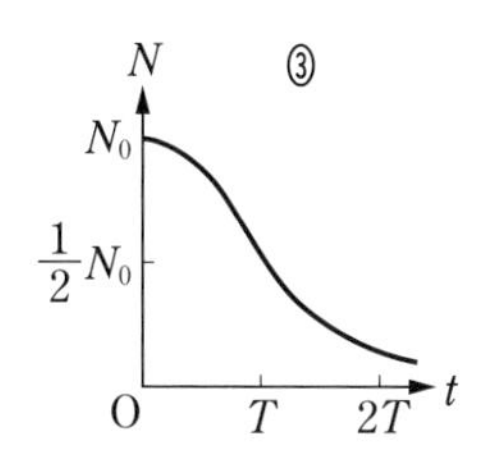

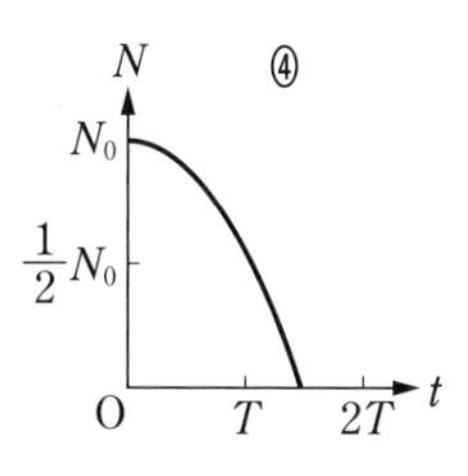

問 4 ある古い木片の一部分を調べたところ，その部分の ${}^{14}_{6}\mathrm{C}$ と ${}^{12}_{6}\mathrm{C}$ との数の比（${}^{14}_{6}\mathrm{C}$ の数）/（${}^{12}_{6}\mathrm{C}$ の数）の値は，大気中での値の $\dfrac{1}{3}$ であった。古い木片のこの部分で炭素の取り込みが止まったのは，今からおよそ何年前であったかを推定せよ。ただし，${}^{14}_{6}\mathrm{C}$ の半減期は 5.7×10^3 年であり，大気中の ${}^{14}_{6}\mathrm{C}$ と ${}^{12}_{6}\mathrm{C}$ との割合は一定に保たれていたものとする。また，$\log 2 = 0.30$，$\log 3 = 0.48$ とする。 6 年

① 9×10^2　　② 3×10^3　　③ 6×10^3

④ 9×10^3　　⑤ 2×10^4　　⑥ 3×10^4

〔1991 年　センター試験〕

例題 29 解答・解説

[問題のテーマ] 核反応(原子核反応), β 崩壊の前後についての問題〔A〕および, 半減期の式から年代を求める問題〔B〕である。

解答

問 1 　1 　2 　①, ④ (順不同)

問 2 　3 　③ 　4 　① 　問 3 　5 　② 　問 4 　6 　④

Keywords 原子核反応(核反応), 半減期, 年代測定

核反応(原子核反応)

反応の前後で,「質量数(核子の数)の和」「電気量の和」が一定

＊電子が関与しない場合は「原子番号の和」も一定。

半減期

$$\frac{N}{N_0}=\left(\frac{1}{2}\right)^{\frac{t}{T}}$$

N_0：初めの原子核の数 　　t：経過時間

N：時間 t 後に壊れないで残っている原子核の数 　　T：半減期

＊時間 T で半分, さらに T で $\frac{1}{4}$

解説

問 1 核反応(原子核反応)の前後では, 質量数(陽子の数と中性子の数)の和と電気量の和は一定に保たれる。よって, 1 , 2 の正解は ①, ④ (順不同)。

問 2 陽子 1 個の電気量を $e(>0)$ とすると，反応後の電気量は　$6e + e = 7e$

また，反応前の ${}^{14}_{7}\mathrm{N}$ の電気量も $7e$ なので，［ 3 ］に当てはまるものは中性である。

さらに，反応後の質量数は $14 + 1 = 15$ であり，反応前の ${}^{14}_{7}\mathrm{N}$ の質量数は 14 なので，

［ 3 ］に当てはまるものの質量数は 1 である。

以上より，［ 3 ］に当てはまるのは中性子である。

また，β 崩壊では電子を放出する。

> ${}^{14}_{6}\mathrm{C}$ から ${}^{14}_{7}\mathrm{N}$ へは質量数は変わらず原子番号が 1 増えている。

したがって，［ 3 ］の正解は ③，

［ 4 ］の正解は ①

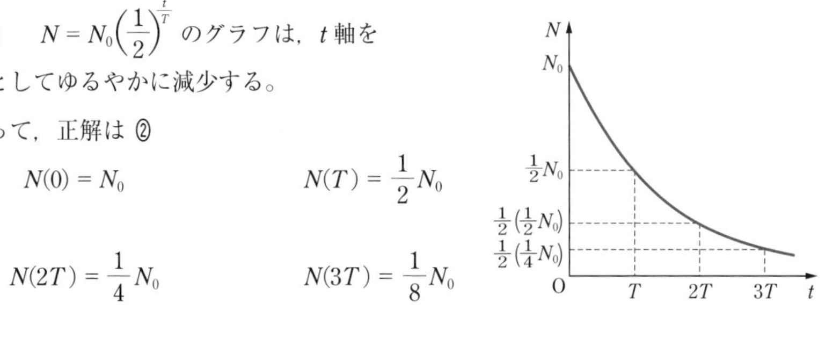

問 3　$N = N_0\left(\dfrac{1}{2}\right)^{\frac{t}{T}}$ のグラフは，t 軸を漸近線としてゆるやかに減少する。

したがって，正解は ②

（参考）　$N(0) = N_0$　　　$N(T) = \dfrac{1}{2}N_0$

$N(2T) = \dfrac{1}{4}N_0$　　　$N(3T) = \dfrac{1}{8}N_0$

問 4 炭素の取り込みが止まって t 年経過したとする。また，N_0，N は木片中の数とする。${}^{14}_{6}\mathrm{C}$ と ${}^{12}_{6}\mathrm{C}$ の数の比は，大気中と t 年前の木片中とで等しい。また，木片中においても ${}^{12}_{6}\mathrm{C}$ の数は t 年前と同じである。

よって，木片中の ${}^{14}_{6}\mathrm{C}$ の数が t 年前と比べて $\dfrac{1}{3}$ になったと考えられるので

$\dfrac{N}{N_0} = \dfrac{1}{3}$　より　$\left(\dfrac{1}{2}\right)^{\frac{t}{T}} = \dfrac{1}{3}$

両辺の対数をとると　$\dfrac{t}{T}\log 2 = \log 3$

$\dfrac{t}{5.7 \times 10^3} \times 0.30 = 0.48$　より　$t = 9.12 \times 10^3 \fallingdotseq 9 \times 10^3$ 年

したがって，正解は ④

第4章

45 年代測定

目安5分

放射性元素である炭素 14($^{14}_{6}C$) は，窒素 ($^{14}_{7}N$) と宇宙線により生成される。大気中では，その生成される量と放射性崩壊（原子核の崩壊）によって失われる量とが等しくなり，安定に存在する炭素 12($^{12}_{6}C$) に対する $^{14}_{6}C$ の割合は常に一定に保たれる。植物は枯れるとそれ以降炭素を取りこまなくなり，植物中の $^{14}_{6}C$ の割合は放射性崩壊によって減少する。

問1 $^{14}_{6}C$ は放射性崩壊によって $^{14}_{7}N$ に変わる。このときに放出されるものとして最も適当なものを，次の ①～④ のうちから 1 つ選べ。 1

① 電子　② 陽子　③ 中性子　④ ヘリウム原子核

問2 初めに N_0 個あった $^{14}_{6}C$ の数が，t 年後に N 個になったとする。半減期を T 年とすると，$\dfrac{t}{T}$ と $\dfrac{N}{N_0}$ との関係は図で表される。ある古い木片中の $^{14}_{6}C$ の $^{12}_{6}C$ に対する割合を測定すると，生きている木での割合の 31% であった。$^{14}_{6}C$ の半減期を 5.7×10^3 年とすると，古い木片は今から何年前のものと推定できるか。最も適当なものを，下の ①～⑥ のうちから 1 つ選べ。 2 年前

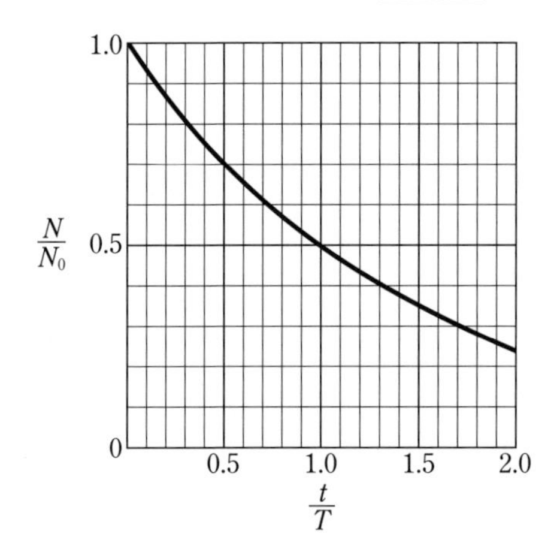

① 1.3×10^3　② 4.0×10^3　③ 7.5×10^3

④ 9.7×10^3　⑤ 1.1×10^4　⑥ 1.7×10^4

〔1999 年　センター試験〕

46 半減期

目安3分

窒素13とインジウム112はいずれも放射性物質である。窒素13の半減期は10分，インジウム112の半減期は15分である。いま窒素13の原子核とインジウム112の原子核を，それぞれ N 個含む物質を用意した。それから30分後には，窒素13の原子核の数は [1] 個になっている。そのときインジウム112の原子核の数は窒素13の原子核の数の [2] 倍になっている。

上の文章中の空欄 [1]・[2] に入れるのに最も適当なものを，次の①～⑤のうちから1つずつ選べ。

[1] の解答群

① $\frac{N}{2}$　② $\frac{N}{3}$　③ $\frac{N}{4}$　④ $\frac{N}{6}$　⑤ $\frac{N}{8}$

[2] の解答群

① 2　② 3　③ 4　④ 6　⑤ 8

〔2002年　センター試験〕

第4章

1回目　／	2回目　／

30日目 小問集合④

例題30 小問集合（原子）

目安15分

問1 光電効果において，電子を金属から取り出すのに必要な仕事の最小値 W〔eV〕を仕事関数とよぶ。右の表は3種類の金属 a，b，c の仕事関数を表したものである。

	仕事関数〔eV〕
a	3.53
b	4.02
c	6.27

これらの金属に単色光を照射したとき，はじめ，すべての金属から電子は放出されなかった。そこから徐々に光の振動数を大きくしたところ，ある金属から最初に電子が放出された。その金属はどれか。［ 1 ］

① a　　② b　　③ c　　④ 特定できない

〔2014年　香川大　改〕

問2 X線の発見とその性質について考えてみよう。

ドイツの物理学者レントゲンは，陰極線の本性を探る研究を行っているときに，偶然X線を発見した。陰極線を発生させる放電管から 1 m ほど離れたところに置いてあった蛍光体が光ることに気がついたのである。そこで今度は陰極線がもれないように放電管を黒い紙で包んで同じ実験をくり返してみた。それでもやはり蛍光体は光った。そこでレントゲンは，陰極線とは異なるまったく新しい放射線が発生しているのであろうと考え，X線と名づけた。

（ア） X線は，陰極線と違って，発見されるとすぐに医学に利用された。その理由として最も適当なものを，次の ① ～ ④ のうちから 1 つ選べ。［ 2 ］

① 蛍光体を発光させるから。

② 大気中で吸収されにくいから。

③ 真空中を伝わる性質をもっているから。

④ 物質に対する透過力が大きいから。

（イ） 陰極線にはあるがX線にはない性質として最も適当なものを，次の ① ～ ④ のうちから 1 つ選べ。［ 3 ］

① フィルムを感光させる。　　② 直進性がある。

③ 物質中の原子をイオンにする。　　④ 磁石で曲げられる。

〔2000年　センター試験　改〕

問 3 図の（ア）～（エ）は，4つの物理現象のそれぞれの説明図である。

（ア）

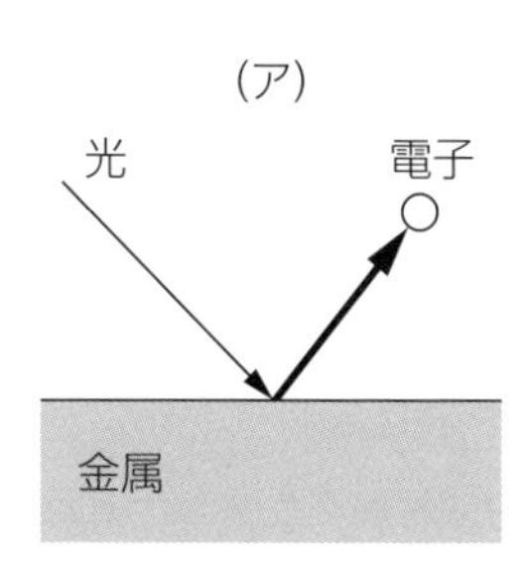

（イ）

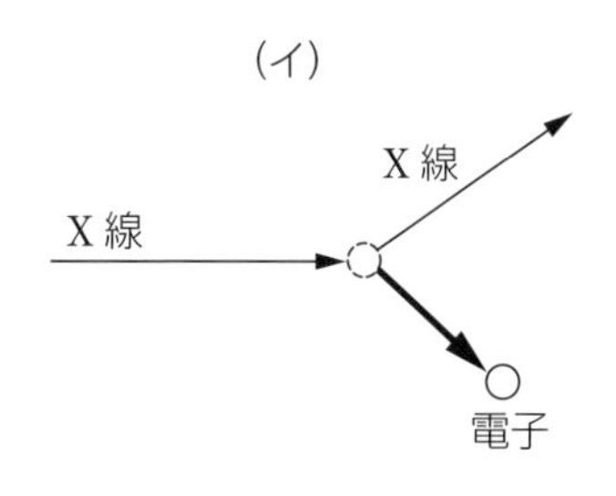

（ウ）

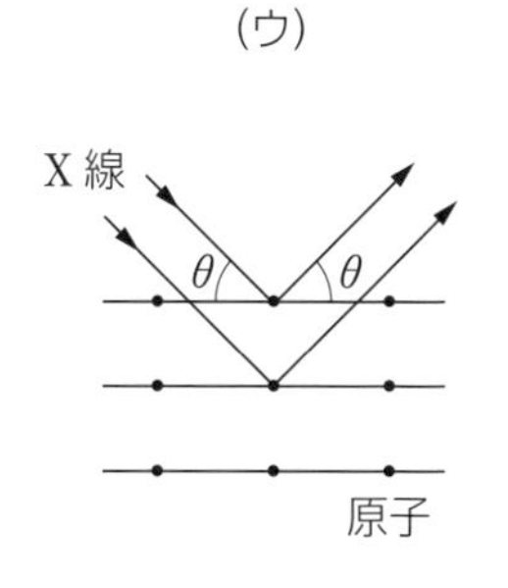

（エ）

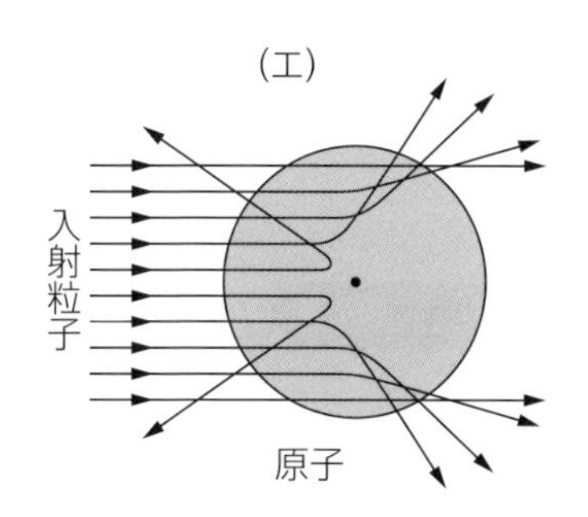

それぞれに対応する現象名を，次の解答群のうちから1つずつ選べ。

（ア） [4]　（イ） [5]　（ウ） [6]　（エ） [7]

① 原子核による α 粒子の散乱　② ドップラー効果　③ 全反射

④ 光電効果　⑤ ブラッグ反射　⑥ コンプトン効果

〔1995年　センター試験〕

問 4 ホウ素 $^{10}_{5}\mathrm{B}$ が中性子 n を吸収すると，次のような反応

$$^{10}_{5}\mathrm{B} + \mathrm{n} \rightarrow {}^{A}_{3}\mathrm{Li} + {}^{4}_{Z}\mathrm{He}$$

が起こり，リチウム Li とヘリウム He が生成される。この反応でつくられる Li の質量数 A と He の原子番号 Z の組合せとして正しいものを，次の ① ～ ⑥ のうちから1つ選べ。

[8]

① $A = 7,\ Z = 1$　② $A = 7,\ Z = 2$

③ $A = 6,\ Z = 1$　④ $A = 6,\ Z = 2$

⑤ $A = 5,\ Z = 1$　⑥ $A = 5,\ Z = 2$

〔2004年　センター試験〕

例題30 解答・解説

解答

問1 [1] ①　問2 (ア) [2] ④　(イ) [3] ④
問3 (ア) [4] ④　(イ) [5] ⑥　(ウ) [6] ⑤
(エ) [7] ①　問4 [8] ②

[問1のテーマ] 光電効果において，金属に当てる光の振動数と金属の仕事関数の関係を考える。

Keywords　光電効果，光電子，限界振動数，仕事関数

CHART 28 (→ p.176) 参照。

解説

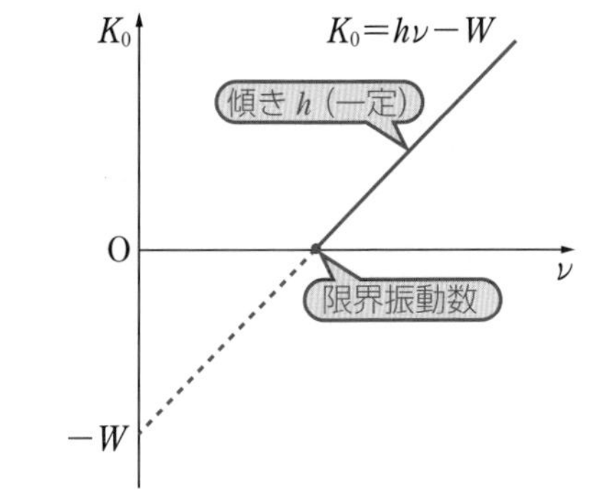

光電効果において，飛びだす電子がもつ運動エネルギーの最大値を K_0，プランク定数を h，光の振動数を ν とすると「$K_0 = h\nu - W$」が常に成りたつ。この式をグラフにすると右図のようになる。

$K_0 \geqq 0$ でなければ，金属から電子が飛びださないので，最初に電子が飛びだすのは

$$0 = h\nu - W$$

となった瞬間であり，初めて電子が飛びだす振動数（限界振動数）は　$\nu = \dfrac{W}{h}$　である。h は金属の種類によらない定数なので，仕事関数 W が小さいほど限界振動数も小さくなる。

よって，最初に電子が飛び出してくる金属は a であることがわかる。

ゆえに，正解は ①

[問２のテーマ] Ｘ線と陰極線の違いを問う問題である。

Ｘ線，レントゲン，陰極線

解説

（ア） ① Ｘ線も陰極線も蛍光体を発光させる。

② Ｘ線は波長の短い電磁波であり，大気で吸収される。

③ Ｘ線も陰極線も真空中を伝わる。

④ 陰極線は電子の流れであるから物体によってさえぎられるが，Ｘ線は物質を透過するので，人体に照射すると，内部の映像を得ることができる。

よって，正解は ④

（イ） ① Ｘ線も陰極線もフィルムを感光させる。

② Ｘ線も陰極線も直進する。

③ Ｘ線も陰極線も原子に衝突すると，その原子をイオンにする。

④ 陰極線は負の電荷を帯びているので磁石で曲げられるが，Ｘ線は波長の短い電磁波なので磁石では曲げられない。

よって，正解は ④

[問３のテーマ] 電子やＸ線，α線などの散乱や反射の現象についての問題である。

Keywords
光電効果，コンプトン効果，ブラッグ反射，
ラザフォードのα粒子の散乱実験

解説

（ア）金属の表面に光を当てると，その表面から電子が飛び出す現象なので，光電効果である。

よって，正解は ④

（イ）X線を物質に当てると，物質中の電子と衝突し，エネルギーの一部を電子に与える現象なのでコンプトン効果である。

よって，正解は ⑥

コンプトン効果では，入射X線よりもエネルギーの少ない，つまり波長の長いX線が散乱される。

（ウ）結晶の平行平面内の原子によって散乱され，反射したX線どうしが干渉して，方向により強弱を生じる現象。ブラッグ反射という。

よって，正解は ⑤

（エ）ラザフォードの原子核によるα粒子の散乱実験である。原子の中心に正電荷が集中した原子核があることを示した。

よって，正解は ①

［問４のテーマ］ 核反応（原子核反応）の問題である。

核反応（原子核反応），質量数，電気量

（→ p.182）参照。

解説

核反応では質量数（核子の数）の和と電気量の和が反応の前後で同じになる。

したがって

$${}^{10}_{5}\mathrm{B} + \mathrm{n} \rightarrow {}^{A}_{3}\mathrm{Li} + {}^{4}_{Z}\mathrm{He}$$

という核反応では

$10 + 1 = A + 4$　　ゆえに　$A = 7$

質量数の和は一定。

$5 + 0 = 3 + Z$　　ゆえに　$Z = 2$

電子が関与しないので原子番号（陽子の数）の和も一定。

以上より，正解は ②

第４章

演習問題

47 小問集合（原子）

目安15分

問1 次の文中の空所について，解答群から正しいものを1つずつ選べ。

光はエネルギーをもった粒子の集まりとみなすことができ，この粒子は [1] とよばれる。光の振動数を ν とすれば，その粒子のエネルギーは [2] で表される。光の粒子性は，[3] や [4] の実験によって確かめられる。

[1] ～ [4] の解答群（ただし，h はプランク定数，c は光の速さを表す。）

① 陽子　② 中性子　③ 電子

④ 光子　⑤ 電荷　⑥ ドップラー効果

⑦ コンプトン効果　⑧ ニュートン環　⑨ ヤングの干渉

⓪ 光電効果　ⓐ $\dfrac{h}{\nu}$　ⓑ $h\nu$

ⓒ $c\nu$　ⓓ $\dfrac{c}{\nu}$

〔1992年　センター試験〕

問2 電子を粒子と考えたときの速さを横軸，物質波と考えたときの波長を縦軸として表すグラフを ① ～ ⑥ のうちから1つ選べ。 [5]

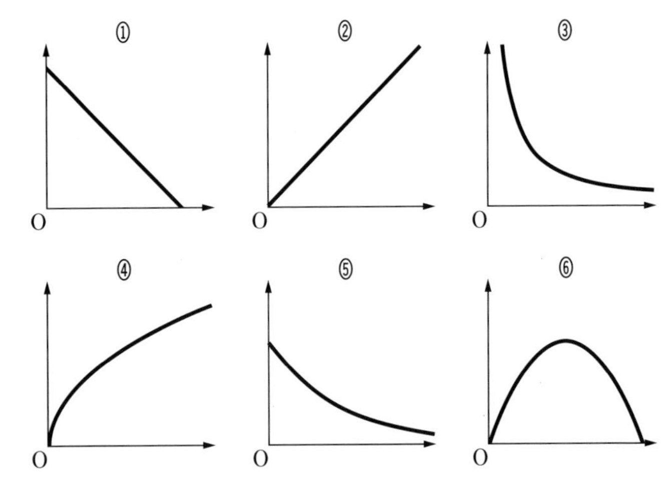

〔1994年　センター試験〕

問 3 ラザフォード達は，α 粒子を金箔（きんぱく）に当てる実験により，原子ではその質量の大部分と正電荷が，中心のごく小さい部分に集中していることを示した。この小さい部分を原子核という。図のように α 粒子を原子に照射したとき，α 粒子の散乱のようすを表す図として最も適当なものはどれか。次の ①～④ のうちから 1 つ選べ。［ 6 ］

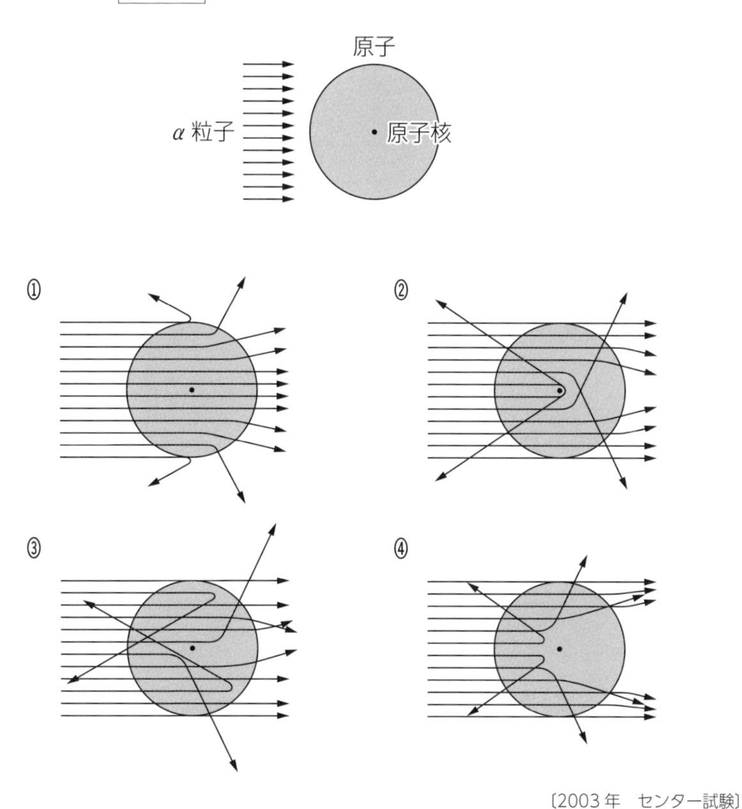

〔2003 年　センター試験〕

問 4 ウラン $^{235}_{92}\mathrm{U}$ の原子核は α 崩壊と β 崩壊を何度かくり返し，安定な鉛 Pb の原子核になる。この原子核崩壊によって生じる鉛の同位体はどれか。正しいものを，次の ①～④ のうちから 1 つ選べ。［ 7 ］

① $^{205}_{82}\mathrm{Pb}$　② $^{206}_{82}\mathrm{Pb}$　③ $^{207}_{82}\mathrm{Pb}$　④ $^{208}_{82}\mathrm{Pb}$

〔2005 年　センター試験〕

1回目　／　　2回目　／

31日目 グラフ・図の読み取り

例題31　ダイオードの整流作用と抵抗の消費電力

目安5分

図1のように，電圧の最大値が V_0，周期が T の交流電源にダイオードと抵抗を接続した回路をつくった。図2は点Bを基準としたときの点Aの電位の時間変化である。ただし，ダイオードは整流作用のみをもつ理想化した素子として考える。

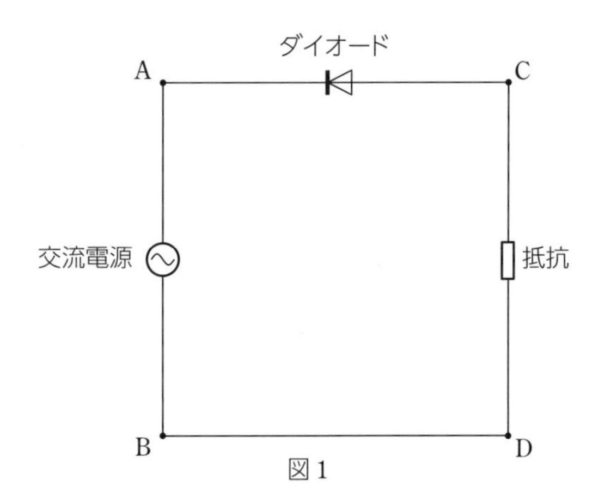

図1

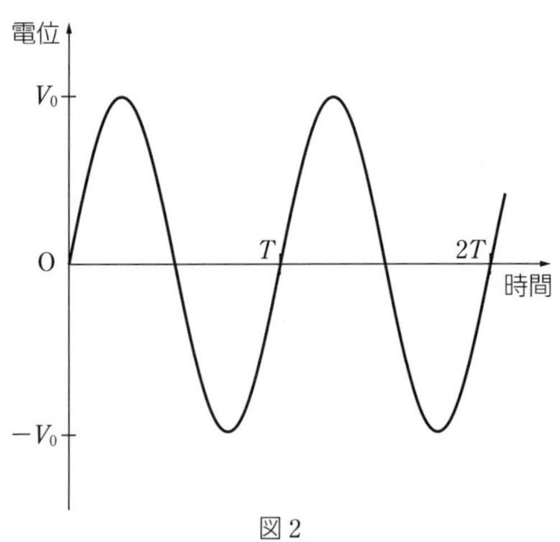

図2

問 1 点Dを基準としたときの点Cの電位の時間変化を表す図として最も適当なものを，次の ① ～ ⑥ のうちから1つ選べ。 [1]

①

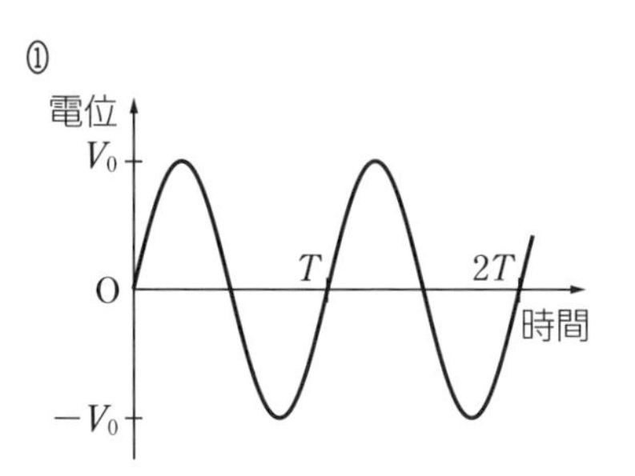

②

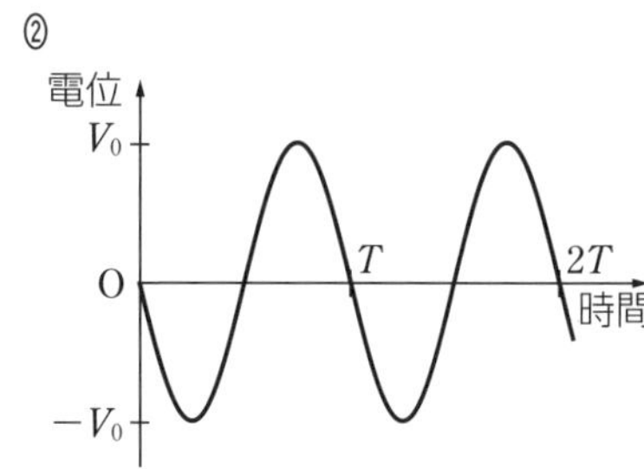

③

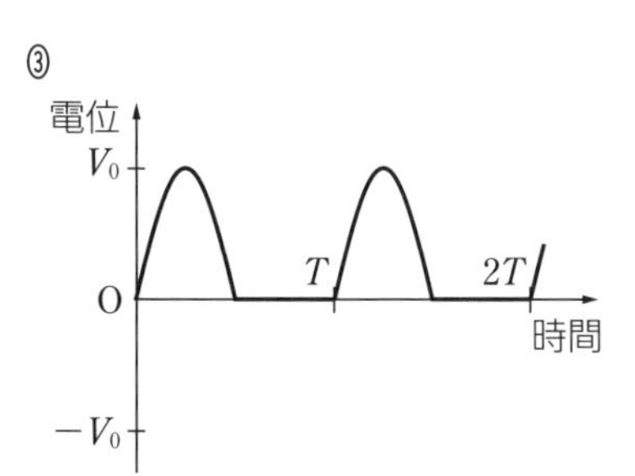

④

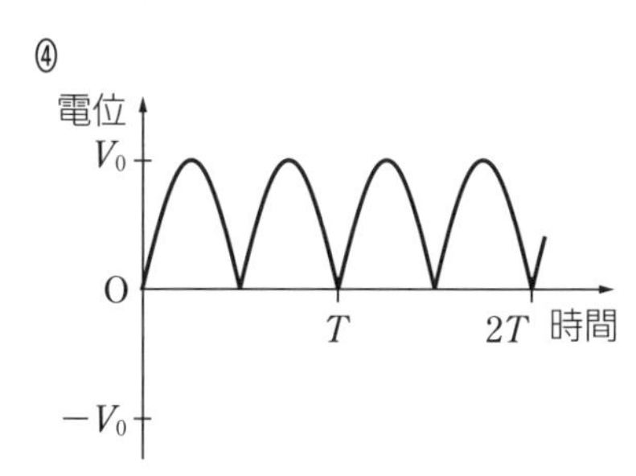

⑤

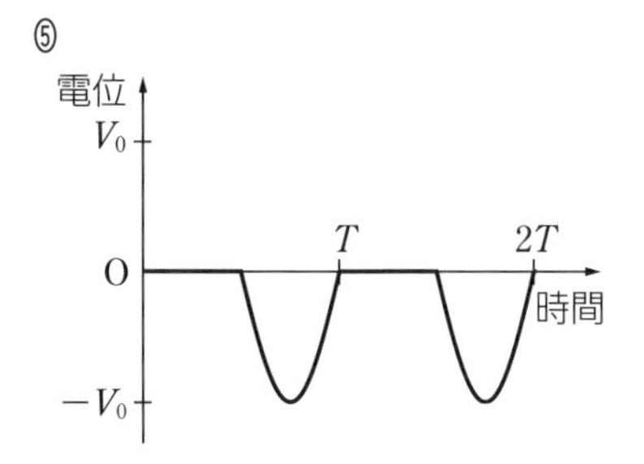

⑥

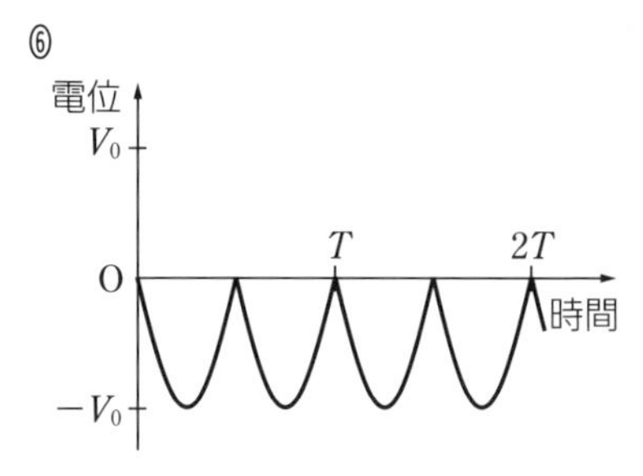

問 2 抵抗での消費電力の時間平均として正しいものを，次の ① ～ ⑤ のうちから1つ選べ。ただし，抵抗の抵抗値を R とする。 [2]

① $\dfrac{1}{16}\cdot\dfrac{V_0{}^2}{R}$　② $\dfrac{1}{8}\cdot\dfrac{V_0{}^2}{R}$　③ $\dfrac{1}{4}\cdot\dfrac{V_0{}^2}{R}$　④ $\dfrac{1}{2}\cdot\dfrac{V_0{}^2}{R}$　⑤ $\dfrac{V_0{}^2}{R}$

〔2015年　センター試験〕

第5章

例題 31 解答・解説

[問題のテーマ] ダイオードを用いた回路についての問題である。問題文とグラフから順方向に電圧が加わる時間を判断できるかが重要である。

解答 問1 [1] ⑤ 問2 [2] ③

グラフ・図の読み取り，電位，整流作用

CHART 30

グラフ・図の読み取り方

グラフ・図の読み取りを必要とする問題では以下の点に注目したい。

〈グラフの読み取り方〉

① 縦軸と横軸は何か。また，単位および1目盛はいくらか。

② グラフの特徴（切片，傾き，軸とで囲まれた面積など）が何を意味するか。

③ グラフはどのような関数か。

例）一次関数，二次関数，三角関数，反比例，双曲線，指数関数など

〈図の読み取り方〉

値，向きなどの図から得られる情報に，印やメモをする。

例）断熱容器（外部との熱のやりとり），ダイオード（電流の向き）など

必要に応じて，読み取った内容をグラフや図に書きこんでおくとよい。

解説

問1 点A，B，C，Dの電位をそれぞれV_A，V_B，V_C，V_Dとする。整流作用のみをも

つ理想化した素子としてのダイオードは，順方向（C → A）に電圧を加えると，抵抗値は0とみなされ，電流が流れる。一方，逆方向（A → C）に電圧を加えると電流は流れない。

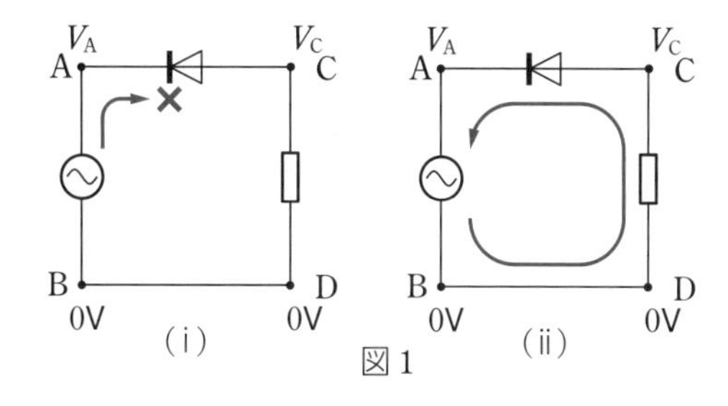

図1

点Bの電位を $V_B = 0$ とすると

$V_D = V_B = 0$　である。

まず，点Aの電位が $V_A > 0$ の場合について考える。$V_A > V_D = 0$ なので，A → C → D の方向に電圧が加えられている。A → C はダイオードの逆方向なので，図1(i)の通り，電流は流れない。すなわち　$V_C = 0$

次に，点Aの電位が $V_A < 0$ の場合について考える。

$V_A < V_D = 0$ なので，D → C → A の方向に電圧が加えられている。C → A はダイオードの順方向なので，ダイオードは抵抗値0の導線と同様になり，図1(ii)のように電流が流れる。すなわち　$V_C = V_A$

以上より，最も適当なものは ⑤

問2　ダイオードがないとして，抵抗値 R の抵抗に交流電圧 $V = V_0 \sin\omega t$ が加わるときの消費電力は

$$P = \frac{V^2}{R} = \frac{V_0^2}{R}\sin^2\omega t = \frac{V_0^2}{R}\cdot\frac{1-\cos 2\omega t}{2}$$

となり，そのグラフは図2(i)となる。

このグラフを時間で平均すると

$$\overline{P} = \frac{V_0^2}{R} \times \frac{1}{2} = \frac{V_0^2}{2R}$$

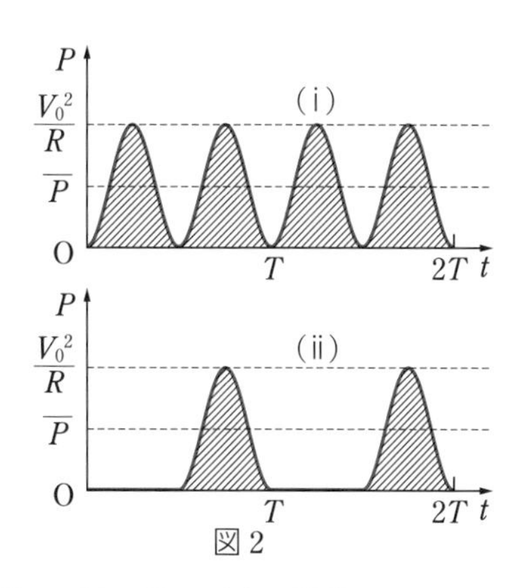

図2

である。ダイオードがあると $V < 0$ のときだけ抵抗に電流が流れ電力が消費されるので図2(ii)のようになり，抵抗での消費電力の時間平均は

$$\overline{p} = \overline{P} \times \frac{1}{2} = \frac{V_0^2}{2R} \times \frac{1}{2} = \frac{1}{4}\cdot\frac{V_0^2}{R}$$

以上より，正しいものは ③

第5章

(48) エレキギターのしくみと電磁誘導

目安 8 分

太郎君はエレキギターの仕組みに興味をもった。図 1 に示すエレキギターには，矢印で示した位置に検出用コイルがある。エレキギターを模した図 2 のような実験装置をつくり，オシロスコープにつないだ。磁石は上面が N 極，下面が S 極であり，上面にコイルが巻かれた鉄心がついている。コイルの上で鉄製の弦が振動すると，その影響によりコイルを貫く磁束が変化し誘導起電力が生じる。オシロスコープの画面の横軸は時間，縦軸は電圧を示すものとする。

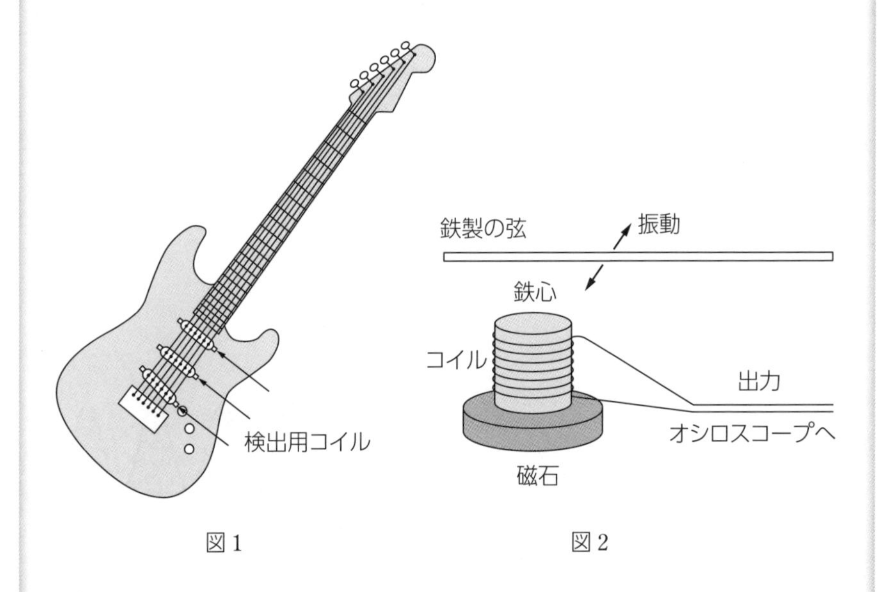

図 1　　図 2

問 1　弦をはじき，コイルの両端の電圧を調べたところ，オシロスコープの画面は図 3 のようになった。同じ弦をより強くはじくとき，図 3 と同じ目盛りに設定したオシロスコープの画面はどのように見えるか。最も適当なものを，次の ① ～ ④ のうちから1つ選べ。

[1]

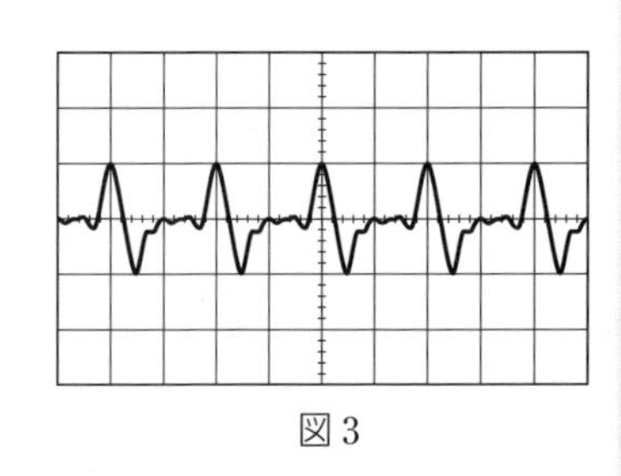

図 3

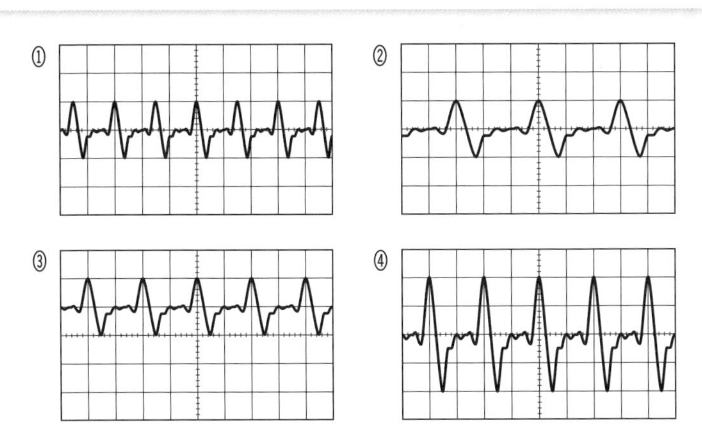

太郎君は次に，図 4 のように，弦のかわりに鉄製のおんさを固定した。おんさをたたいたところ，オシロスコープの画面は図 5 のようになった。

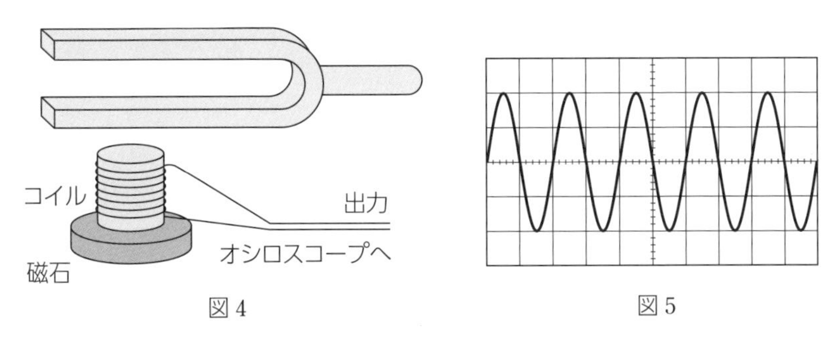

図 4　　　　図 5

問 2　次に，鉄製のおんさと同じ形，同じ大きさの銅製のおんさで同じ実験を行ったところ，銅製のおんさの方が振動数の小さい音が聞こえた。このとき，図 5 と同じ目盛りに設定したオシロスコープの画面には横軸にそって直線が見えるだけだった（図 6）。図 5 と図 6 の違いは，鉄と銅のどの性質の違いによるか。最も適当なものを次の ① ～ ⑦ のうちから 1 つ選べ。［ 2 ］

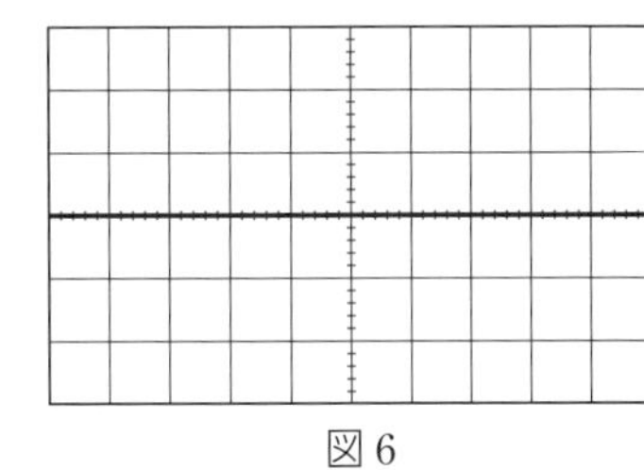

図 6

① 音の速さ　② 硬さ　③ 密度　④ 抵抗率
⑤ 比誘電率　⑥ 比透磁率　⑦ 比熱（比熱容量）　〔2018 年　試行調査〕

1回目　／　2回目　／

32日目 資料の読み取り

例題32 電磁波と波の重ねあわせの原理

目安5分

図のように，金属板に垂直に電波を入射させたところ，電波は金属板に垂直に反射した。入射波と反射波を棒状のアンテナで受信し，電圧の実効値 V（電波の振幅に比例する）を測定した。アンテナから金属板までの距離 d と V の関係を調べたところ，表のようになった。

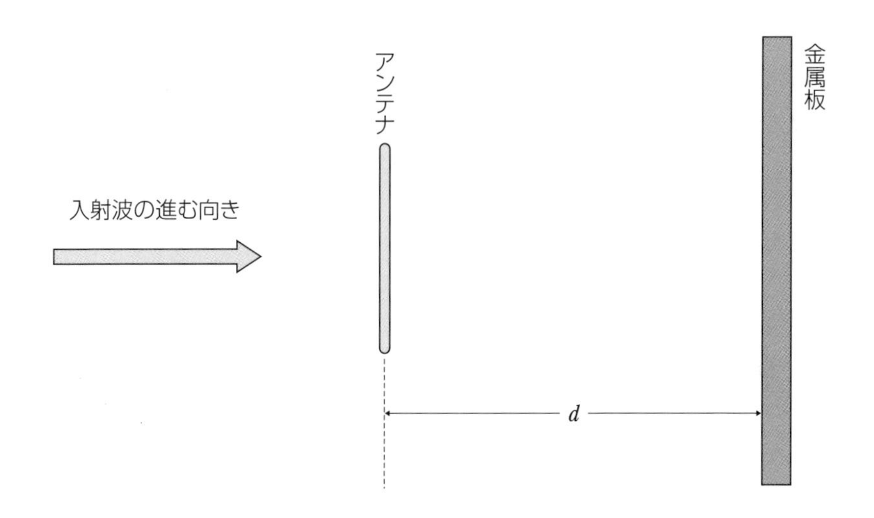

表

距離 d〔mm〕	82	84	86	88	90	92	94	96	98
電圧 V〔mV〕	135	94	20	38	94	152	157	130	61

距離 d〔mm〕	100	102	104	106	108	110	112	114	116
電圧 V〔mV〕	10	30	85	130	160	160	101	41	18

距離 d〔mm〕	118	120	122	124	126	128	130	132	134
電圧 V〔mV〕	77	128	160	160	129	98	25	57	113

問 1 表の実験結果から確認できる現象として最も適当なものを，次の ①～⑧ のうちから1つ選べ。 1

① うなり　② ドップラー効果　③ 回折　④ 屈折
⑤ 吸収　⑥ 分散　⑦ 定常波（定在波）　⑧ 光電効果

問 2 電波の波長は何 mm か。最も近い値を，次の ①～⑥ のうちから1つ選べ。

2 mm

① 10　② 20　③ 30　④ 40　⑤ 50　⑥ 60

〔2018年　試行調査〕

第5章

例題32 解答・解説

[問題のテーマ] 入射波と，金属板によって反射された波との合成により形成される波について考える問題。表から強めあいが起こる位置を読み取る。

解答 問1 [1] ⑦　問2 [2] ③

Keywords 波の重ねあわせ，反射，定常波（定在波），表の読み取り

資料の読み取り方

表や資料を読み解く際は，以下の点に注意したい。

① 表に特徴がないか。

・特徴的な値（0や最大・最小値，周期性）に注目すると，ヒントを得られることがある。

・見受けられた特徴から，かかわりのありそうな関係式を類推する。

② 表からグラフをつくれないか。

・実際にグラフをかいたとき，またはかいたと想定したときに得られる特徴などから解答への道筋を考える。

・実験に関する問題では，得られる数値にばらつきが生じることがあるので，グラフにして，全体のおおまかな特徴をとらえる。

◆問題のポイント（p.201 表）

距離 d〔mm〕	82	84	86	88	90	92	94	96	98
電圧 V〔mV〕	135	94	20	38	94	152	157	130	61

距離 d〔mm〕	100	102	104	106	108	110	112	114	116
電圧 V〔mV〕	10	30	85	130	160	160	101	41	18

距離 d〔mm〕	118	120	122	124	126	128	130	132	134
電圧 V〔mV〕	77	128	160	160	129	98	25	57	113

V〔mV〕は 14～16mm 間隔で極大値をとるという特徴から，波の周期性に着目する。

解説

問 1 アンテナで受信する電波の電圧についての表なので，波としての周期性や反射板のはたらきによって入射波と反射波がつくる定常波（定在波）の特徴がみられることが推測できる。

表に着目すると，d〔mm〕が大きくなるのに伴い，Vが極大値をとるようすと 0V に近づくようすが交互にみられる。これは，入射波と金属板による反射波が重なることで定常波（定在波）を形成し，腹と節が交互に現れているためである。

よって，正解は ⑦

問 2 表より，測定されたデータの中で V〔mV〕が極大を示すのは，Vが 157mV の d = 94mm と，Vが 160mV の d = 108mm，110mm，122mm，124mm で，この付近に隣りあう定常波の腹があると考えられる。

そこで $\dfrac{108 + 110}{2} = 109\text{mm}$

$\dfrac{122 + 124}{2} = 123\text{mm}$

を隣りあう腹の位置とみなすと，定常波の腹と腹の間の距離はおよそ 14mm である。

定常波の腹と腹の間の距離は入射波の波長の半分に等しくなるので，電波の波長は

$14 \times 2 = 28$

となる。以上より，最も近い値は 30mm なので，正解は ③

演 習 問 題

49 乾電池と太陽電池の特性

目安８分

次の文章を読み，以下の問い（問 1，問 2）に答えよ。

表 1 は乾電池にいろいろな抵抗値 R_n の抵抗をつないで，その両端の電圧 V_n と流れる電流 I_n を測定した結果である。R_n を x 軸に I_n を y 軸にとったときのグラフのスケッチは［ 1 ］である。ここで，抵抗で消費される電力を P_n とすると，R_n を x 軸に P_n を y 軸にとったときのグラフのスケッチは［ 2 ］である。

次に，太陽電池（光電池）に一定の明るさの光を照射した状態で同様の測定を行った。表2がその結果である。このとき，R_n を x 軸に I_n を y 軸にとったときのグラフのスケッチは［ 3 ］である。また，R_n を x 軸に P_n を y 軸にとったときのグラフのスケッチは［ 4 ］である。

それぞれのグラフのスケッチを比較すると，乾電池と太陽電池は同じ電池という名前がついてはいるが，その特性には大きな違いがあることがわかる。測定した範囲に限定して考えると，乾電池の場合の P_n の大きさは抵抗値 R_n［ 5 ］。また，太陽電池の場合の P_n の大きさは抵抗値 R_n［ 6 ］。

表 1　乾電池の場合

R_n〔kΩ〕	V_n〔V〕	I_n〔mA〕
0.10	1.57	16
0.22	1.58	7.1
0.47	1.58	3.4
0.56	1.58	2.8
0.68	1.59	2.3
1.00	1.59	1.6
2.20	1.59	0.73

表 2　太陽電池の場合

R_n〔kΩ〕	V_n〔V〕	I_n〔mA〕
0.10	0.31	3.1
0.22	0.67	3.0
0.47	1.23	2.7
0.56	1.39	2.5
0.68	1.54	2.3
1.00	1.80	1.8
2.20	2.16	1.0

問 1　文章中の空欄［ 1 ］～［ 4 ］に当てはまるグラフとして，最も適当なものを次の解答群の中から１つずつ選べ（選ぶ記号は重複してよい）。

［ 1 ］～［ 4 ］の解答群

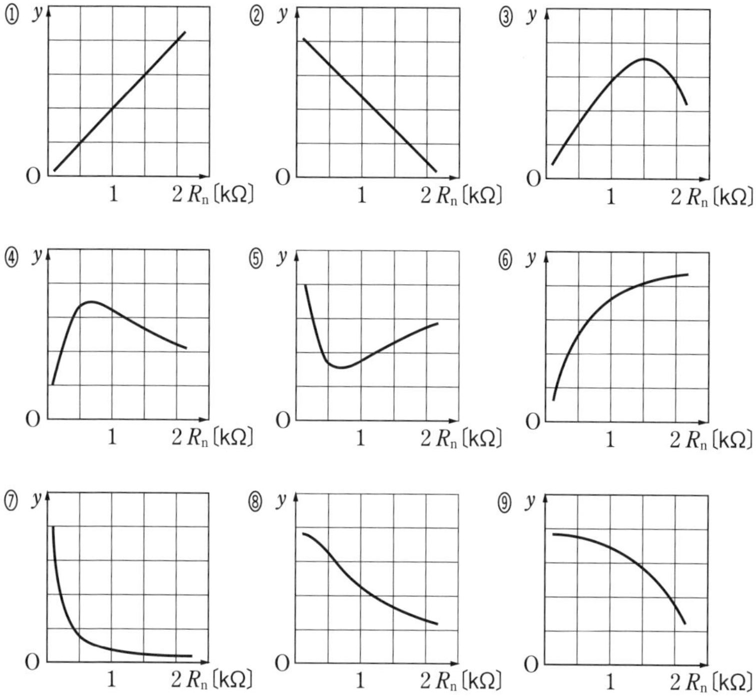

① y　O　1　2 R_n〔kΩ〕

② y　O　1　2 R_n〔kΩ〕

③ y　O　1　2 R_n〔kΩ〕

④ y　O　1　2 R_n〔kΩ〕

⑤ y　O　1　2 R_n〔kΩ〕

⑥ y　O　1　2 R_n〔kΩ〕

⑦ y　O　1　2 R_n〔kΩ〕

⑧ y　O　1　2 R_n〔kΩ〕

⑨ y　O　1　2 R_n〔kΩ〕

問 2　文章中の空欄［ 5 ］，［ 6 ］に入れるものとして，最も適当なものを次の解答群の中から１つずつ選べ（選ぶ記号は重複してよい）。

［ 5 ］，［ 6 ］の解答群

① が特定の値のとき極小値をもち最小となる

② が特定の値のとき極大値をもち最大となる

③ が大きくなるほど大きくなる

④ が大きくなるほど小さくなる

⑤ とは無関係である

〔2015年　中部大　改〕

第5章

1回目　／	2回目　／

33日目 考察問題

例題33　鉛直面内の円運動の実験

目安10分

鉛直面内の円運動の考え方とその実験について表した以下の資料を読み，次の問い（問1，問2）に答えよ。

◆資料

目的：鉛直面内での円運動について探究する。

理論：図のように高さ H から質量 m の小球を静かにはなし，なめらかなレールにそってすべらせて，半径 r の円運動をさせる。適当な H をとれば，小球は円運動の途中でレールから離れて落下する。円運動の最下点の高さを基準として，小球がレールから離れる場所の高さを h とする。小球がレールから受ける垂直抗力の大きさを N とし，重力加速度の大きさは g とする。

小球は運動方程式に従って運動し，小球をはなした場所と小球がレールから離れた場所の間には力学的エネルギー保存則が成立する。小球がレールから離れる場所では，N の値は [1] となる。これらから，小球がレールから離れる場所の高さ h は [2] のように表すことができる。

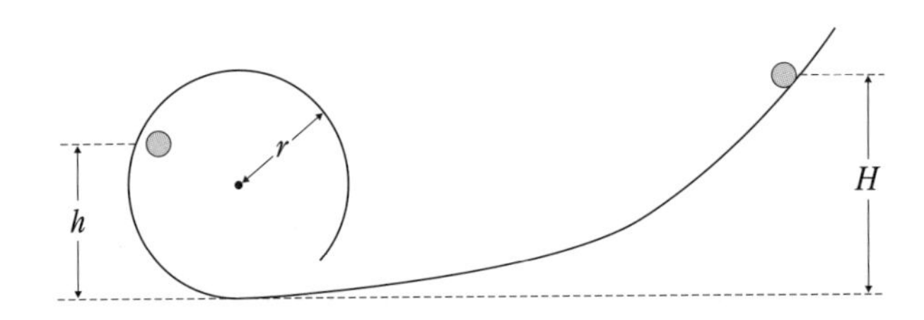

方法：

1. レールの円の部分の直径を測定して，レールを支持台に固定する。
2. 小球を高さ H の場所から静かにはなしてレールにそってすべらせ，小球が円の部分のレールから離れる場所の高さ h の値を測定する。
3. 同じ実験を4回くり返して h の値を測定し，表に記録する。

問 1 文中の [1], [2] に当てはまる最も適当な語句または式を，それぞれの選択肢のうちから1つずつ選べ。[1], [2]

[1] の選択肢

① 重力の大きさと同じ値　② 遠心力と同じ大きさの値　③ 最大値　④ 0

[2] の選択肢

① $\dfrac{2H + r}{3}$　② $\dfrac{H + 2r}{3}$　③ $\dfrac{2(H + r)}{3}$　④ $\dfrac{H + r}{3}$

問 2 同じ実験をくり返し行った理由として，誤っているものを次の ①～④ のうちから1つ選べ。[3]

① 複数回測定した h の平均をとり，測定の精度を上げるため。

② 小球をはなす位置がずれてしまうことがあるため。

③ 複数回測定した h のうち，より理論値に近い値を選択するため。

④ h を厳密に測定することができない可能性があるため。

第5章

例題 33 解答・解説

[問題のテーマ] 実験結果について，なぜそのような結果を得られたのか，どのようにすればより改善されるのかを考察する問題である。

解答 問1 [1] ④ [2] ① 問2 [3] ③

Keywords 考察問題，鉛直面内の円運動

考察問題の考え方

考察問題は1つの事柄に対して，条件を変えた場合を比較させる形で出題されることが多く，以下の点に注目するとよい。

① 問題文に関係する物理の基本事項は何か。

・教科書などに書かれていたものに似たような状況はなかったか。

・与えられた文字・数値を用いて関係式を表すことができないか。

② 条件を変えた結果，何に影響が及ぶか。

・教科書などに書かれていたものと何が異なるか。

・①で表した関係式がどのように変化するか。

なお，ある条件や行動について理由を考えさせる問題など，一見して比較させる形の問題に見えないケースもある。この場合，その条件を満たさなかった場合や，また，その行動をしなかった場合とで比較し，違いが生じる箇所が着目すべき点となることが多い。

解説

問 1 小球とともに円運動する立場で考える。高さ h の位置で小球には，重力，垂直抗力，慣性力がはたらく。円形のレールの中心方向にはたらく力のつりあいより小球がレールから離れる瞬間の力を図示すると右の図のようになる。ただし，小球と円形レールの中心とを結ぶ直線が鉛直線となす角を θ とする。速さを v とし，運動方程式を立てると

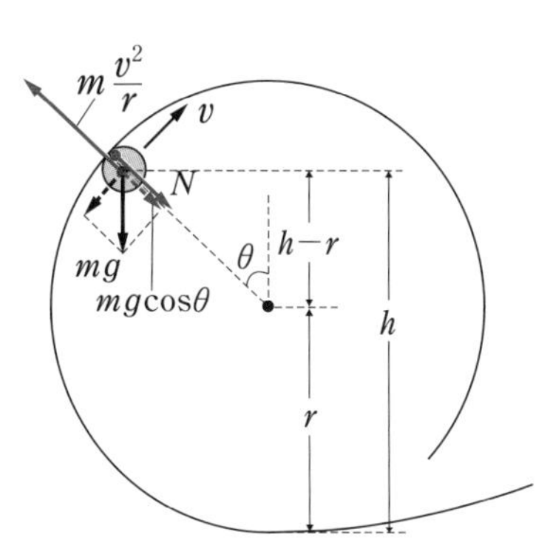

$$m\frac{v^2}{r} - mg\cos\theta - N = 0$$

小球が上昇するにつれ，小球の速さは遅くなるため慣性力は小さくなり，これに伴い N も小さくなる。$N = 0$ となったときを境に力のつりあいがとれなくなり，小球がレールから離れる。

よって，正解は ④ …… 1 の答え

角度 θ は $\cos\theta = \frac{h - r}{r}$ を満たすので，$N = 0$ とともに代入して式を整理すると

$$m\frac{v^2}{r} - mg\cdot\frac{h - r}{r} = 0 \quad \text{より}$$

$$v^2 = g(h - r) \quad \cdots\cdots①$$

また問題文より，小球をはなした場所と小球がレールから離れる場所とで力学的エネルギー保存則が成立するので $mgH = \frac{1}{2}mv^2 + mgh$

ここに①式を代入して $mgH = \frac{1}{2}mg(h - r) + mgh$ よって $h = \frac{2H + r}{3}$

以上より，正解は ① …… 2 の答え

問 2 実験は，実験条件・環境で必ずしも理論値と同じになるとは限らないので，理論値に近いという理由でデータを選ぶのは不適である。よって，正解は ③

また，平均値が必ずしも正しいわけではないが，実験で得られるデータにはばらつきがでるので，複数回実験を行い，平均をとる。

演　習　問　題

50 ばねの単振動の周期

目安3分

図の (a) ～ (c) のように，ばね定数 k の軽いばねの一端に質量 m の小球を取りつけ，ばねの伸縮方向に単振動させる。(a) ～ (c) の場合の単振動の周期を，それぞれ T_a，T_b，T_c とする。T_a，T_b，T_c の大小関係として正しいものを，下の ① ～ ⑥ のうちから1つ選べ。ただし，(a) の水平面，(b) の斜面はなめらかであるとする。 1

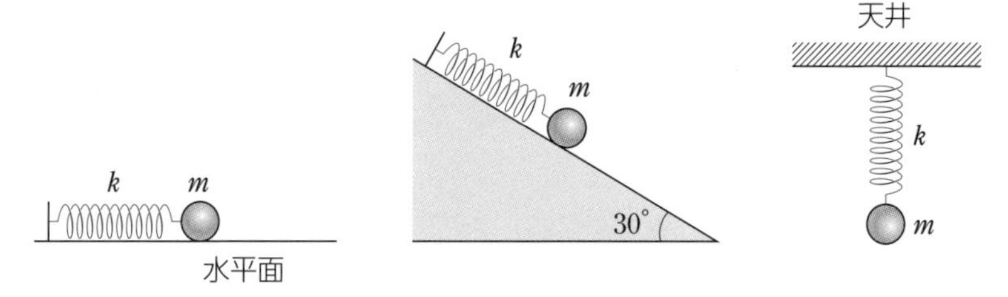

(a) ばねの他端を水平面上で固定する。　(b) ばねの他端を傾き 30° の斜面上で固定する。　(c) ばねの他端を天井に固定する。

① $T_a > T_b > T_c$　② $T_c > T_b > T_a$　③ $T_b = T_c > T_a$

④ $T_a = T_b = T_c$　⑤ $T_a = T_c > T_b$　⑥ $T_b > T_a = T_c$

〔2019年　センター試験〕

51 電磁気の性質を用いた選別

目安３分

次の文章中の空欄 ア ～ ウ に入れる語の組合せとして最も適当なものを，下の ① ～ ⑥ のうちから１つ選べ。 1

図は，電気と磁気の現象を利用して，鉄，アルミニウムおよびプラスチックの廃棄物破片を選別する装置を示している。廃棄物破片はベルトコンベアの上をゆっくり運ばれてくる。初めに，電磁石Ａは ア の破片をとり除く。残りの破片が，高速に回転する磁石ドラムの位置にさしかかると， イ には電磁誘導によって生じる電流が流れるので， イ の破片はドラムの磁石から力を受けて飛ばされ容器Ｂに入る。電流が流れない ウ の破片は，ベルトコンベア近くの容器Ｃに落ちる。

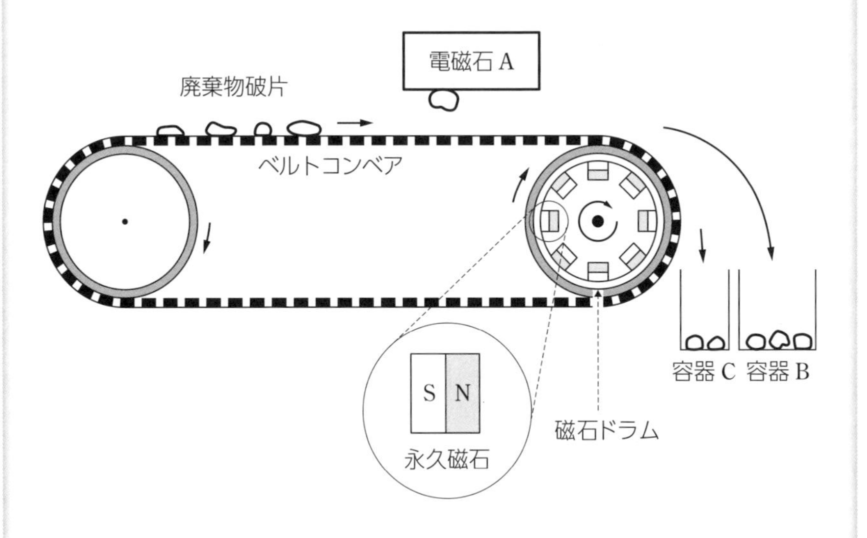

	ア	イ	ウ
①	アルミニウム	鉄	プラスチック
②	アルミニウム	プラスチック	鉄
③	鉄	アルミニウム	プラスチック
④	鉄	プラスチック	アルミニウム
⑤	プラスチック	鉄	アルミニウム
⑥	プラスチック	アルミニウム	鉄

〔2007年　センター試験〕

第5章

1回目　／　2回目　／

34日目 読解問題①（会話文）

例題34　シャボン膜での物理現象

目安10分

次の2人の会話を読み，以下の問い（問1，問2）に答えよ。

A：週末は何かあった？

B：ああ，小学生になったばかりのいとこが家に来たから，いっしょに遊んでいたよ。

A：遊びって何？

B：シャボン玉。それ以外にも，シャボン液を使って，針金でつくった枠に膜をはったら，きれいな虹色の縞模様（しまもよう）の帯を複数見ることができたよ。でも……。

A：何かあったの？

B：なぜそのように見えたのか，理由を説明できなかったんだ。

A：ああ，このまえ授業で取り扱った光の［ア］だね。確かに小学生には難しいね。

B：いや，僕がわからなかったんだ。

A：……テスト前に復習しておくんだね。

B：次にいとこが来るまでに勉強しておかないとな……。そういえば，虹色の縞模様の帯は赤と紫だと下のほうが［イ］色になるのはなぜだろう。

A：それは，シャボン液が重力の影響で下向きの力を受けて，そのぶん下のほうが膜が厚くなるせいだね。

B：なるほど。縞模様が見えた理由は教科書を読むとして……いとこにどう説明しようかな。

A：インターネットに子どもを対象とした説明があると思うよ。

B：わかった，見てみるよ。

問 1 会話文中の空欄 ア ， イ に入れる語の組合せとして最も適当なものを，次の ① ～ ⑧ のうちから1つ選べ。 1

	ア	イ
①	屈折	赤
②	屈折	紫
③	干渉	赤
④	干渉	紫

	ア	イ
⑤	回折	赤
⑥	回折	紫
⑦	偏光	赤
⑧	偏光	紫

問 2 会話文で述べた縞模様が観測された現象に最も関係の深いものを，次の ① ～ ④ のうちから1つ選べ。 2

① 虫眼鏡を使うと物体の拡大像を見ることができる。

② 日差しの強い日に，道路の前方に水たまりがあるように見えることがある。

③ 光は，長い光ファイバー中をほとんど減衰せずに進むことができる。

④ CD（コンパクトディスク）の記録面が色づいて見える。

〔2006年　センター試験　改〕

第5章

例題 34 解答・解説

[**問題のテーマ**] 問いの内容に応じて，会話文から必要な情報を読み取る問題である。

解答 問1 [1] ③　　問2 [2] ④

Keywords　会話文の読み取り，薄膜による光の干渉

会話文の読み取り方

会話文の読み取りの問題では以下の点に注目したい。

① 問われている内容について述べている会話文の前後にヒントとなる情報がないか。

- 解答に必要な情報は何か，足りない情報は何か。
- キーワードや，与えられている数値・文字から推測できないか。

② 問われている内容は物理的な性質や原理で説明できないか。

③ 問われている内容は関係式で説明できないか。

この一連の作業を正しく行うためには，関係式だけではなく，その導出や物理現象と日常とのかかわりなどに照らし合わせて考える。

◆**問題のポイント** (p.212　問題文 12 ～ 15 行目)

B：次にいとこが来るまでに勉強しておかないとな……。そういえば，虹色の縞模様の帯は赤と紫だと下のほうが [イ] 色になるのはなぜだろう。

A：それは，シャボン液が重力の影響で下向きの力を受けて，そのぶん下のほうが膜が厚くなるせいだね。

この会話より，膜に見られる色のちがいは膜の厚さによるものとわかる。

解説

問 1 問題文より，図1のように，針金の枠を立てると，シャボン膜は重力などの影響を受け，上方が薄く，下方が厚くなる。図2のように，このシャボン膜に光が入射すると，膜の表面で反射した光Aと裏面で反射した光Bが干渉する。

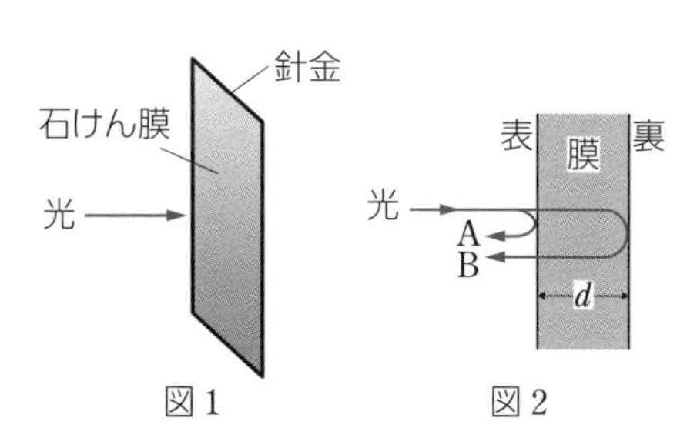

図1　図2

膜の屈折率を n，膜の厚さを d，真空中での光の波長を λ とすると，裏面での反射では位相が π（半波長分）変化するので，光の強めあう条件式は，m を0以上の整数として

$$2nd = \left(m + \frac{1}{2}\right)\lambda \quad (m = 0,\ 1,\ 2,\ \cdots) \quad \cdots\cdots①$$

①式に当てはめて考えると，膜の厚い下方の光路差が大きくなるため，強めあう光の波長が長くなる。紫より赤い光のほうが波長が長いので，虹色の縞模様で赤色は紫よりも下方になる。

以上より，最も適当なものは ③

問 2 ① 虫眼鏡では，凸レンズで光を屈折させて拡大された虚像を見る。

② 空気の温度が高くなると，屈折率は小さくなる。このため，光の進路が曲がり，遠くの景色が水に映ったように見える。いわゆる蜃気楼（しんきろう）である。

③ 光ファイバー中を進む光は，全反射をくり返しながら伝わっていく。

④ CDの表面には規則正しく並んだ凹凸構造がある。光を当てると凹凸からの反射光どうしが干渉して表面が色づいて見える。

以上より，最も関係の深いものは ④

演 習 問 題

52 運動の勢い

目安5分

次の文章中の空欄 [1] ～ [4] の中に入れるのに，最も適した語句を解答群のうちから1つずつ選べ。ただし，同じものをくり返し選んではいけない。

花子と太郎が，物体の運動の勢いをどのようにして表したらよいかについて議論した。太郎は「物体の運動と逆向きに一定の力をはたらかせて，物体が止まるまでの時間をはかり，その時間と力の大きさをかけたものを目安にすればよい」と主張した。花子は「それよりも，太郎君と同じように一定の力をはたらかせて，物体が止まるまでに進む距離をはかり，その距離と力の大きさをかけたものを目安にするほうがよい」と主張した。

それを聞いて先生は「太郎君は物体を止めるために必要な [1] を，また，花子さんは物体が静止するまでに物体が力に逆らってする [2] を目安として考えているわけだ。つまり，太郎君は物体の [3] で，花子さんは物体の [4] で運動の勢いを表そうとしているんだよ」と説明した。

[1] ～ [4] の解答群

① 移動距離　② 速　さ　③ 加速度
④ 質　量　⑤ 運動量　⑥ 運動エネルギー
⑦ 位置エネルギー　⑧ 圧　力　⑨ 力　積　⓪ 仕　事

〔1993年　センター試験〕

53 落下運動と衝突

目安10分

次の会話文を読み，以下の問い（問1～問3）に答えよ。

A：この前，ニュースで見たんだけど，たまご落下競技って知ってる？

B：いや，知らないね。何それ？

A：アメリカ由来の科学的な競技なんだけれど，細い木と接着剤でつくったかごの中に入れたニワトリのたまごを，かごごと落として，たまごが割れないように着地させることを競うらしいよ。

B：かごをパラシュートの形にすればいいんじゃないか？

A：着地までの時間も競うから，それでは勝てないんだ。

B：かごは空気抵抗を小さく，なおかつ，着地後に壊れてクッションの役割をしなきゃいけないわけか。

問 1 着地後にかごが行うクッションの役割について述べた次の文章中の空欄［ア］，［イ］に入れる語句の組合せとして最も適当なものを，右の表の ① ～ ④ のうちから1つ選べ。［1］

	ア	イ
①	大きく	長　く
②	大きく	短　く
③	小さく	長　く
④	小さく	短　く

かごの下端が地面に接触した瞬間から，たまごには，たまごを減速させる力が作用する。たまごを壊さないで静止させるためには，この力がある値より［ア］なければならない。このためには，接触した瞬間からたまごが止まるまでの時間を［イ］することが必要である。

問 2 たまごが減速している間，たまごの加速度の大きさは一定で，500 m/s^2 であったとする。たまごの質量が0.06kg のとき，たまごに作用した力の大きさはいくらか。最も適当な数値を，次の ① ～ ⑤ のうちから1つ選べ。［2］N

① 3　　② 12　　③ 18　　④ 30　　⑤ 48

問 3 この「たまご落下競技」において求められている工夫は，自動車の安全対策とも関係がある。最も関係の深い安全対策を，次の ① ～ ⑤ のうちから1つ選べ。

［3］

① スリップを防止するための装置を備えている。
② カーブを曲がるときの横滑りを防止する装置を備えている。
③ 路上に障害物があることを運転手に知らせる装置を備えている。
④ 前を走る車に接近し過ぎたことを運転手に知らせる装置を備えている。
⑤ 車体が衝突時の衝撃を吸収する構造を備えている。

〔2006 年　センター試験　改〕

1回目　／　2回目　／

35日目 読解問題②（長文）

例題 35　腕についての力のつりあい

目安10分

腕は，上腕（肩からひじの関節まで）と前腕（ひじの関節から先）の2つに分けられる。上腕の屈筋は，前腕を引き寄せて，ひじの関節を曲げる方向に力を発揮する。前腕を太さは無視できるが内部の質量の分布は一様でない棒状の剛体とみなし，手の位置を前腕の先端とする。

ひじの関節から a〔m〕離れたところに屈筋が作用し，前腕の長さは b〔m〕，前腕の重心はひじの関節から c〔m〕離れたところにあり，前腕の質量は m〔kg〕，重力加速度の大きさは g〔m/s^2〕であるとする。

問 1　図1のように前腕を水平に保ち，屈筋と直交させた状態を維持しているとき，屈筋が前腕を引く力の大きさ F_1〔N〕はいくらか。最も適切なものを次の ①〜⑥ のうちから1つ選べ。［ 1 ］〔N〕

① $\dfrac{a}{c}mg$　② $\dfrac{c}{a}mg$　③ $\dfrac{b-a}{b-c}mg$

④ $\dfrac{b-c}{b-a}mg$　⑤ $\dfrac{c-a}{a}mg$　⑥ $\dfrac{a}{c-a}mg$

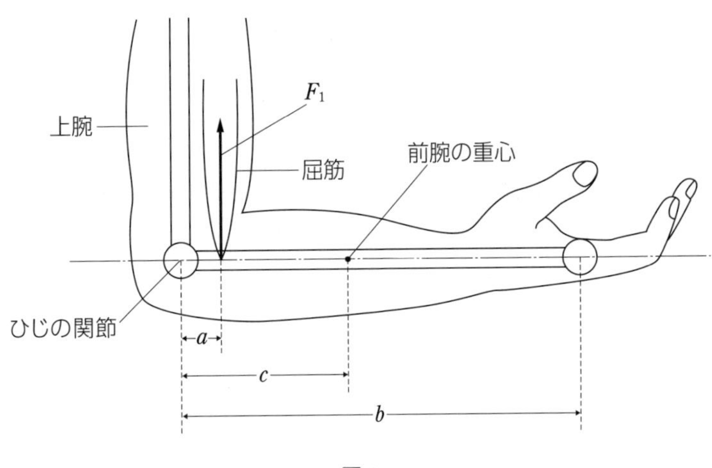

図1

問 2 図2のように，問1と同じ姿勢を維持したまま，手に質量 M〔kg〕の大きさの無視できる小物体Pをのせた。このとき，屈筋が前腕を引く力の大きさ F_2〔N〕はいくらか。最も適切なものを次の ①～⑥ のうちから1つ選べ。 [2]〔N〕

① $\dfrac{a}{b+c}(M+m)g$　② $\dfrac{b+c}{a}(M+m)g$　③ $\dfrac{bM+cm}{a}g$　④ $\dfrac{bm+cM}{a}g$

⑤ $\dfrac{(b-a)M+(c-a)m}{b-a}g$　⑥ $\dfrac{(b-a)m+(c-a)M}{b-c}g$

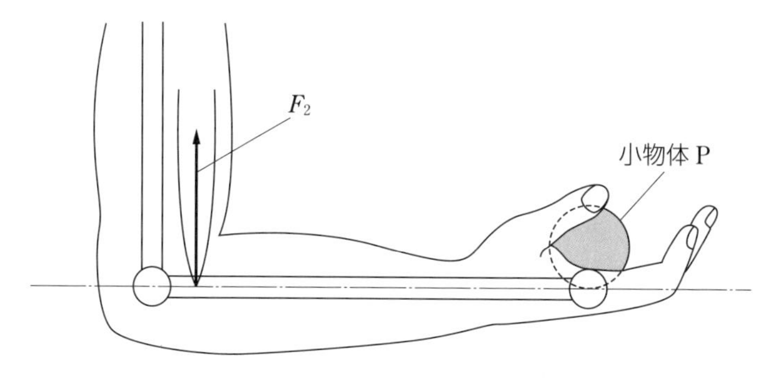

図2

問 3 図2の状態からひじの関節を徐々に伸ばし，図3のように屈筋と前腕のなす角が30°でつりあうとき，屈筋が前腕を引く力の大きさを F_3〔N〕とする。この F_3〔N〕は，F_2〔N〕の何倍になるか。正しいものを，次の ①～⑤ のうちから1つ選べ。

[3] 倍

① $\dfrac{1}{2}$　② $\dfrac{\sqrt{3}}{2}$　③ 1　④ $\dfrac{2\sqrt{3}}{3}$　⑤ 2

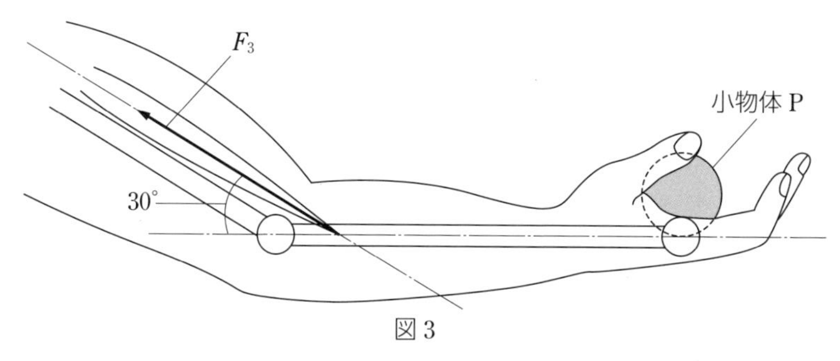

図3

〔2014年　三重大　改〕

例題 35 解答・解説

[問題のテーマ] 日常生活をはじめとする周囲に見られる現象に対し，どのように物理がかかわっているかを問題文によって理解し，立式や考察を行えるかが重要となる。

解答　問1 [1] ②　　問2 [2] ③　　問3 [3] ⑤

Keywords　読解問題，身のまわりの現象，力のモーメントのつりあい

読解問題の読み取り方

長い文章を読み解く問題では，以下の点に着目したい。

① 問いの文章から問われている内容を把握し，導入文の中から解答に利用できそうな要素を抜き出す（印や下線を付して目立つようにしておくとなおよい）。

② 問題文の説明が，どのような物理法則に対応しているか。

・「剛体」⇒「力のモーメント」，「周期」⇒「円運動」「単振動」「波」のように，解法をしぼりこむような「キーワード」を探す。

③ 問題文の内容を図などで表すことができないか。

・図で表し，直観的に理解できないかを試みる。

◆問題のポイント（p.218　問題文3～7行目）

さは無視できるが内部の質量の分布は一様でない棒状の剛体とみなし，手の位置を前腕の先端とする。
ひじの関節から a〔m〕離れたところに屈筋が作用し，前腕の長さは b〔m〕，前腕の重心はひじの関節から c〔m〕離れたところにあり，前腕の質量は m〔kg〕，重力加速度の大きさは g〔m/s^2〕であるとする。

（剛体）→ 力のモーメントのつりあいの利用を考える。

（重心）→ 前腕の重心に，前腕の重力がすべて加わっていると考える。

解説

問 1 図1のように，前腕にはたらく力は，重力，屈筋が前腕を引く力，ひじの関節を介して上腕が前腕に加える力の３力である。「剛体」である前腕には，重心に大きさ mg の重力がはたらいており，屈筋が前腕を引く力の大きさ F_1 を求めたいので，ひじの関節のまわりの力のモーメントを求める。反時計回りを正とすると，力のモーメントのつりあいの式は

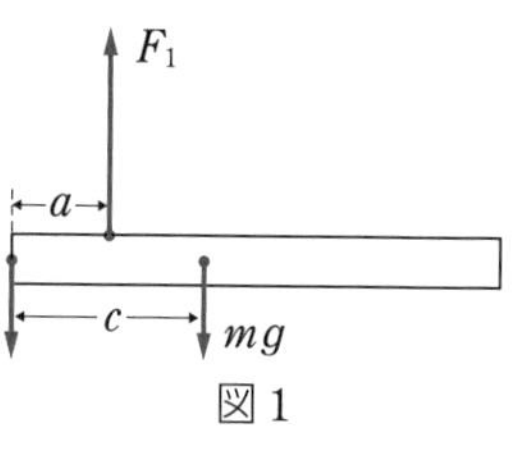

図１

$$F_1 \times a - mg \times c = 0 \qquad よって \quad F_1 = \frac{c}{a}mg$$

以上より，正解は ②

問 2 問１で考えた３力に加え，手を介して小物体Ｐにはたらく重力（大きさ Mg）が鉛直下向きに加わっている。よって，ひじの関節のまわりの力のモーメントの式は

$$F_2 \times a - mg \times c - Mg \times b = 0 \qquad ゆえに \quad F_2 = \frac{bM + cm}{a}g$$

以上より，正解は ③

問 3 図２のように，屈筋が前腕を引く力の向きは，前腕に対して 30° の角をなす。よって，ひじの関節のまわりの力のモーメントの式は

$$F_3 \sin 30° \times a - mg \times c - Mg \times b = 0$$

$$ゆえに \quad F_3 = \frac{2(bM + cm)}{a}g = 2F_2$$

以上より，正解は ⑤

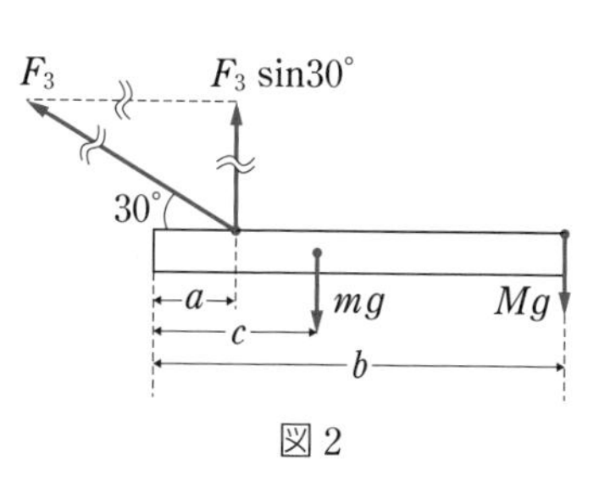

図２

第５章

演習問題

54 半減期

目安10分

原子核に関する次の文章を読み，以下の問い（問1～問3）に答えよ。

原子核の中には，放射線を放出して崩壊する放射性原子核が存在する。この崩壊現象の中でも， ア を α 線として放出する現象を α 崩壊， イ を β 線として放出する現象を β 崩壊という。これらの放射性崩壊は，ある一定時間 T ごとに原子核の個数が半減する，というように起きる。つまり，初めに N_0 個の放射性原子核が存在していると，それから時間 t の後に残っている放射性原子核の個数 $N(t)$ は

$$N(t) = N_0\left(\frac{1}{2}\right)^{\frac{t}{T}}$$

となる。この T を半減期とよぶ。

${}^{14}_{6}\mathrm{C}$ は，$T = 5700$ 年の放射性原子核であり，大気中に存在する ${}^{12}_{6}\mathrm{C}$ に対する ${}^{14}_{6}\mathrm{C}$ の個数の比率 $R = \dfrac{{}^{14}_{6}\mathrm{C}\text{の個数}}{{}^{12}_{6}\mathrm{C}\text{の個数}}$ は，ほぼ一定であることが知られている。この ${}^{14}_{6}\mathrm{C}$ は，${}^{12}_{6}\mathrm{C}$ といっしょに光合成や食物連鎖を通して生物体内に取りこまれるため，生物が生きている間は，体内の R は一定に保たれるが，生物が死んで活動を停止すると，それ以後の取りこみは行われず，R は ${}^{14}_{6}\mathrm{C}$ の崩壊により減少していく。したがって，生物体内での R を測定することによって，その生物が活動を停止してからの時間を推定することができる。これが ${}^{14}_{6}\mathrm{C}$ による年代測定の原理である。

${}^{14}_{6}\mathrm{C}$ は崩壊することにより ${}^{14}_{7}\mathrm{N}$ となる。よって，この ${}^{14}_{6}\mathrm{C}$ の崩壊現象は ウ であるとわかる。

問 1 文章中の空欄 [ア] ～ [ウ] に入れる語句として最も適当なものの組合せを，次の ① ～ ⑧ のうちから1つ選べ。 [1]

	ア	イ	ウ
①	$^{2}_{1}$H	陽子	α 崩壊
②	$^{2}_{1}$H	陽子	β 崩壊
③	$^{2}_{1}$H	電子	α 崩壊
④	$^{2}_{1}$H	電子	β 崩壊

	ア	イ	ウ
⑤	$^{4}_{2}$He	陽子	α 崩壊
⑥	$^{4}_{2}$He	陽子	β 崩壊
⑦	$^{4}_{2}$He	電子	α 崩壊
⑧	$^{4}_{2}$He	電子	β 崩壊

問 2 $^{137}_{55}$Cs は $T = 30.1$ 年の放射性原子核である。その個数がもとの $\frac{1}{1024}$ 倍になるのに何年必要か。最も適当な値を，次の ① ～ ⑤ のうちから 1 つ選べ。

[2] 年

① 3.01　② 30.1　③ 3.01×10^2　④ 3.01×10^3　⑤ 3.01×10^4

問 3 ある遺跡で見つかった木片の R を測定したところ，新しい木の $\frac{1}{8}$ であった。この木片が活動を停止してから何年経過したか。最も適当な値を，次の ① ～ ⑤ のうちから 1 つ選べ。 [3] 年

① 7×10^2　② 6×10^3　③ 1×10^4　④ 2×10^4　⑤ 5×10^4

〔2016 年　愛知教育大　改〕

◆ 表紙・本文デザイン
デザイン・プラス・プロフ
株式会社

〔大学入試センター試験対策〕
初　版
第１刷　2014年６月１日　発行

〔大学入学共通テスト対策〕
初　版
第１刷　2020年７月１日　発行
第２刷　2021年11月１日　発行

ISBN978-4-410-11937-8

チャート式® 問題集シリーズ
35日完成！大学入学共通テスト対策　物理

編　者　数研出版編集部
発行者　星野泰也
発行所　数研出版株式会社
本　社　〒101-0052　東京都千代田区神田小川町２丁目３番地３
〔振替〕00140-4-118431
〒604-0867　京都市中京区烏丸通竹屋町上る大倉町205番地
〔電話〕代表　(075) 231-0161
ホームページ　https://www.chart.co.jp
印　刷　　河北印刷株式会社

211002

重要公式・事項のおさらい

☑ 斜方投射 ➡ ❶日目

水平方向・鉛直方向に分けて扱う

水平方向→等速直線運動

鉛直方向→鉛直投げ上げ運動

☑ 力のモーメント ➡ ❷日目

$M = Fl$

☑ 運動量 ➡ ❸❿日目

運動量保存則　　運動量の和＝一定

運動量と力積の関係

$m\vec{v'} - m\vec{v} = \vec{F}\Delta t$

反発係数　$e = -\dfrac{v_1' - v_2'}{v_1 - v_2}$

☑ 等速円運動の式 ➡ ❹日目

周期　$T = \dfrac{2\pi r}{v} = \dfrac{2\pi}{\omega}$

速さ　$v = r\omega$

加速度　$a = r\omega^2 = \dfrac{v^2}{r}$

運動方程式(中心方向)

$mr\omega^2 = F$, $m\dfrac{v^2}{r} = F$

☑ 慣性力 ➡ ❺日目

観測者が加速度 $\vec{a}$ の加速度運動をしているとき，質量 m の物体には通常の力のほかに慣性力 $-m\vec{a}$ がはたらく。

☑ 単振動の式 ➡ ❻日目

運動方程式　$ma = -Kx$

変位　$x = A\sin\omega t$

速度　$v = A\omega\cos\omega t$

加速度　$a = -A\omega^2\sin\omega t = -\omega^2 x$

周期　$T = \dfrac{2\pi}{\omega} = 2\pi\sqrt{\dfrac{m}{K}}$

ばね振り子　$T = 2\pi\sqrt{\dfrac{m}{k}}$

単振り子　$T = 2\pi\sqrt{\dfrac{l}{g}}$

☑ 万有引力 ➡ ❼日目

万有引力の法則　$F = G\dfrac{Mm}{r^2}$

万有引力による位置エネルギー

$U = -G\dfrac{Mm}{r}$

☑ 屈折の法則 ➡ ⓫⓮日目

屈折の法則　$\dfrac{\sin i}{\sin r} = \dfrac{v_1}{v_2} = \dfrac{\lambda_1}{\lambda_2} = n_{12}$

(媒質 1 → 2)

臨界角　$\sin i_0 = \dfrac{n_1}{n_2}$

(媒質 2 → 1, $n_2 > n_1$)

☑ 波の干渉条件 ➡ ⓬⓰～⓲日目

強めあう点　$|l_1 - l_2| = m\lambda$

弱めあう点　$|l_1 - l_2| = \left(m + \dfrac{1}{2}\right)\lambda$

($m = 0, 1, 2, \cdots$)

☑ ドップラー効果 ➡ ⓭日目

$f' = \dfrac{V - v_O}{V - v_S}f$

☑ レンズ ➡ ⓯日目

写像公式　$\dfrac{1}{a} + \dfrac{1}{b} = \dfrac{1}{f}$

倍率　$m = \left|\dfrac{b}{a}\right|$

チャート式®問題集シリーズ

35日完成！ 大学入学共通テスト対策
物理

□解答編

目　次

数研出版

https://www.chart.co.jp

1日目 斜方投射

1. 斜方投射の最高点と水平到達距離

[問題のテーマ] 斜方投射された小物体の最高点の高さ，水平到達距離，そして投射角度を求める問題である。

解答 問1 [1] ② 問2 [2] ② 問3 [3] ① 問4 [4] ③

[解答の指針] 斜方投射運動の対称性を利用すると容易に考えられる。問4は l を θ の関数とみて，最大値を求める。

Keywords 力学的エネルギー保存則，斜方投射，運動の対称性

解説

問1 点Aと点Bでは力学的エネルギーは保存される。

$mgh = \frac{1}{2}mv_0{}^2$ より　$v_0 = \sqrt{2gh}$

> (Aの位置エネルギー) ＝ (Bの運動エネルギー)

したがって，正解は ②

問2 点Bを原点にして，図のように xy 座標を設定し，小球が点Bを飛び出す時刻を $t=0$ とする。
また，$t=0$ 以降の小球の速度を $\vec{v}$ $(v_x,\ v_y)$ とする。
最高点の高さを H とすると
$t=0$ のとき，$v_y = v_0\sin\theta$，$y = H$ では $v_y = 0$ となるので

$$0 - (v_0\sin\theta)^2 = -2gH$$

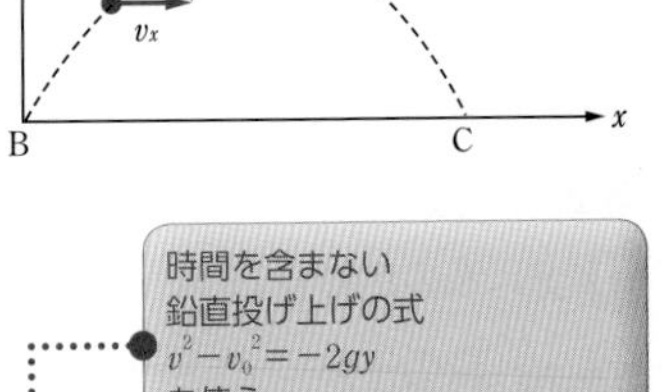

> 時間を含まない鉛直投げ上げの式 $v^2 - v_0{}^2 = -2gy$ を使う。
> v：速度，v_0：初速度，y：座標
> ＊鉛直上向きが正の向き

よって　$H = \frac{v_0{}^2}{2g}\sin^2\theta$　　したがって，正解は ②

問3 $y = H$ のとき，$t = T$ とすると

$0 = v_0\sin\theta - gT$ より

> 鉛直投げ上げの速度の式 $v = v_0 - gt$ を使う。
> 最高点では速度 $v=0$

$$T = \frac{v_0}{g}\sin\theta$$

$x = l$ のとき　$t = 2T = \frac{2v_0}{g}\sin\theta$，$v_x = v_0\cos\theta$　より

> 斜方投射運動の対称性より，最高点に到達するまでの時間と最高点から地面に落下するのに要する時間は等しい。

$$l = v_x \cdot 2T = \frac{2v_0{}^2}{g}\sin\theta\cos\theta$$

> 水平方向には等速直線運動

したがって，正解は ①

問 4 問3より

$$l = \frac{v_0^{\ 2}}{g}(2\sin\theta\cos\theta) = \frac{v_0^{\ 2}}{g}\sin 2\theta$$

2倍角の公式を適用する。

よって，$\sin 2\theta = 1$ のとき l は最大

このとき，$2\theta = 90°$ より　$\theta = 45°$

したがって，正解は ③

2. 2球が衝突する条件

[問題のテーマ] 鉛直投げ上げ運動と斜方投射運動をしている2球を衝突させる問題である。

解答　問1 [1] ⑤　問2 [2] ①　問3 [3] ④

[解答の指針] 2球を衝突させるためにBの鉛直方向の運動をAの鉛直投げ上げ運動に合わせる。

Keywords　運動の対称性，斜方投射

解説

問 1 Aが最高点に到達するまでの時間 t_0 は

$0 = V - gt_0$ より　$t_0 = \dfrac{V}{g}$

鉛直投げ上げの速度の式 $v = v_0 - gt$ を使う。
v：速度，v_0：初速度，t：時刻
最高点では速度 $v = 0$

よって，着地するまでの時間 t は

$$t = 2\,t_0 = \frac{2V}{g}$$

斜方投射運動の対称性より，最高点に到達するまでの時間と最高点から地面に落下するのに要する時間は等しい。

したがって，正解は ⑤

問 2 衝突させるには，同時刻に同じ高さになるようにする。
すなわち，Bの初速度の鉛直成分を V にする。

$v\sin\alpha = V$ より　$\sin\alpha = \dfrac{V}{v}$

したがって，正解は ①

問 3 Bの初速度の水平成分は $v\cos\alpha$

よって　$l = v\cos\alpha \cdot t_0 = \dfrac{Vv\cos\alpha}{g}$

水平方向には等速直線運動

したがって，正解は ④

2日目 剛体

3. ちょうつがいと糸で支えられた棒のつりあい

[問題のテーマ] 棒にはたらく力のつりあいと力のモーメントのつりあいの問題である。

解答　問1 [1] ②　問2 [2] ④

[解答の指針] 平行でない3力がつりあうとき, 作用線は1点で交わる。問2は力のモーメントのつりあいの式から重力と張力の大きさの関係を考える。

Keywords　剛体にはたらく力のつりあい, 力のモーメントのつりあい

解説

問1　角棒ABにはたらく力は, 重力 W, ちょうつがいからの抗力 R, 糸の張力 T の3つである。これらの力がつりあっているので, 3力の作用線は1点で交わることになる。
したがって, 正解の図は ②

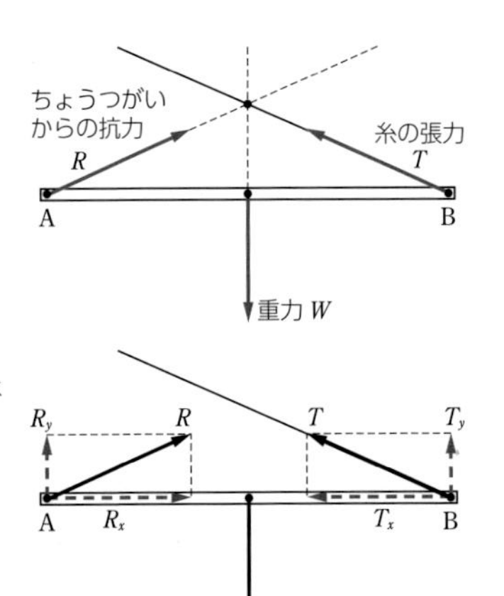

〔別解〕角棒ABにはたらく力すべてを, 鉛直および水平方向に分解し, それぞれの方向でのつりあいを考えてみればよい。

問2　角棒ABの質量を M, おもりの質量を m, 重力加速度の大きさを g とすれば, 問題の図2の状態で角棒にはたらく力は右の図のようになる。角棒ABと糸のなす角を θ, 反時計回りを正として, A点のまわりの力のモーメントのつりあいの式をたてると

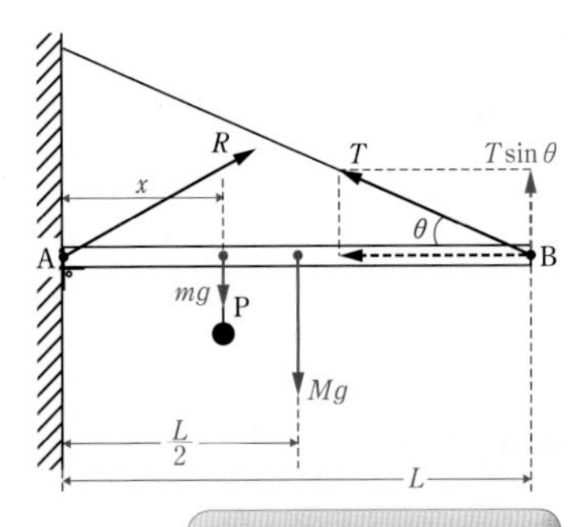

$$T\sin\theta \cdot L - mg \cdot x - Mg \cdot \frac{L}{2} = 0$$

が得られる。
この式を T について解くと

$$T = \frac{mg}{L\sin\theta}x + \frac{Mg}{2\sin\theta}$$

$m, M, g, L, \sin\theta$ はすべて正の定数 → T は単調増加

となるので，糸の張力 T の大きさは，傾きが正のおもりの位置 x の一次関数として表されることがわかる。
したがって，正解のグラフは ④

4. 太さが一様でない棒のつりあい

[問題のテーマ] 重心が中心にない棒の力のモーメントのつりあいの問題である。

解答　問1 [1] ③　問2 [2] ②

[解答の指針] Aから重心の位置までの距離を l として，A，Bのまわりの力のモーメントのつりあいの式をそれぞれ立てる。

Keywords　力のモーメントのつりあい

解説

問1　端Aから丸太の重心Gまでの距離を l〔m〕とし，丸太の質量を m〔kg〕とおく。端Aに力を加えてわずかに持ち上げたとき，端Bのまわりの力のモーメントのつりあいより

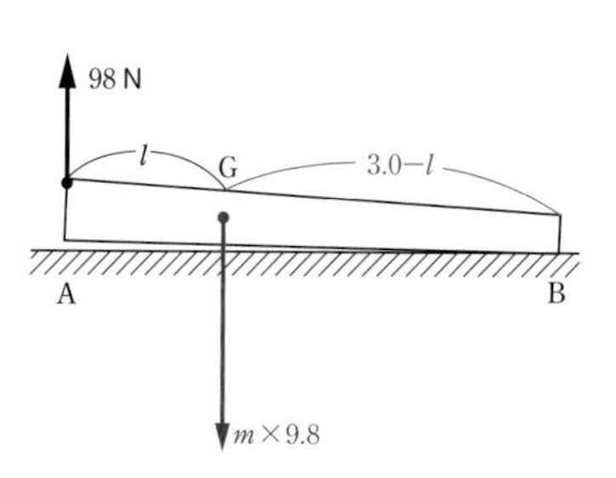

$$m \times 9.8 \times (3.0 - l) - 98 \times 3.0 = 0 \quad \cdots\cdots①$$

同様にして，端Bに力を加えたときの端Aのまわりの力のモーメントのつりあいより

$$49 \times 3.0 - m \times 9.8 \times l = 0 \quad \cdots\cdots②$$

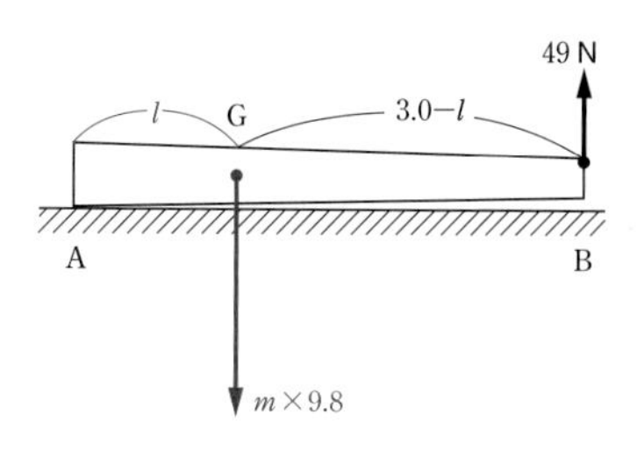

が成りたつ。②式より　$l = \dfrac{15}{m}$

この式を①式に代入して全体を9.8で割ると

$$m\left(3.0 - \frac{15}{m}\right) - 10 \times 3.0 = 0$$

$$3.0m = 45$$

よって　$m = 15\,\text{kg}$

したがって，正解は ③

問2　②式より $l = \dfrac{147}{147} = 1.0\,\text{m}$

したがって，正解は ②

3日目 運動量

5. 床との衝突

[問題のテーマ] 床までの落下距離とはねかえる高さから運動エネルギーの変化，床との反発係数(はねかえり係数)を求める問題である。

解答　問1 [1] ④　問2 [2] ③

[解答の指針] 力学的エネルギー保存則により，衝突直前，直後の小球の速さを求める。

Keywords　力学的エネルギー保存則，反発係数(はねかえり係数)

解説

小球の，衝突直前の速さを v_1，運動エネルギーを K_1，衝突直後の速さを v_2，運動エネルギーを K_2 とする。

問1　$K_1 = \dfrac{1}{2}mv_1{}^2 = mgh$　……①

$K_2 = \dfrac{1}{2}mv_2{}^2 = mg\dfrac{h}{3}$　……②

(①②：力学的エネルギー保存則)

よって　$K_1 - K_2 = mgh - mg\dfrac{h}{3} = \dfrac{2}{3}mgh$　　したがって，正解は ④

問2　①式より　$v_1 = \sqrt{2gh}$　また，②式より　$v_2 = \sqrt{\dfrac{2gh}{3}}$

よって　$e = \dfrac{v_2}{v_1} = \dfrac{\sqrt{\dfrac{2gh}{3}}}{\sqrt{2gh}} = \dfrac{1}{\sqrt{3}}$　　したがって，正解は ③

$e = \dfrac{\text{衝突後に遠ざかる速さ}}{\text{衝突前に近づく速さ}}$

6. 振り子と物体の衝突

[問題のテーマ] 完全弾性衝突の前後での速さ，運動量，運動エネルギーの変化を考える問題である。

解答　問1 [1] ⑥　問2 [2] ①　[3] ②　問3 [4] ④
問4 (ア) [5] ④　(イ) [6] ②　(ウ) [7] ③

[解答の指針] 問2では運動量保存則と反発係数の式を連立させる。問4では目的のために式変形をしていく。

Keywords　完全弾性衝突，運動量保存則，反発係数

解説

問 1 力学的エネルギー保存則より $mgh = \frac{1}{2}mv^2$
よって，$v = \sqrt{2gh}$　　正解は ⑥

糸の張力は常に運動方向と垂直なので仕事をしない。よって，力学的エネルギーは保存される。

問 2 完全弾性衝突なので反発係数 e は　$e = 1$

$e = -\frac{v' - V}{v - 0} = 1$ より　$v' = V - v$ ……①

$e = -\frac{v_1' - v_2'}{v_1 - v_2}$
v_1，v_2　：衝突前の速度
v_1'，v_2'　：衝突後の速度

また，運動量保存則より $mv = mv' + MV$ ……②
①式を②式に代入して整理すると

$V = \frac{2m}{m + M}v$ ……③

③式を①式に代入して整理すると

$v' = \frac{m - M}{m + M}v$ となるが，v' は速さ（≧0）なので

$m < M$ すなわち $v' < 0$ の場合，Aは衝突後，左へはね返る。

$v' = \frac{|m - M|}{m + M}v$ ……④

ゆえに，④式より［2］の正解は ①，③式より［3］の正解は ②

問 3 Bが移動した距離を l，Bにはたらく垂直抗力を N，動摩擦力を f とすると $N=Mg$ より

$f = -\mu'N = -\mu'Mg$

動摩擦力は進行方向と逆向きにはたらく。

よって，Bが l 進む間に f がBにした仕事 W は

$W = fl = -\mu'Mgl$

$0 - \frac{1}{2}MV^2 = W$ より　$-\frac{1}{2}MV^2 = -\mu'Mgl$

物体の運動エネルギーの変化は，物体がされた仕事に等しい。

よって　$l = \frac{V^2}{2\mu'g}$ ……⑤　　したがって，正解は ④

問 4 （ア） 完全弾性衝突では力学的エネルギーの和が保存されるので，衝突後のAのエネルギーが小さいほどBのエネルギーは大きくなる。④式より，$M = m$ のとき　$v' = 0$
このとき，Bの得るエネルギーは最大。したがって，正解は ④

最下点での衝突なので，重力による位置エネルギーは0

（イ） ③式より $MV = \frac{2mM}{m + M}v = \frac{2m}{\frac{m}{M} + 1}v$

よって，M が大きいほど大きい。正解は ②

分母と分子を M で割る。M が大きくなるほど分母は小さくなる。

（ウ） ③式を⑤式に代入して　$l = \frac{1}{2\mu'g}\left(\frac{2mv}{m + M}\right)^2$

よって，M が小さいほど大きい。正解は ③

4日目 等速円運動

7. 円錐振り子

[問題のテーマ] 円錐振り子における，鉛直軸に対する糸の角度と等速円運動の角速度，糸の張力の関係の問題である。

解答　[1] ⑤　[2] ⑤　[3] ②

[解答の指針] 向心力のはたらく向きに運動方程式を立てて考える。

Keywords　円錐振り子，等速円運動，向心力，角速度

解説

糸の張力を S とすると，小球の鉛直方向のつりあいの式より

$$S\cos\theta - mg = 0$$

よって　$S = \dfrac{mg}{\cos\theta}$　……①

半径を r，向心力を $S\sin\theta$ として，水平方向の運動方程式を立てると

$$mr\omega^2 = S\sin\theta \quad \cdots\cdots ②$$

②式に①式と $r = l\sin\theta$ を代入して整理すると

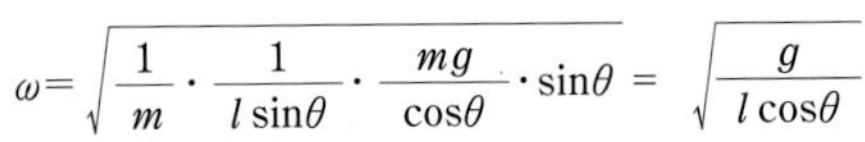

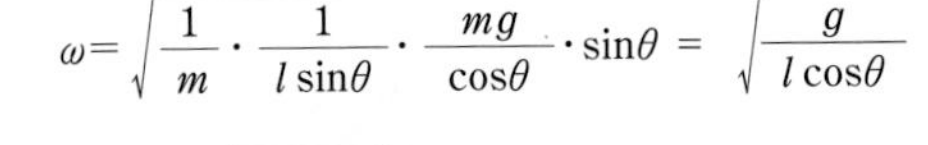

$$\omega = \sqrt{\frac{1}{m}\cdot\frac{1}{l\sin\theta}\cdot\frac{mg}{\cos\theta}\cdot\sin\theta} = \sqrt{\frac{g}{l\cos\theta}}$$

したがって，[1] の正解は ⑤

（別解）水平方向の式は，遠心力 $mr\omega^2$ を用いた力のつりあいから求めることもできる。　$mr\omega^2 - S\sin\theta = 0$

張力 S　$S\cos\theta$　θ　向心力 $S\sin\theta$　重力 mg

θ　l　$r = l\sin\theta$

$S = 2mg$ のとき，①式より，$2mg = \dfrac{mg}{\cos\theta}$　　よって，$\cos\theta = \dfrac{1}{2}$

$0 < \theta < \dfrac{\pi}{2}$ なので　$\theta = \dfrac{\pi}{3}$　　したがって，[2] の正解は ⑤

$\theta = \dfrac{\pi}{3}$ のとき，$r = l\sin\dfrac{\pi}{3} = \dfrac{\sqrt{3}}{2}l$，　$\omega = \sqrt{\dfrac{g}{l\cos\dfrac{\pi}{3}}} = \sqrt{\dfrac{2g}{l}}$

よって，$r\omega = \dfrac{\sqrt{3}}{2}l\cdot\sqrt{\dfrac{2g}{l}} = \sqrt{\dfrac{3gl}{2}}$

したがって，[3] の正解は ②

8. 円錐の内側での等速円運動

[問題のテーマ] 円錐の内面で等速円運動している小球についての問題である。垂直抗力の分力が向心力になっていることに注意して運動方程式を立てる。

解答　問1 [1] ④　問2 [2] ①　問3 [3] ③

[解答の指針] 物理量の比を求める問題なので，必要な物理量を適当な文字でおいて計算を進める。

Keywords　等速円運動，向心力，重力，垂直抗力

解説

等速円運動の半径を r，角速度を ω，速さを v，加速度の大きさを a，向心力を F，小球の質量を m，小球が円錐の内面から受ける垂直抗力を N，重力加速度の大きさを g とする。

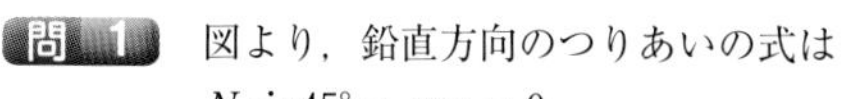

問1　図より，鉛直方向のつりあいの式は

$$N\sin 45^\circ - mg = 0$$

よって，$N = \sqrt{2}mg$　したがって，正解は ④

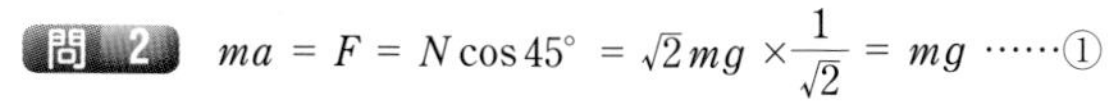

問2　$ma = F = N\cos 45^\circ = \sqrt{2}mg \times \dfrac{1}{\sqrt{2}} = mg$ ……①

よって，正解は ①

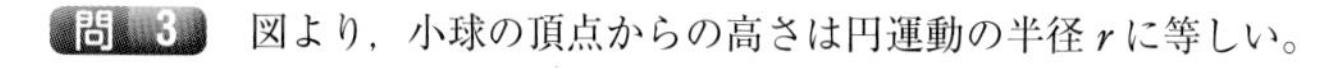

問3　図より，小球の頂点からの高さは円運動の半径 r に等しい。

よって，小球の位置エネルギー U は

$$U = mgr \quad \cdots\cdots ②$$

また，運動エネルギー K は

$$K = \frac{1}{2}mv^2 = \frac{1}{2}mr^2\omega^2 \quad \cdots\cdots ③$$

ここで①式より，$mr\omega^2 = F = mg$　（水平方向の運動方程式）

よって，$r\omega^2 = g$ ……④

③，④式より $K = \dfrac{1}{2}mgr$

以上より $\dfrac{K}{U} = \dfrac{\frac{1}{2}mgr}{mgr} = \dfrac{1}{2}$

したがって，正解は ③

5日目 慣性力

9. エレベーター内の小球の運動

[問題のテーマ] 加速度運動をする乗り物の中で，慣性力を考えて，つりあいの式を立てる問題である。

解答 問1 [1] ③　問2 [2] ②

[解答の指針] エレベーターの加速度は下向きなので，エレベーター内では上向きの慣性力がはたらくとして，つりあいの式を立てる。

Keywords　慣性力

解説

エレベーター内で観測される立場で考えてみる。
その場合，上向きに ma の慣性力が小球にはたらく。

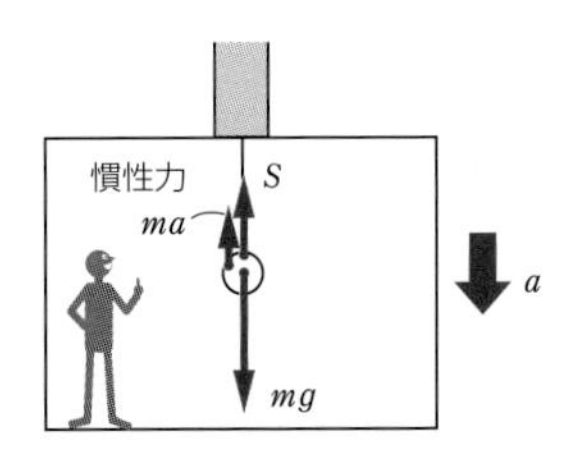

問1 $S + ma - mg = 0$

鉛直方向のつりあいの式

よって　$S = m(g - a)$
したがって，正解は ③
（注）地上で静止している人から見た立場で考えると，小球には張力と重力がはたらき，この合力によって鉛直下向きに加速度 a で運動しているように見える。
運動方程式は　$ma = mg - S$
となり，同じ答えが得られる。

糸が切れても，慣性力ははたらく。

問2 エレベーター内で観測される小球の加速度は

$g - a$

$h = \dfrac{1}{2}(g - a)t^2$　より　$t = \sqrt{\dfrac{2h}{g - a}}$

等加速度直線運動の式
$x = v_0 t + \dfrac{1}{2}at^2$
に $x \to h,\ v_0 \to 0,\ a \to g - a$ を適用。

したがって，正解は ②

10. 加速度運動をする電車内の台車の運動

[問題のテーマ] 加速度運動する電車内で，慣性力を含む運動方程式を立てる問題である。慣性力の向きは電車の加速度と逆向きであることに注意する。

解答　問1 [1] ②　問2 [2] ④

[解答の指針] 慣性力を考えること以外は，通常と同じように運動方程式またはつりあいの式を立てる。問2で，力がつりあうときは $a' = 0$ のとき。

Keywords　慣性力

第1章

解説

台車の質量を m，台車が斜面から受ける垂直抗力を N とする。

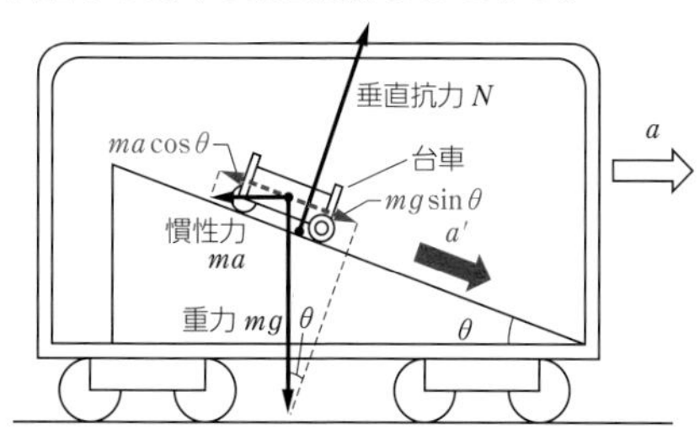

問1　電車内で観測する台車にはたらく慣性力は左向きに ma
よって，図より，電車内で見た斜面方向の運動方程式は，

$$\begin{aligned} ma' &= mg\sin\theta - ma\cos\theta \\ &= m(g\sin\theta - a\cos\theta) \quad \cdots\cdots ① \end{aligned}$$

したがって，正解は ②

問2　$a' = 0$ のとき，$a = a_0$
よって，このとき①式より
$g\sin\theta - a_0\cos\theta = 0$　となり，

$$a_0 = g\frac{\sin\theta}{\cos\theta} = g\tan\theta$$

したがって，正解は ④

6日目 単振動

11. 単振り子

[問題のテーマ] 単振り子にはたらく力と周期を求める問題である。

解答 問1 [1] ②　問2 [2] ⑤

[解答の指針] 問1は重力の接線方向の力を求める。問2は単振り子の周期の式を用いる。

Keywords　単振り子，周期

解説

問 1　小球をもとの位置にもどそうとする力 F は，重力の接線方向成分。

よって，図より，$F = mg\sin\theta$

したがって，正解は ②

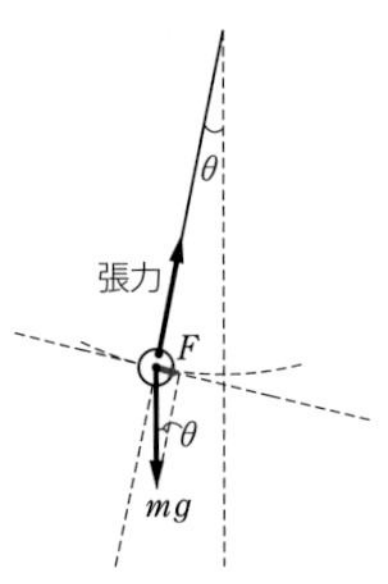

問 2　単振り子の周期の式より，周期 T は，

$T = 2\pi\sqrt{\dfrac{l}{g}}$

よって，正解は ⑤

(参考) 単振り子の周期の式の導出

θ が十分小さい（l に対して x がきわめて小さい）とき，

$\sin\theta \fallingdotseq \dfrac{x}{l}$ より

$$F = -mg\sin\theta \fallingdotseq -\frac{mg}{l}x$$

となるので，$K = \dfrac{mg}{l}$ ……①

と表せる。

単振動の周期の式　$T = 2\pi\sqrt{\dfrac{m}{K}}$　に①式を代入すると

$$T = 2\pi\sqrt{\frac{m}{K}} = 2\pi\sqrt{\frac{m}{\frac{mg}{l}}} = 2\pi\sqrt{\frac{l}{g}}$$

となる。

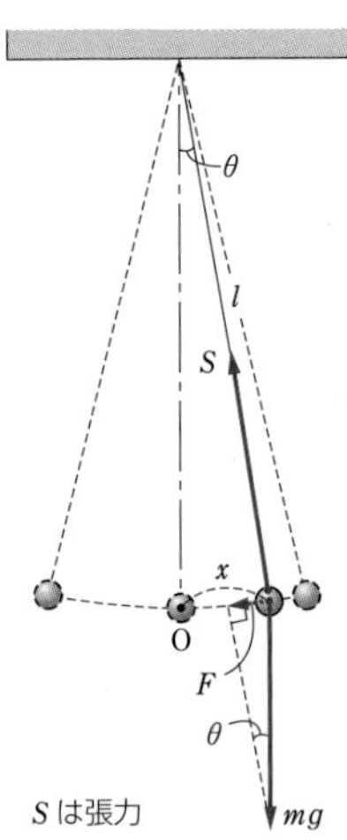

12. 鉛直ばね振り子

[問題のテーマ] 鉛直ばね振り子の問題である。

解答　問1 [1] ①　問2 [2] ③　問3 [3] ⑥

[解答の指針] ばね B をとり除いた後は，その位置からばね A だけの場合のつりあいの位置までが振幅になる。

Keywords　鉛直ばね振り子，ばね定数，周期

解説

問 1　ばね A の自然の長さからの伸びを x とすると，ばね B の自然の長さからの縮みも x である。

このときのつりあいの式は，

$$k_A x + k_B x = mg$$

よって　$x = \dfrac{mg}{k_A + k_B}$　……①

2つのばねの長さの和は変わらないので，ばねAの伸びの長さがばねBの縮みの長さとなる。

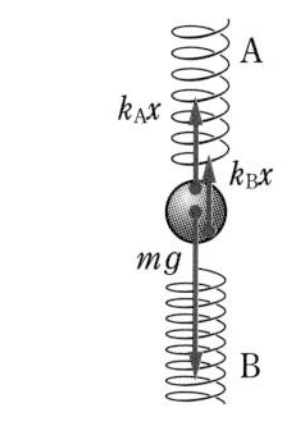

したがって，正解は ①

問 2　ばね A だけでつりあうときの，つりあいの位置が単振動の中心となる。自然の長さから中心までの伸びを x_0，振幅を A とすると，

$$A = x_0 - x \quad \cdots\cdots ②$$

また，　$x_0 = \dfrac{mg}{k_A}$

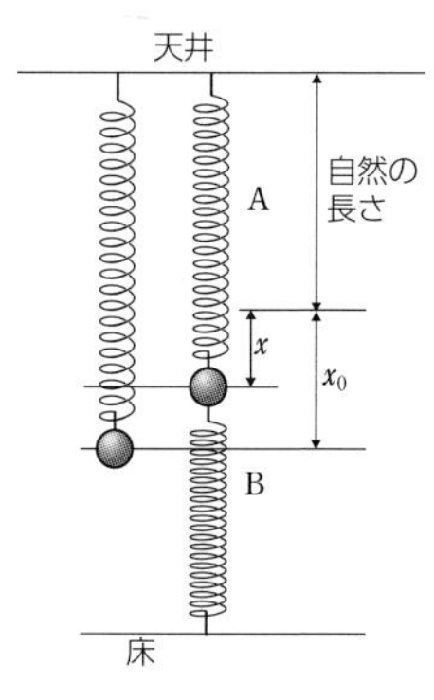

よって，①，②式より

$$A = \frac{mg}{k_A} - \frac{mg}{k_A + k_B} = \frac{mgk_B}{k_A(k_A + k_B)}$$

したがって，正解は ③

小球のつりあいの式 $k_A x_0 - mg = 0$　より求める。

問 3　ばね振り子の単振動の周期の式より，周期 T は

$$T = 2\pi\sqrt{\frac{m}{k_A}}$$

鉛直ばね振り子の周期もばね振り子の周期と同じである。

したがって，正解は ⑥

7日目 万有引力

13. 人工衛星の運動

[問題のテーマ] 地球のまわりを等速円運動する人工衛星の問題である。万有引力の法則，等速円運動の運動方程式，ケプラーの法則を使えるようにする。

解答　問1 [1] ②　問2 [2] ⑤　問3 [3] ⑥

[解答の指針] 問2では，万有引力が向心力になっていることから速さ v を求める。問3ではケプラーの第三法則を用いる。

Keywords　万有引力，等速円運動，ケプラーの第三法則

解説

問 1　人工衛星にはたらく万有引力の大きさ F は

$$F = G\frac{Mm}{(R+h)^2}$$

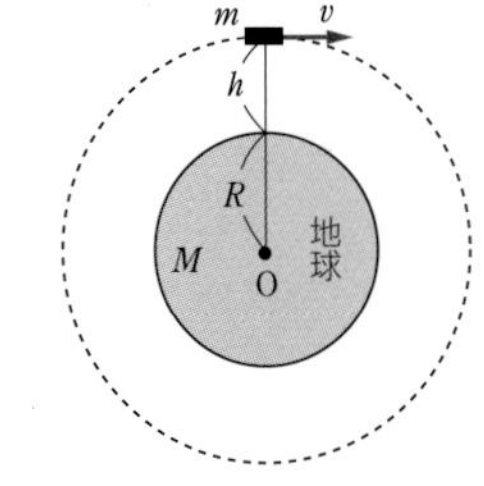

地上にあったときの万有引力の大きさ F' は

$$F' = G\frac{Mm}{R^2}$$

よって，$\dfrac{F}{F'} = G\dfrac{Mm}{(R+h)^2} \div G\dfrac{Mm}{R^2} = \dfrac{R^2}{(R+h)^2}$〔倍〕

したがって，正解は ②

問 2　人工衛星の等速円運動の向心力は万有引力である。
等速円運動の運動方程式より

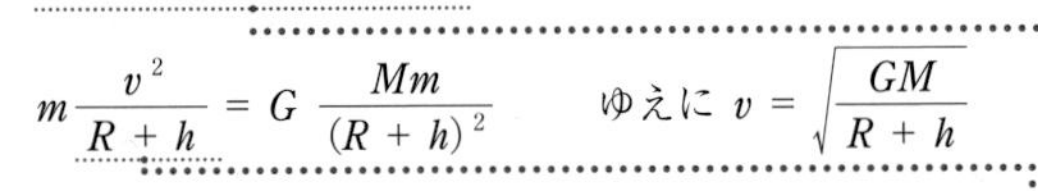

$$m\frac{v^2}{R+h} = G\frac{Mm}{(R+h)^2} \qquad \text{ゆえに } v = \sqrt{\frac{GM}{R+h}}$$

$m\dfrac{v^2}{r} = F$　を使う。
m：質量，r：円運動の半径，v：速さ，F：向心力

等速円運動の軌道半径は $R+h$

したがって，正解は ⑤

問 3　人工衛星の軌道半径を r，公転周期を T〔日〕とすると，月の公転の軌道半径は $4r$ なので，ケプラーの第三法則により

$$\frac{T^2}{r^3} = \frac{27^2}{(4r)^3} \qquad \text{よって}\quad T^2 = \frac{27^2}{4^3} = \frac{27^2}{8^2}$$

ゆえに，$T = 3.375 \fallingdotseq 3.4$ 日　　したがって，正解は ⑥

14. 人工衛星

[問題のテーマ] 地球のまわりを周回する人工衛星の，向心力や位置エネルギーに関する問題である。

解答　問1 [1] ⑤　問2 [2] ②　問3 [3] ①

[解答の指針] 円軌道を描く人工衛星の向心力は万有引力である。問3では，人工衛星の位置エネルギーの基準点は無限遠とする。

Keywords　円軌道，向心力，位置エネルギー，無限遠

第1章

解説

問 1　向心力を F とすると，等速円運動の運動方程式は，

$$mr\omega^2 = F$$

よって，正解は ⑤

問 2　万有引力が向心力となって等速円運動をする。

$$mr\omega^2 = G\frac{Mm}{r^2} \text{ より } \quad \omega^2 r^3 = GM = \text{一定}$$

G，M はともに定数

したがって，$GM = K$ とおけるので，正解は ②

(補足) 周期 $T = \dfrac{2\pi}{\omega}$ より

ケプラーの第三法則 $\dfrac{T^2}{r^3} = \dfrac{4\pi^2}{\omega^2 r^3} = \text{一定}$

からも求められる。

問 3　万有引力による位置エネルギーは無限遠を基準点とすると

$$U_Q = -G\frac{Mm'}{xr}, \quad U_P = -G\frac{Mm'}{r}$$

よって，$U_Q - U_P = -G\dfrac{Mm'}{xr} - \left(-G\dfrac{Mm'}{r}\right)$

$$= \frac{GMm'}{r} \cdot \frac{x-1}{x}$$

したがって，正解は ①

8日目 気体の状態変化①

15. ばね付きピストンで封じた気体

[問題のテーマ] ピストン付き容器に封じられた単原子分子理想気体に熱を与えたときの気体の温度，気体がする仕事，内部エネルギーの増加，与えられた熱量を求める問題である。

解答

問1 [1] ⑥	問2 [2] ②	問3 [3] ②
問4 [4] ⑦	問5 [5] ①	問6 [6] ⑧

[解答の指針] 理想気体の状態方程式，単原子分子理想気体の内部エネルギーの式など，基本的な式を状況に応じて用いる。

Keywords　単原子分子理想気体，理想気体の状態方程式，内部エネルギー，熱力学第一法則，弾性エネルギー

解説

問 1

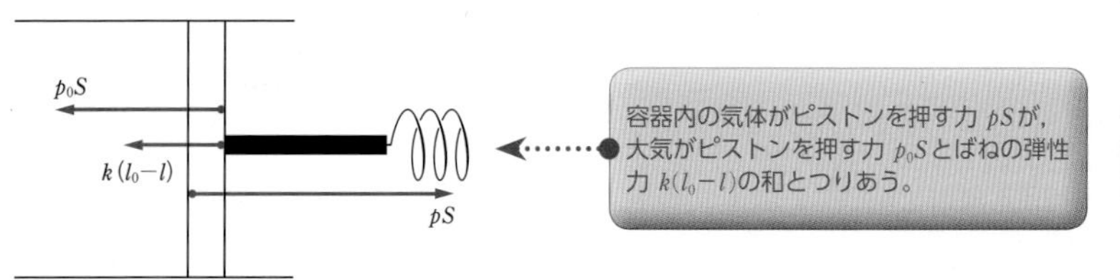

図のように，ピストンにはたらく力のつりあいの式を立てる。

$$pS - p_0S - k(l_0 - l) = 0$$

ばねの縮みは　l_0-l

よって　$p = p_0 + \dfrac{k}{S}(l_0 - l)$

したがって，正解は ⑥

問 2　加熱後の気体の体積 V は

$$V = V_0 + (l_0 - l)S$$

また，気体の物質量は 1mol なので，理想気体の状態方程式より

$$pV = 1 \times RT$$

よって　$T = \dfrac{1}{R}p\{V_0 + (l_0 - l)S\}$

したがって，正解は ②

問 3 弾性力による位置エネルギーの式より

$$E = \frac{1}{2}k(l_0 - l)^2$$

よって，正解は ②

問 4 単原子分子理想気体の内部エネルギーの変化

$$\Delta U = \frac{3}{2}nR\Delta T$$

において，$n = 1\,\mathrm{mol}$，$\Delta T = (T - T_0)$ より

$$\Delta U = \frac{3}{2} \times 1 \times R(T - T_0) = \frac{3}{2}R(T - T_0)$$

したがって，正解は ⑦

問 5 外気は常に圧力 p_0 でピストンを押している。
$\Delta V = (l_0 - l)S$ より

$$W = p_0\Delta V = p_0 S(l_0 - l)$$

したがって，正解は ①

問 6 容器内の気体に与えられた熱 Q と，容器内部の気体がされた仕事 $W_{内}$ の和が内部エネルギーの変化 ΔU となる(熱力学第一法則)。

$$\Delta U = Q + W_{内} \quad \cdots\cdots ①$$

気体が外部にした仕事 $-W_{内}$ は，大気にした仕事 W と

気体がされた仕事を $W_{内}$ としたので気体が外部へした仕事は $-W_{内}$ となる。つまり，熱の一部が大気とばねへの仕事に使われたことになる。

ばねにした仕事 E（ばねに蓄えられた弾性エネルギー）の和なので，

$$-W_{内} = E + W \quad \cdots\cdots ②$$

①，②式より　$Q = \Delta U - W_{内} = \Delta U + W + E$

したがって，正解は ⑧

第1章

9日目 気体の状態変化②

16. 気体の状態変化

[問題のテーマ] 容器に密封された理想気体を，等温変化，定圧変化させてもとの状態にもどす，1サイクルの状態変化の問題である。

解答
問1 [1] ①　問2(ア) [2] ⑤　(イ) [3] ④
(ウ) [4] ⑥　問3 [5] ④

[解答の指針] 状態A→B，C→Dは等温変化，B→Cは定圧変化の特徴を考える。問2(ウ)では熱力学第一法則を用いる。

Keywords　等温変化，定圧変化（等圧変化），熱力学第一法則

解説

問1　A→Bの状態変化は等温変化なので，
内部エネルギーの変化は0
したがって，正解は ①

単原子分子理想気体の内部エネルギーの変化
$\Delta U = \frac{3}{2} nR\Delta T$
に$\Delta T = 0$を代入すると
$\Delta U = 0$

問2　B→Cの状態変化は定圧変化
（ア）　B→Cでの内部エネルギーの変化を$\Delta U_{B \to C}$，温度変化を$\Delta T_{B \to C}$とすると

$$\Delta U_{B \to C} = \frac{3}{2} nR\Delta T_{B \to C}, \quad n = 1, \quad \Delta T_{B \to C} = T_2 - T_1 \text{ より}$$

$$\Delta U_{B \to C} = \frac{3}{2} \times 1 \times R(T_2 - T_1) = \frac{3}{2} R(T_2 - T_1)$$

したがって，正解は ⑤

（イ）　B→Cでの圧力をp_B，体積の変化を$\Delta V_{B \to C}$，気体がした仕事を$W_{B \to C}$とおくと，

$$W_{B \to C} = p_B \Delta V_{B \to C}$$

ここで，理想気体の状態方程式を用いると

$$p_B \Delta V_{B \to C} = nR\Delta T_{B \to C} = R(T_2 - T_1)$$

よって，$W_{B \to C} = R(T_2 - T_1)$
したがって，正解は ④

（ウ）与えられた熱量により内部エネルギーが増加し，外部に仕事をした。
よって，与えられた熱量 $Q_{B\to C}$ は

$$Q_{B\to C} = \Delta U_{B\to C} + W_{B\to C} = \frac{3}{2}R(T_2 - T_1) + R(T_2 - T_1)$$
$$= \frac{5}{2}R(T_2 - T_1)$$

熱力学第一法則
$\Delta U = Q + W$ より
$Q = \Delta U - W$
W は「された仕事」なので，「した仕事」の場合，符号が逆になる。

したがって，正解は ⑥

問 3 $V = Sh$ より，グラフの横軸を V にして，p-V 図にしてもグラフの形は変わらない。

（ⅰ）A → B は等温変化（pV = 一定）より，グラフの形は双曲線であり，$h_A > h_B$，$p_A < p_B$
よって，当てはまるのは，④，⑤，⑥，⑧

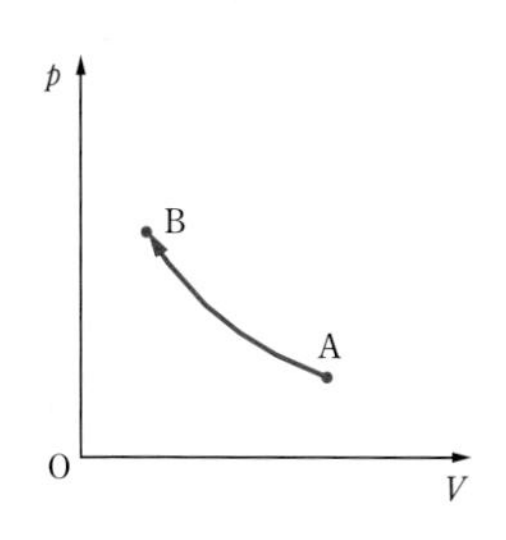

（ⅱ）B → C は定圧変化（p = 一定）より，グラフの形は水平な直線であり，$p_B = p_C$，$h_C > h_B$
よって，（ⅰ）で当てはまるのは，④，⑧

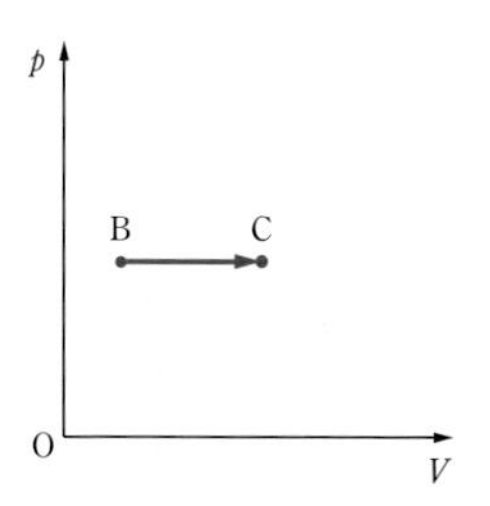

（ⅲ）C → D は等温変化（pV = 一定）より，グラフの形は双曲線であり，$h_C < h_D$
よって，（ⅱ）で当てはまるのは，④

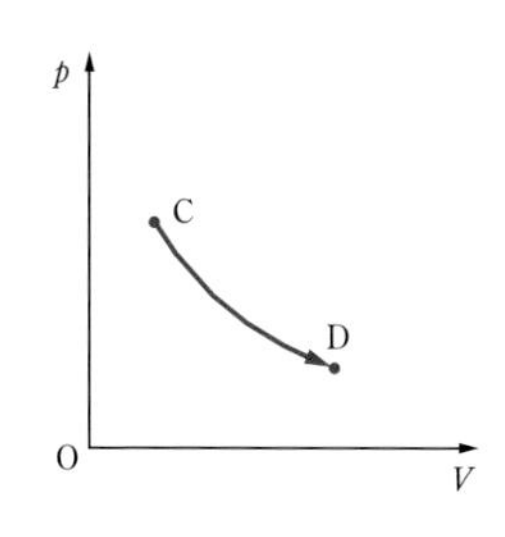

したがって，正解は ④

10日目 小問集合①

17. 小問集合（力と運動・熱）

[問題のテーマ] 問 1 は水平投射，問 2 は平面上の相対速度，問 3 は重心の座標，問 4 は完全非弾性衝突，問 5 は理想気体の状態の問題である。

解答

問 1	1 ③	2 ④	問 2	3 ⑧
問 3	4 ④			
問 4	5 ②	6 ③	問 5	7 ①

[解答の指針]
問 1　落下角度が 45° ということは水平方向，鉛直方向の速さが同じ。
問 2　ベクトル合成で向きを考える。
問 3　切り取った円板，もとの円板の重心から，残った板の重心を，公式を使って求める。
問 4　運動量保存則を用いる。
問 5　理想気体の状態方程式（またはボイル・シャルルの法則）から考える。

Keywords　問 1 水平投射，問 2 相対速度，問 3 重心，問 4 運動量保存則，問 5 理想気体

解説

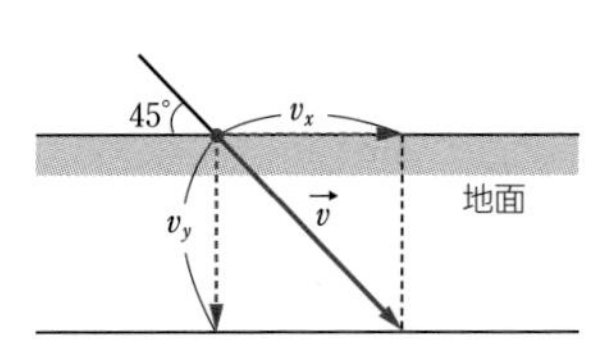

問 1　地面に衝突する直前の小石の速度を $\vec{v} = (v_x,\ v_y)$ とおく。
水平方向の速度成分は等速直線運動なので

$v_x = 9.8$ m/s

落下角度が 45° なので，$v_x = v_y$

$9.8 = 9.8t$ より　$t = 1.0$s

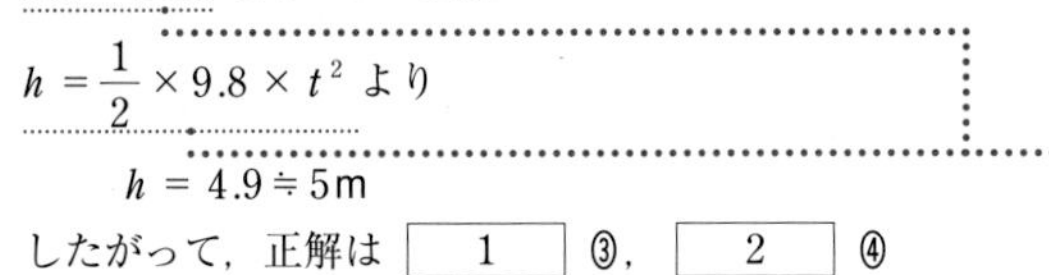

$h = \dfrac{1}{2} \times 9.8 \times t^2$ より

$h = 4.9 \fallingdotseq 5$m

したがって，正解は [1] ③，[2] ④

自由落下の式を適用する。
$v = gt,\ y = \dfrac{1}{2}gt^2$
v：速さ，g：重力加速度の大きさ，t：時間，y：距離

問 2　自動車の速度を $\vec{v_1}$，モーターボートの速度を $\vec{v_2}$，自動車に対するモーターボートの相対速度を $\vec{v_{21}}$ とすると

$\vec{v_{21}} = \vec{v_2} - \vec{v_1}$

よって，図より，$\vec{v_{21}}$ の向きは北西
したがって，正解は ⑧

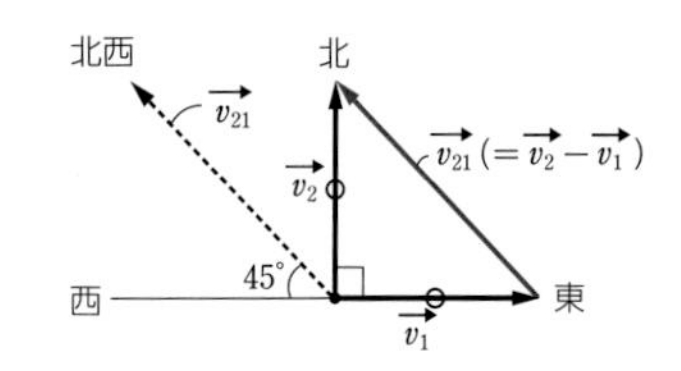

問 3　半径 r の円板をA，半径 $\dfrac{r}{2}$ の内接円板をB，AからBを切り取った板をC，またA，B，Cそれぞれの重心の x 座標を x_A，x_B，x_C とする。

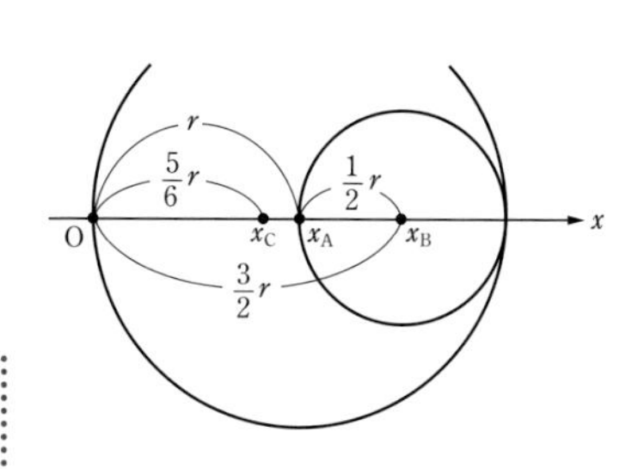

BとCの質量比は，

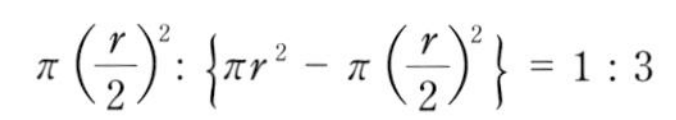

$$\pi\left(\frac{r}{2}\right)^2 : \left\{\pi r^2 - \pi\left(\frac{r}{2}\right)^2\right\} = 1 : 3$$

厚さ一様より
（質量比）＝（面積比）

B，Cの質量をそれぞれ m，$3m$ とする。

また座標は　$x_A = r$，$x_B = r + \dfrac{r}{2} = \dfrac{3}{2}r$　なので，

重心の公式より　$x_A = \dfrac{mx_B + 3mx_C}{m + 3m}$

$$r = \frac{\frac{3}{2}rm + 3mx_C}{4m} \quad より \quad x_C = \frac{5}{6}r$$

したがって，正解は ④

問 4　AまたはBの質量を m，衝突前のAの速さを v，衝突後の速さを V とする。
運動量保存則より　$mv + m \times 0 = 2mV$

よって　$V = \dfrac{1}{2}v$

また，衝突前後の物体の運動エネルギーは

衝突前：$\dfrac{1}{2}mv^2$，衝突後：$\dfrac{1}{2}(2m)V^2$

よって

$$\left\{\frac{1}{2}(2m)V^2\right\} \div \left(\frac{1}{2}mv^2\right) = \left\{\frac{1}{2}(2m)\left(\frac{1}{2}v\right)^2\right\} \div \left(\frac{1}{2}mv^2\right) = \frac{1}{2}$$

よって，［5］の正解は ②，［6］の正解は ③

問 5　T_1 のとき p_1，V_1 とし，T_2 のとき p_2，V_2 とすると，1 mol の理想気体の状態方程式
$pV = RT$ より $T_1 > T_2$ のときは $p_1V_1 > p_2V_2$　……①
よって，①式より，$V_1 = V_2$ のとき，常に $p_1 > p_2$
したがって，正解のグラフは ①

第1章

11日目 波の伝わり方

18. 波の屈折

[問題のテーマ] 平面波の屈折の問題である。問 1 の結果から問 2 の状況を類推する。

解答　問 1 [1] ①　　問 2 [2] ④

[解答の指針] 波面とガラス板との角度から入射角および屈折角を求める。問 2 は問 1 の結果から水深と波面の向きがどのように変化していくかを類推する。

Keywords　屈折の法則

解説

問 1　図より，入射角 $i = 45^\circ$，屈折角 $r = 30^\circ$ となるので，深い側での速さ v_1 と浅い側での速さ v_2 の関係は屈折の法則より

> 入射方向と法線を 90° 時計回りに回転させると波面とSRのなす角に重なるので 45°

> 屈折方向と法線を 90° 時計回りに回転させると波面とSRのなす角に重なるので 30°

$$\frac{v_1}{v_2} = \frac{\sin 45^\circ}{\sin 30^\circ} = \frac{\frac{1}{\sqrt{2}}}{\frac{1}{2}} = \frac{2}{\sqrt{2}}$$

よって　$\dfrac{v_2}{v_1} = \dfrac{\sqrt{2}}{2} = \dfrac{1}{\sqrt{2}}$

したがって，正解は ①

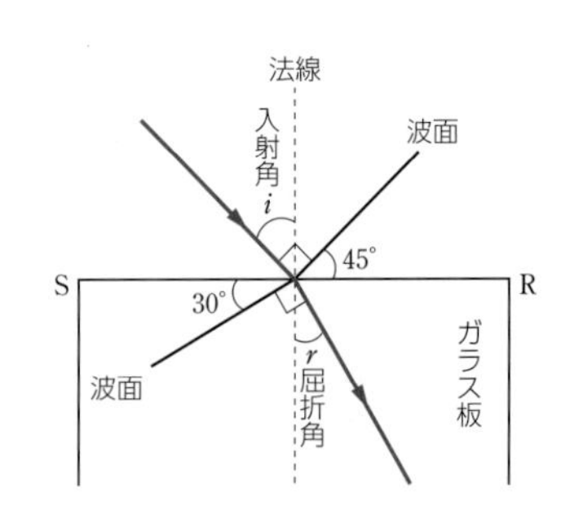

問 2 問1より，浅い所へ進むと屈折角は入射角より小さくなる。よって，浅くなるにつれて屈折波は，波面が等深線と平行になるように進んでいく。
したがって，正解は ④ である。

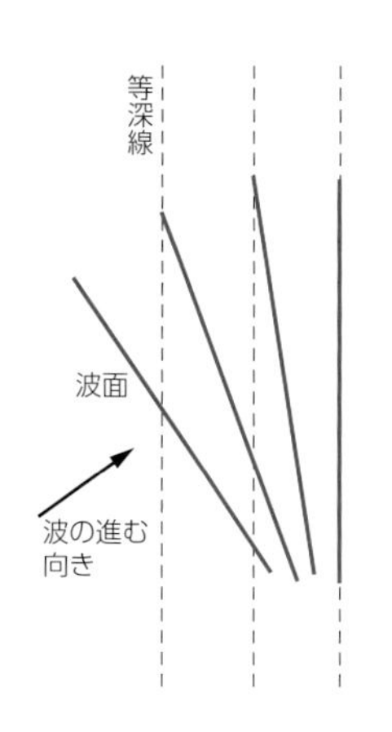

第2章

(参考) ホイヘンスの原理

水面の波では，波源を中心に円形の波紋が広がる。このとき，同じ円周上の各点では振動の状態（位相）は等しい。このような，振動状態が等しい点を連ねた面を波面といい，波面が球面の波を球面波，平面の波を平面波という。波の進む向きは波面に垂直になっている。
下図に示すように，波面を無数の波源の集まりであるとみなし，そこから送り出される球面波（これを特に素元波という）をもとにすると，波の進み方は次のように説明できる。

波面の各点からは，波の進む前方に素元波が出る。これらの素元波に共通に接する面が，次の瞬間の波面になる。

これをホイヘンスの原理という。

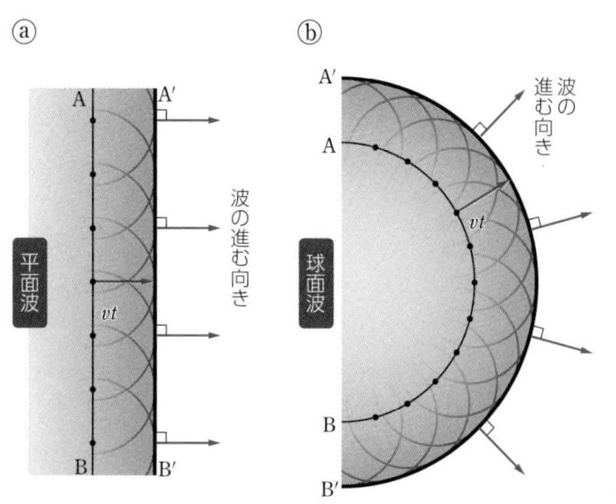

◀ⓐとⓑはそれぞれ速さ v で進む平面波と球面波の波面を表す。波面 AB の時間 t 後の波面は，AB から出る半径 vt の無数の素元波に共通に接する波面 A′ B′ となる。

12日目 音の干渉

19. メガホンからの音の干渉

[問題のテーマ] 音の干渉の問題である。干渉する音の経路の差が波長の整数倍か，整数倍＋半波長かに留意する。

解答　問1 [1] ④　問2 [2] ⑥

[解答の指針] 問1は初めて音が最小になる点を求める。問2は y 軸方向の移動では常に音が強めあう点であることに注意する。

Keywords　音の干渉，経路差

解説

問1　音の波長を λ〔m〕とすると，振動数 $f = 1700$ Hz，速さ $v = 340$ m/s より

$$\lambda = \frac{v}{f} = 0.20 \text{ m}$$

また，スピーカーから，A，B それぞれを通り C に到達する音の経路の差を Δl〔m〕とすると，設問より，B が点 R にあるとき音は最小となるので，このとき $\Delta l = \dfrac{\lambda}{2} = 0.10$ m

よって　OR = 1.20 − 0.10 = 1.10 m

したがって，正解は ④

問2　点 X_1 →点 X_2 のとき，音の経路差は変化し，点 O で 0 となるので同位相となり，音は最大になる。

よって，④，⑤，⑥ が適当。

点 Y_1 →点 Y_2 のとき，常に音の経路差 0 になるので同位相となり音は常に強めあっているが，単純にスピーカーが近づくので音は大きくなる。よって，③，⑥，⑨ が適当。

以上より，正解は ⑥

(参考) 音の性質

音は波の一種であり，媒質を伝わる縦波である。

音波においても波の基本式が成りたつ。すなわち，音波の波長を λ，周期を T，振動数を f，伝搬速度（振動速度）を v とすると，次の関係が成りたつ。

$$\lambda = vT,\ v = f\lambda,\ f = \frac{1}{T}$$

① 音の速さ

空気中を伝わる音の速さは，温度が高くなるほど大きくなる。1 気圧，t〔℃〕の空気中の音の速さ V〔m/s〕は次のように表せる。

$$V = 331.5 + 0.6t$$

② 音の伝わり方

干渉のほかにも，屈折，反射，回折などの波の現象を生じる。

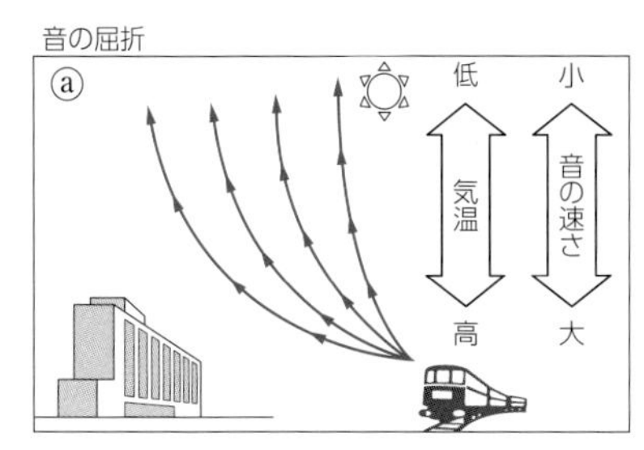

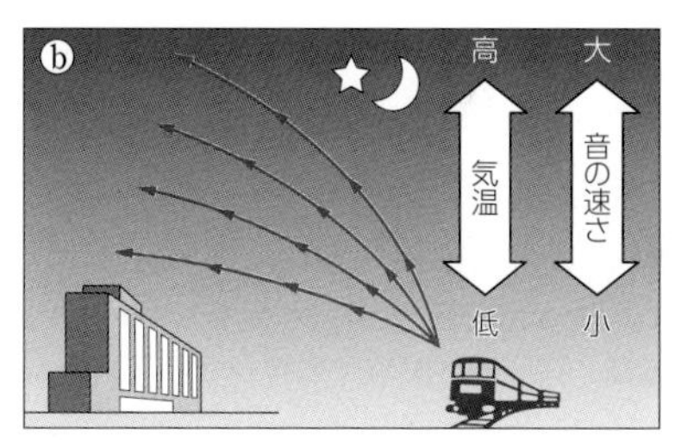

＊気温が高いほど音は速く伝わる。日中は地上に近いほど気温が高く，音の速さが大きいので，音はⓐのように進む。一方，冬の晴れた夜など，上空ほど気温が高くなるときには，音はⓑのように進むので，遠くの音がよく聞こえる。

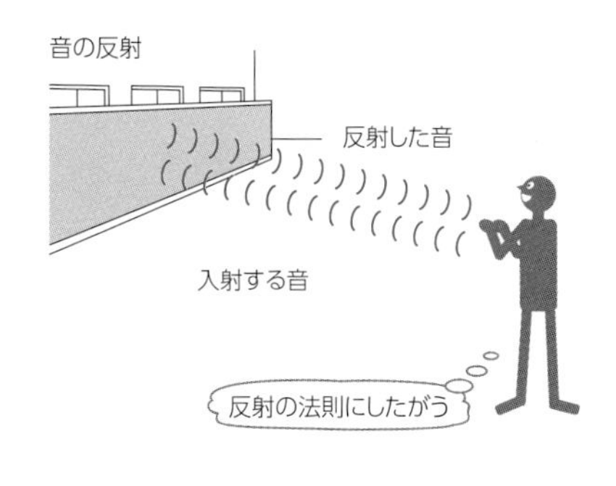

③ うなり

振動数がわずかに異なる 2 つの音を同時に聞くと，音の大小が周期的にくり返されて聞こえるようになる。この現象をうなりという。うなりは音の重ねあわせによる振幅の周期的な変化によって起こる。

うなりの回数 $f = |f_1 - f_2|$　　f_1，f_2 ：音源の振動数

13日目 ドップラー効果

20. ドップラー効果とうなり

[問題のテーマ] 音源が動く場合のドップラー効果の問題である。直接音，反射音の振動数の違いに留意する。

解答　問1 [1] ④　問2 [2] ⑤

[解答の指針] 音源が動く場合のドップラー効果の式を適用する。問2では，壁を観測者と考えて，音源が遠ざかる場合を考える。

Keywords　ドップラー効果（音源が動く場合），うなり

解説

問1　音源のみが動く場合のドップラー効果なので，

観測者が聞く音の振動数 f_2〔Hz〕は，

$$f_2 = \frac{c}{c-v} f_1$$

音源が観測者に近づく場合のドップラー効果の式

したがって，正解は ④

問2　壁を観測者と考えると，音源が壁から遠ざかるので，
壁が聞く音の振動数 f_3〔Hz〕は，

$$f_3 = \frac{c}{c+v} f_1$$

音源が観測者から遠ざかる場合のドップラー効果の式

壁での反射で振動数は変化しないので，毎秒のうなりの回数 n は，$f_2 > f_3$ より

$$n = f_2 - f_3 = \frac{c}{c-v} f_1 - \frac{c}{c+v} f_1 = \frac{2cv}{c^2-v^2} f_1 = \frac{2cv}{c^2\left\{1-\left(\frac{v}{c}\right)^2\right\}} f_1 = \frac{2vf_1}{c\left\{1-\left(\frac{v}{c}\right)^2\right\}}$$

$\left(\frac{v}{c}\right)^2 \ll 1$ より

$$n \fallingdotseq \frac{2f_1 v}{c} = \frac{2 \times 5.1 \times 10^2 \times 1.0}{340.0} = 3.0$$

したがって，正解は ⑤

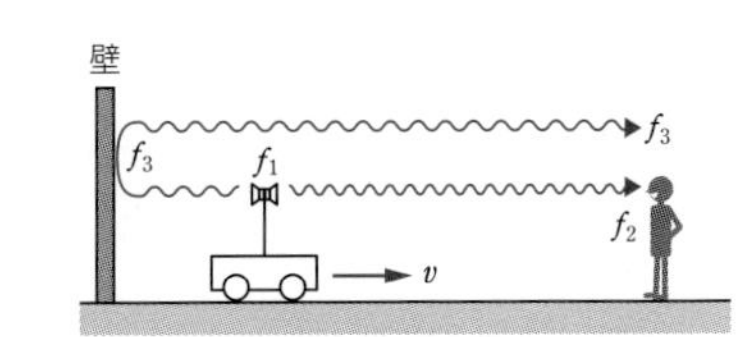

21. ドップラー効果とうなり

[問題のテーマ] 音源が動く場合のドップラー効果の問題である。直接音，反射音の振動数の違いに留意する。

解答　問1 [1] ③　問2 [2] ④　問3 [3] ④

[解答の指針] 音源が動く場合のドップラー効果および波の基本式を適用し，前問（演習問題 20）を参考に解くとよい。問3は，問2で求めた値を利用する。

Keywords　ドップラー効果（音源が動く場合），うなり

解説

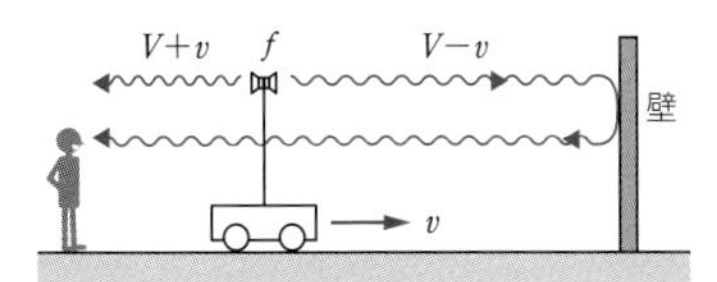

問1　壁に届く音波の波長を λ'，振動数を f' とすると，音源のみが動く場合のドップラー効果なので

$$f' = \frac{V}{V-v}f$$

よって　$\lambda' = \frac{V}{f'} = \frac{V-v}{f}$

したがって，正解は ③

（音源が観測者に近づく場合のドップラー効果の式）

問2　壁での反射で振動数は変化しない。
よって観測者に届く反射音の振動数は問1で求めた f'〔Hz〕である。

よって　$f' = \frac{336}{336-6} \times 225 \fallingdotseq 229$ Hz

したがって，正解は ④

問3　音源から直接観測者に届く音波の振動数 f''〔Hz〕は

$$f'' = \frac{V}{V+v}f = \frac{336}{336+6} \times 225 \fallingdotseq 221 \text{ Hz}$$

（音源が観測者から遠ざかる場合のドップラー効果の式）

よって，1秒間当たりのうなりの回数 n は，
$n = f' - f'' = 229 - 221 = 8$ 回
したがって，正解は ④

14日目 光の性質

22. 光ファイバー

[問題のテーマ] 光ファイバーを題材にした全反射の問題である。入射角が臨界角のときの屈折の法則の式を立てられることが重要である。

解答 問1 [1] ⑤　問2 [2] ④

[解答の指針] 問1では，光ファイバー内の光路長から光の進む時間を考える。問2では，屈折の法則から臨界角における関係式を立てる。

Keywords 全反射，光路長（光学距離），屈折の法則

解説

問1 光が媒質1中を進む距離 l は，一直線にすると図1の三角形の斜辺になるので，光路長 $n_1 l$ は

$$n_1 l = \frac{n_1 L}{\sin r}$$

よって，光が進むのにかかる時間は

$$\frac{n_1 l}{c} = \frac{n_1 L}{c\sin r}$$　　したがって，正解は ⑤

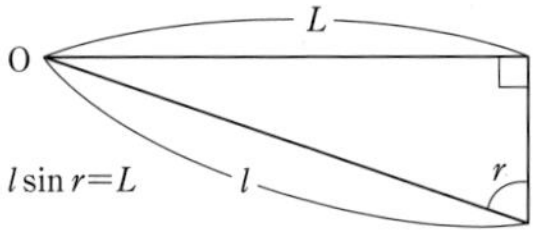

O　L　l　r　$l\sin r = L$

図1

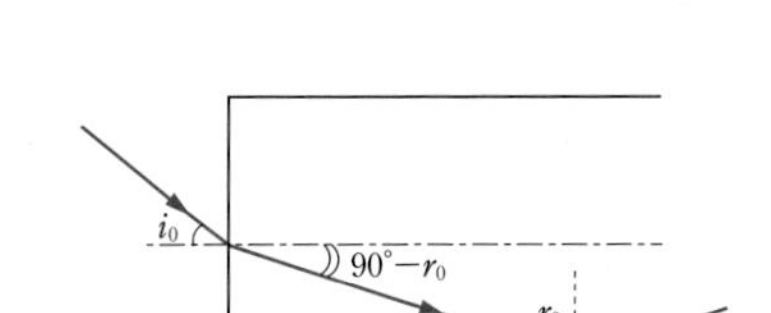

図2

問2 $i = i_0$ のとき，r は臨界角 r_0 になる。
このとき，入射端面での屈折の法則により

$$\frac{\sin i_0}{\sin(90° - r_0)} = \frac{n_1}{1}$$

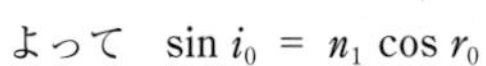

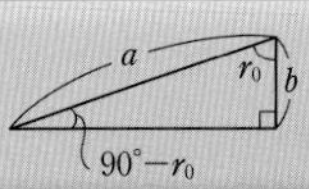

a　r_0　b　$90°-r_0$

$\sin(90° - r_0) = \dfrac{b}{a} = \cos r_0$

よって　$\sin i_0 = n_1 \cos r_0$

また，r_0 は臨界角なので，媒質1と2の境界面での屈折の法則より，

$$\frac{\sin r_0}{\sin 90°} = \frac{n_2}{n_1}$$

$\sin r_0 = \dfrac{n_2}{n_1}$ より　$\cos r_0 = \dfrac{\sqrt{n_1^2 - n_2^2}}{n_1}$

$\sin r_0 = \dfrac{n_2}{n_1}$ の両辺を二乗する。

$(\sin r_0)^2 = \left(\dfrac{n_2}{n_1}\right)^2$

$1 - \cos^2 r_0 = \left(\dfrac{n_2}{n_1}\right)^2$ より

$\cos r_0 = \sqrt{1 - \left(\dfrac{n_2}{n_1}\right)^2} = \dfrac{\sqrt{n_1^2 - n_2^2}}{n_1}$

以上より，$\sin i_0 = n_1 \times \dfrac{\sqrt{n_1^2 - n_2^2}}{n_1} = \sqrt{n_1^2 - n_2^2}$

したがって，正解は ④

23. プリズムに入射するレーザー光線

[問題のテーマ] プリズムに入射する光の屈折の問題である。プリズム中で光が全反射する場合がどのようなときかを把握することが重要である。

解答　問1 [1] ⑤　問2 [2] ④

[解答の指針] 問1は，屈折の法則を入射角，屈折角，屈折率を用いて表す。問2では，OA面で屈折した光の屈折角とOB面へ入射するときの入射角（臨界角）の和が90°であることを使う。

Keywords　屈折の法則，臨界角

第2章

解説

問1　屈折の法則より　$n = \dfrac{\sin i}{\sin r}$

よって，$\sin r = \dfrac{1}{n} \sin i$

したがって，正解は ⑤

問2　$i = i_0$のとき$r = r_0$とすると，図から，レーザー光線の点Qへの入射角は$90° - r_0$となる。

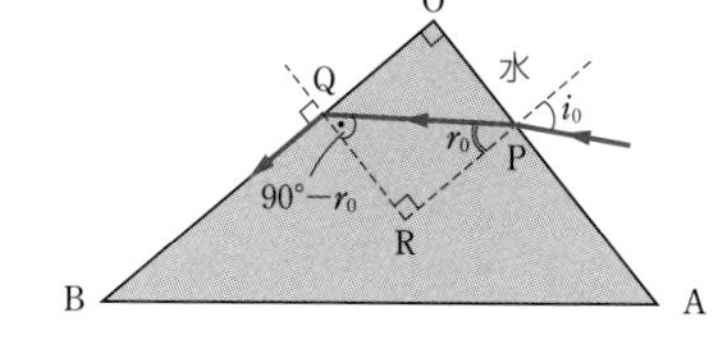

問1より

$$\sin r_0 = \frac{1}{n} \sin i_0 \quad \cdots\cdots ①$$

また，入射角$90° - r_0$は臨界角なので，屈折の法則より

$$\frac{1}{n} = \frac{\sin(90° - r_0)}{\sin 90°}$$

よって　$\cos r_0 = \dfrac{1}{n}$　……②

$\sin(90° - r_0) = \cos r_0$

①，②式より

$$\sin^2 r_0 + \cos^2 r_0 = \frac{1}{n^2} \sin^2 i_0 + \frac{1}{n^2} = 1$$

$\sin^2\theta + \cos^2\theta = 1$

となり，$n^2 - \sin^2 i_0 = 1$となるので

$$\sqrt{n^2 - \sin^2 i_0} = 1$$

以上より，正解は ④

15日目 レンズ

24. 凸レンズのつくる像

[問題のテーマ] 凸レンズのつくる像に関する問題である。写像公式を正しく理解することが重要である。

解答 問1 [1] ①　問2 [2] ⑦

[解答の指針] 問1は，レンズの特徴と，つくる像の関係を正しく理解しておく。問2は，問題文から写像公式に代入する値を正しく読み取る。

Keywords 実像，写像公式

解説

問 1 例題15の問3（→本冊 p.93）と同様の理由により，正解は ①

他の選択肢 ② ～ ④ は次の理由で誤り。

②…凸レンズによる実像は「倒立像」となる。

③…ろうそくからの光は「屈折の法則」に従い，スクリーン上に実像をつくる。

④…凸レンズの焦点の内側に物体があると，レンズの後方（スクリーン側）から見ると虚像（正立像）が見えるが，スクリーン上には虚像はできない。

問 2 光軸に平行な光線は凸レンズを通った後，焦点を通る。よって，問題文より，焦点距離 f は

$$f = 15\ \text{cm}$$

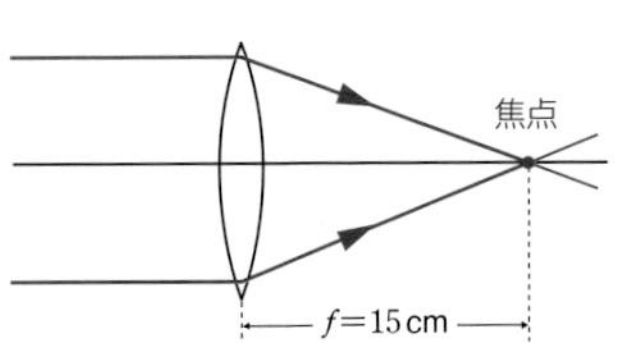

また，鮮明な実像がスクリーン上にできるので，写像公式

$$\frac{1}{a} + \frac{1}{b} = \frac{1}{f}$$

において，b = OB = 60cm，a = OA より

$$\frac{1}{a} + \frac{1}{60} = \frac{1}{15}$$

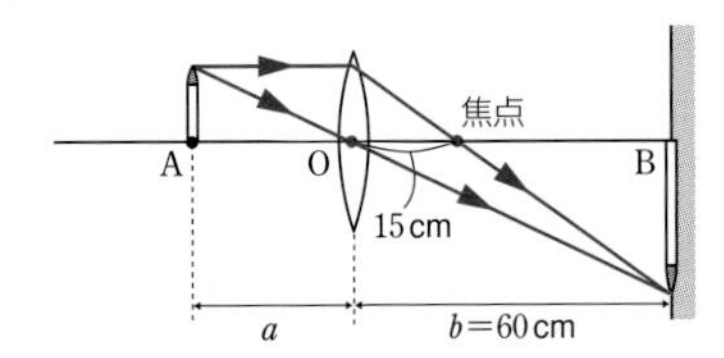

よって　$a = 20\ \text{cm}$

このとき，倍率 m は

$$m = \frac{b}{a} = \frac{60}{20} = 3.0\ \text{倍}$$

以上より，正解は ⑦

25. レンズの式

［問題のテーマ］レンズから物体までの位置と，レンズから像までの位置をグラフから読み取り，どのような像ができているかを類推する問題である。

解答　問1 [1] ②　　問2 [2] ④　　問3 [3] ①

［解答の指針］問1，2はグラフから値を読み取り，写像公式から値を求める。虚像は物体と同じ側に像ができることに留意する。

写像公式，虚像

解説

問1　問題の図2で a と b の値が明確なCに注目すると，

a = 20 cm，b = 20 cm

焦点距離を f とすると，写像公式 $\frac{1}{a}+\frac{1}{b}=\frac{1}{f}$ より

$$\frac{1}{20}+\frac{1}{20}=\frac{1}{f}$$

よって　f = 10 cm

したがって，正解は ②

問2　Bでは b = 30 cm なので，写像公式より

$$\frac{1}{a}+\frac{1}{30}=\frac{1}{10}$$

よって，a = 15 cm

焦点距離は変わらないので
f=10 cm

このとき，倍率 m は，$m=\left|\frac{b}{a}\right|=\frac{30}{15}=2$ 倍

したがって，正解は ④

問3　虫めがねを通して見ている拡大された像は虚像である。よって，虫めがねとして使うには，焦点距離の内側のAで使えばよい。

したがって，正解は ①

16日目 光の干渉①

26. 回折格子

[問題のテーマ] 回折格子を用いた光の干渉の問題である。可視光線は，色と波長の関係を把握しておくことが重要である。

解答 問1 [1] ③　問2 [2] ①

[解答の指針] 回折格子の隣りあう明線の経路差をもとに入射光と1次回折光とのなす角度を求める。問2は波長が長いほど明線間隔が広くなることに留意する。

Keywords 回折格子，経路差，可視光線

解説

問 1 図のように，スリット S_1 から，スリット S_2 を通る光の経路に垂線を下ろし，その足をHとする。

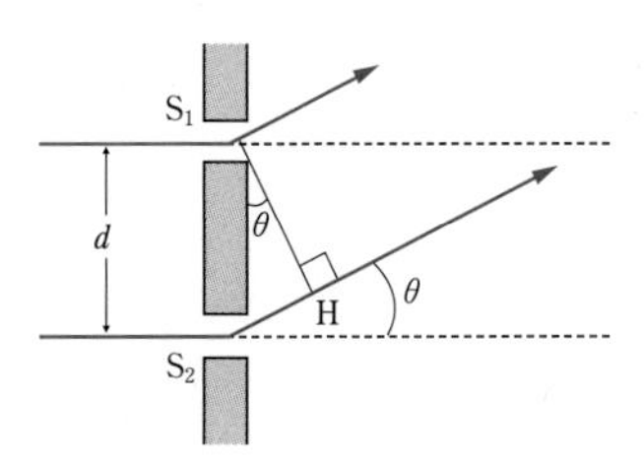

問題文より，一次回折光では，S_1，S_2 を通る光の経路差 S_2H が λ となるので

$$S_2H = d\sin\theta = \lambda \quad \cdots\cdots ①$$

近似的に一次回折光どうしは平行と考える。

よって　$\sin\theta = \dfrac{\lambda}{d} = \dfrac{0.5 \times 10^{-6}}{1.0 \times 10^{-6}} = 0.5$

以上より，$\theta = 30°$ となる。
したがって，正解は ③

問 2 回折格子とスクリーンの距離を l とすると，明（暗）線の間隔 Δx は

$$\Delta x = \frac{l\lambda}{d}$$

本冊 p.100 Chart16参照。

よって，λ が長いほど Δx は大きくなる。
また，Pは，すべての波長の光が強めあう点なので，Pとの距離が大きい順番は，波長の長い順番になり，赤，緑，紫となる。

以上より，正解は ①

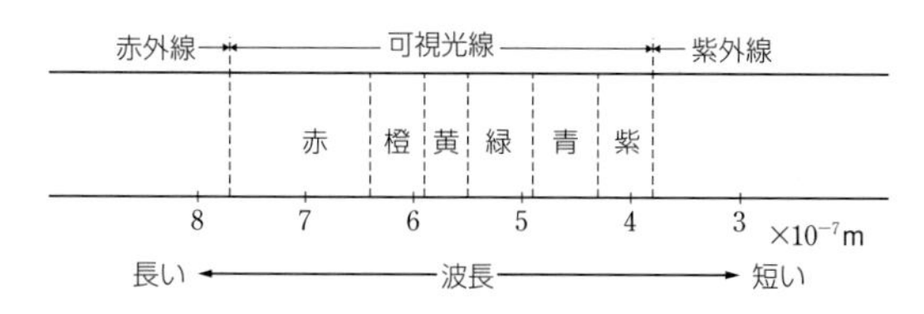

(別解) ①式より　$\sin\theta = \dfrac{\lambda}{d}$　なので，波長 λ が大きくなると $\sin\theta$ の値は大きくなるので，θ（$0^\circ < \theta < 90^\circ$）は大きくなる。
紫，緑，赤の順に波長が長くなるので，回折光の強めあう θ は紫，緑，赤の順に大きくなる。
θ が大きいほど P との距離が大きくなるので，
正解は ①

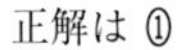

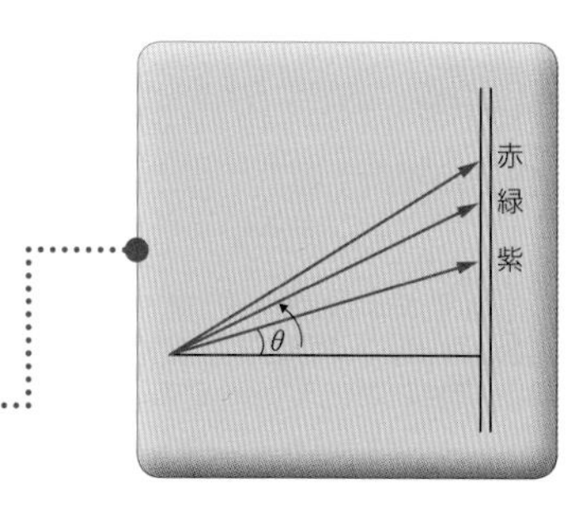

(参考) 明線間隔の導出

回折格子などの干渉実験における明線の間隔は次のようにして導ける。

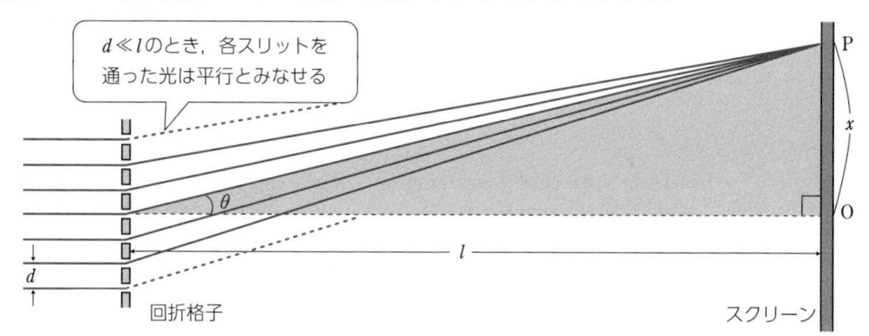

隣りあうスリットを通った回折光のうち，点 P に向かう経路差は近似的に $d\sin\theta$ となる。θ がきわめて小さいとき　$\sin\theta \fallingdotseq \tan\theta = \dfrac{x}{l}$　であるから　$d\sin\theta \fallingdotseq d\dfrac{x}{l}$　となる。

点 P で明線となる条件式は，m（$m = 0, 1, 2, \cdots$）と波長 λ を用いると

$$d\frac{x}{l} = m\lambda \qquad (m = 0, 1, 2, \cdots)$$

となるので　$x = m\dfrac{l\lambda}{d}$　……②

点 P のすぐ外側の明線の位置 x' は②式の m を $m + 1$ におきかえた式で表されるから，
明線間隔 $\varDelta x$ は

$$\varDelta x = x' - x = (m+1)\frac{l\lambda}{d} - m\frac{l\lambda}{d} = \frac{l\lambda}{d}$$

となる。この間隔は暗線の間隔でも同じである。

17日目 光の干渉②

27. くさび形空気層による光の干渉

[問題のテーマ] 空気層の上端と下端のガラスとの境界面での反射光が干渉するときの条件式を理解しておくことが重要である。

解答 問1 [1] ④　問2 [2] ②　問3 [3] ⑤

[解答の指針] 屈折率が小さい媒質から大きい媒質の境界での反射では位相が π ずれる。逆の場合は変化しない。明線の間隔は図形の相似を利用して求める。

Keywords くさび型空気層の光の干渉，位相変化

解説

問1 ガラスの屈折率は空気より大きい。
光の経路差は空気中で $2d$ なので，強めあう場合

$$2d = \left(m+\frac{1}{2}\right)\lambda$$

屈折率の小さな媒質から入射し，屈折率の大きい媒質との境界で反射するときのみ位相は π だけ（半波長分）ずれる。
点Bでの反射→位相はπずれる。
点Aでの反射→位相は変化しない。

よって　$d = \dfrac{\lambda}{2}\left(m+\dfrac{1}{2}\right)$　……①
正解は ④

問2 問1の明線の隣の明線は，図のように，点Cと点Dでの反射光の干渉で生じる。空気層の厚さ CD ＝ d' とすると

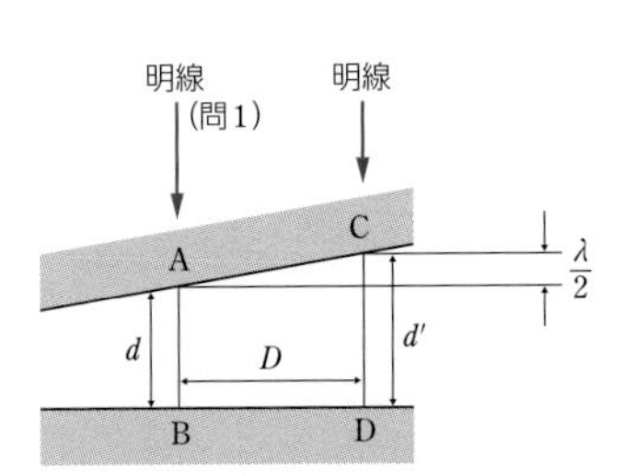

①式より，$d' = \dfrac{\lambda}{2}\left\{(m+1)+\dfrac{1}{2}\right\}$なので

$$d' - d = \frac{\lambda}{2}\left\{(m+1)+\frac{1}{2}\right\} - \frac{\lambda}{2}\left(m+\frac{1}{2}\right)$$

$$= \frac{\lambda}{2}$$

また，アルミ箔1枚の厚みを x，
OP ＝ R とすると，三角形の相似から

$$D : \frac{\lambda}{2} = R : Nx$$

$NxD = \dfrac{\lambda}{2}R$ より　$D = \dfrac{\lambda R}{2Nx}$

アルミ箔が $N+1$ 枚のとき BD ＝ D' とすると　$D' = \dfrac{\lambda R}{2(N+1)x}$

以上より，$\frac{D'}{D} = \frac{\lambda R}{2(N+1)x} \div \frac{\lambda R}{2Nx} = \frac{N}{N+1}$ となり　　$D' = \frac{N}{N+1}D$

したがって，正解は ②

問 3　屈折率 n の液体中の光の波長を λ' とすると，屈折の法則より

$\frac{\lambda}{\lambda'} = \frac{n}{1}$　　よって，$\lambda' = \frac{\lambda}{n}$ であり　$\lambda' < \lambda$

$n > 1$

また，問 2 より，明線の間隔は $D = \frac{\lambda R}{2Nx}$ なので，

λ が小さくなると明線の間隔も減少する。
したがって，正解は ⑤

28. 薄膜による光の干渉

[問題のテーマ] 薄膜による光の干渉の問題である。薄膜中での波長を用いて考えることが重要である。

解答　問 1 [1] ④　　問 2 [2] ②

[解答の指針] 屈折の法則を用いて薄膜中の光の速さ，波長を求める。空気から薄膜，薄膜からガラスの両方で反射時に位相が π ずれることに注意して解く。

Keywords　光の干渉，位相変化

解説

問 1　薄膜中の光の速さを v とすると，屈折の法則より　$\frac{c}{v} = \frac{n}{1}$

よって　$v = \frac{c}{n}$　　正解は ④

問 2　薄膜中の光の波長を λ' とすると，屈折の法則より

$\frac{\lambda}{\lambda'} = \frac{n}{1}$　　よって　$\lambda' = \frac{\lambda}{n}$

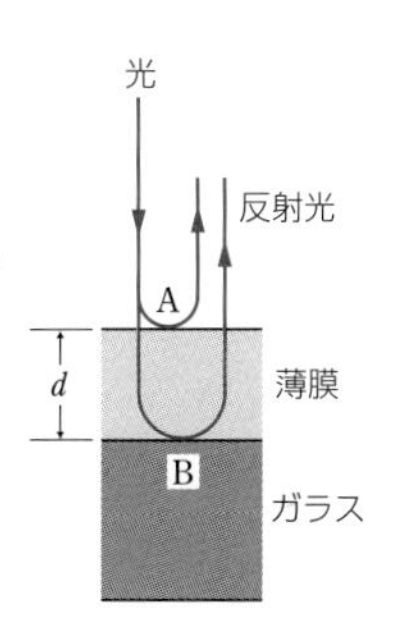

点 A，点 B での反射でそれぞれ位相は π ずれるので，弱めあう場合の波の干渉条件は　$2d = \left(m + \frac{1}{2}\right)\frac{\lambda}{n}$　……①

① 式で $m = 0$ のときに，反射光が弱めあう最小の膜の厚さ d_0 となるので

$$d_0 = \frac{\lambda}{4n}$$

したがって，正解は ②

18日目 小問集合②

29. 小問集合（波）

[問題のテーマ] 問 1 は波の干渉，問 2，問 4 は光の屈折，問 3 はレンズによる虚像の問題である。

解答　問 1 [1] ③　問 2 [2] ⑥　問 3 [3] ②　問 4 [4] ⑥

[解答の指針] 問 1　干渉条件の式の m の値を節線に対応させる。
問 2　屈折の法則で，入射角 90° の場合を考える。
問 3　凹レンズ，凸レンズを通る前後の光の進み方を作図して考える。
問 4　屈折の法則から考える。

Keywords　問 1　波の干渉，位相，問 2　屈折の法則，問 3　虚像，
問 4　屈折の法則，光の分散

解説

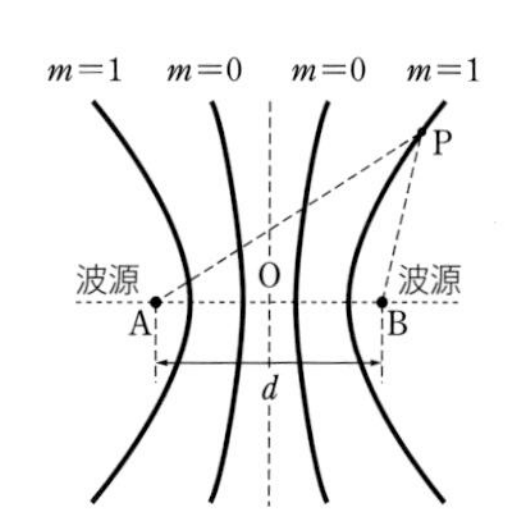

問 1　2 つの波が弱めあう点は，2 つの波が逆位相になる点なので，波源 A，B からの距離の差 $|AP - BP|$ は

$$|AP - BP| = (2m + 1)\frac{\lambda}{2} \qquad (m = 0,\ 1,\ 2,\ \cdots)$$

m の値は右図のようになるので，点 P では $m = 1$

よって　$|AP - BP| = (2 \times 1 + 1)\dfrac{\lambda}{2} = \dfrac{3}{2}\lambda$

したがって，正解は ③

問 2　入射角が 0°（ア）～ 90°（エ）までの，水面の外からの入射光が，境界面で屈折して目に向かって進む経路は図1のようになる。したがって，図 2 のように水面に円板を置くと，すべての光が目に達しなくなって，外がまったく見えなくなる。入射角が 90°（エ）のときの屈折角を r とすると，屈折の法則から

$$n = \frac{\sin 90^\circ}{\sin r} = \frac{1}{\sin r} \quad より \quad \sin r = \frac{1}{n} \qquad \cdots\cdots①$$

図 2 より，$\sin r = \dfrac{R}{\sqrt{R^2 + h^2}}$　……②

①，②式より，$\dfrac{1}{n} = \dfrac{R}{\sqrt{R^2 + h^2}}$　から　$R = \dfrac{h}{\sqrt{n^2 - 1}}$

したがって，正解は ⑥

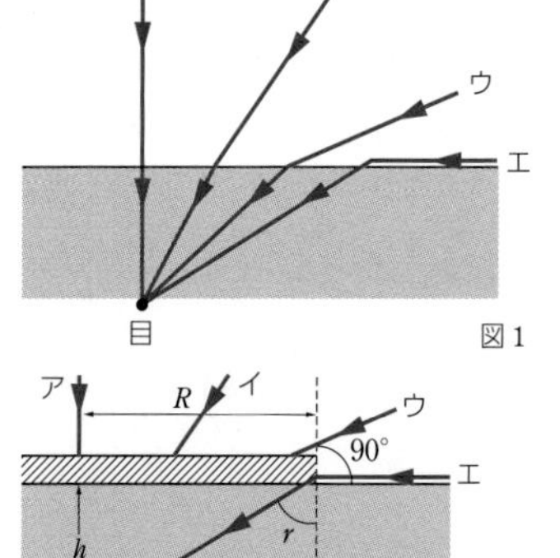

図 1

図 2

問 3 光軸と平行にレンズに入射した光は，凸レンズではレンズ後方の焦点へ進み，凹レンズではレンズ前方の焦点から出た光のように進む。
また，レンズの中央を通る光は直進する。
以上のことを用いて像の位置と大きさを作図すると右図となる。
したがって，正解は ②

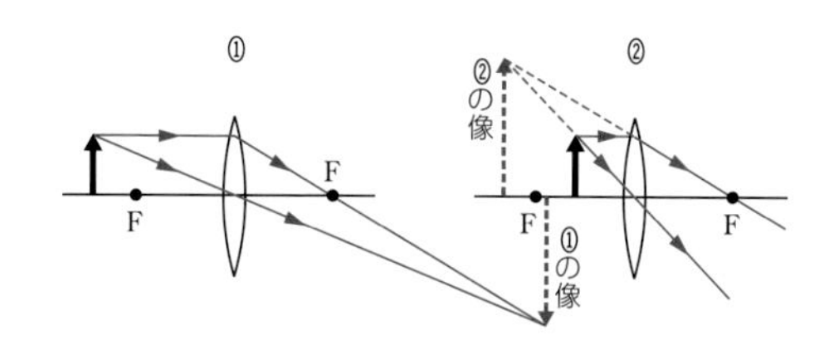

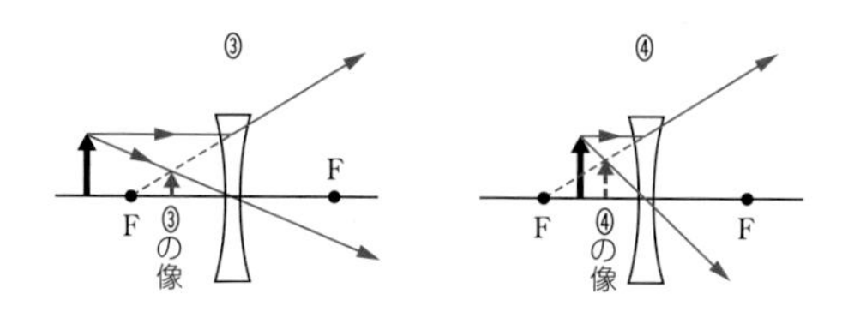

問 4 図のように，白色光の入射角を i，赤色光，青色光の屈折角をそれぞれ r_R，r_B，空気に対するプリズムの屈折率を n_R，n_B とすると

プリズム
白色光
赤色光
青色光

$r_R > r_B$ より

$\sin r_R > \sin r_B \quad (r_B < r_R < 90°)$

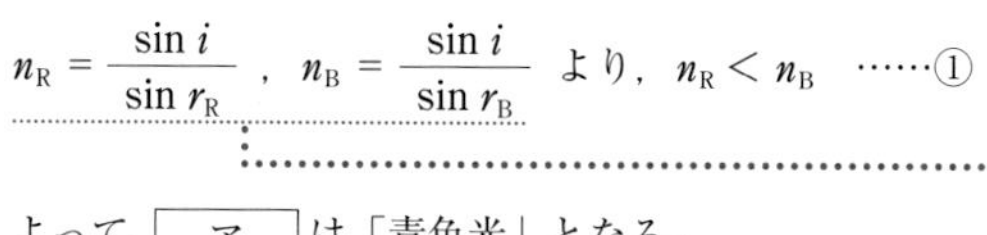

$n_R = \dfrac{\sin i}{\sin r_R}$，$n_B = \dfrac{\sin i}{\sin r_B}$ より，$n_R < n_B$ ……①

屈折の法則

よって，[ア] は「青色光」となる。
また，空気中の光の速さを c，プリズム中の赤色光，青色光の光の速さをそれぞれ v_R，v_B とすると

$n_R = \dfrac{c}{v_R}$，$n_B = \dfrac{c}{v_B}$ および①式より

$\dfrac{c}{v_R} < \dfrac{c}{v_B}$ となるので，$v_R > v_B$

よって，[イ] は「赤色光」となる。
さらに，白色光をプリズムに通したとき，屈折によっていろいろな色の光に分かれることを光の分散という。よって，[ウ] は「分散」。
したがって，正解は ⑥

19日目 電場と電位

30. 電場の合成

[問題のテーマ] 複数の点電荷がつくる電場と電位の問題である。

解答　問 1 [1] ⑦　問 2 [2] ⑤　問 3 [3] ①

[解答の指針] 電場は各点電荷がつくる電場のベクトル和だが，電位は代数和になる。

Keywords　電場，電位，点電荷

解説

各点電荷が点 o につくる電場をそれぞれ $\vec{E_a}$, $\vec{E_b}$, $\vec{E_c}$, $\vec{E_d}$ とする。点 o と点 a，b，c，d の距離は等しいので電場の強さの大小は各電荷の電気量で決まる。

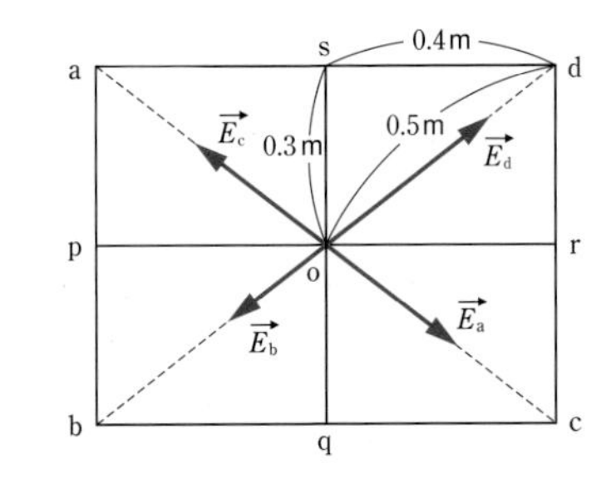

問 1　$\vec{E_a}$ と $\vec{E_c}$ は，強さが等しく逆向きなので打ち消しあう。よって，$\vec{E_b}$ と $\vec{E_d}$ の強さの関係 $E_d - E_b > 0$ より，電場は $\overrightarrow{od}$ を向く。
したがって，正解は ⑦

問 2　$oa = ob = oc = od = \sqrt{0.4^2 + 0.3^2} = 0.5$ m
よって，点 o での電場の大きさ E〔N/C〕は

$$E = E_d - E_b$$
$$= (9.0 \times 10^9) \times \frac{5.0 \times 10^{-8}}{0.5^2} - (9.0 \times 10^9) \times \frac{3.0 \times 10^{-8}}{0.5^2}$$
$$= 7.2 \times 10^2 \text{ N/C}$$

したがって，正解は ⑤

> 点電荷のまわりの電場
> $E = k\dfrac{Q}{r^2}$
> k：クーロンの法則の比例定数
> Q：点電荷の電気量の大きさ
> r：点電荷からの距離

問 3　各点電荷による点 o の電位 V_a，V_b，V_c，V_d〔V〕はそれぞれ

$$V_a = (9.0 \times 10^9) \times \frac{4.0 \times 10^{-8}}{0.5}$$
$$V_b = (9.0 \times 10^9) \times \frac{-3.0 \times 10^{-8}}{0.5}$$
$$V_c = (9.0 \times 10^9) \times \frac{4.0 \times 10^{-8}}{0.5}$$
$$V_d = (9.0 \times 10^9) \times \frac{-5.0 \times 10^{-8}}{0.5}$$

> 点電荷のまわりの電位
> $V = k\dfrac{Q}{r}$
> k：クーロンの法則の比例定数
> Q：点電荷の電気量の大きさ
> r：点電荷からの距離

よって，o 点での電位 V〔V〕は

$$V = V_a + V_b + V_c + V_d = 0$$

したがって，正解は ①

31. 静電気力と電場

[問題のテーマ] 一様な電場と点電荷による静電気力の合成の問題である。

解答 問 1 [1] ③ 問 2 [2] ① [3] ④

[解答の指針] 静電気力の合成はベクトル和なので，三平方の定理を用いて大きさを計算する。

Keywords 一様な電場，点電荷，クーロンの法則

解説

問 1 小球 M は負の電気量をもつので，点 O の正電荷によって小球 M にはたらく静電気力は図の水平右向きで，大きさ f_0 は

$$f_0 = k\frac{pq}{r^2}$$

> クーロンの法則
> $F=k\dfrac{q_1 q_2}{r^2}$
> F：静電気力の大きさ
> k：クーロンの法則の比例定数
> q_1, q_2：2つの点電荷の電気量の大きさ
> r：点電荷からの距離

また，一様な電場による，小球 M にはたらく静電気力は水平左向きで，大きさは pE

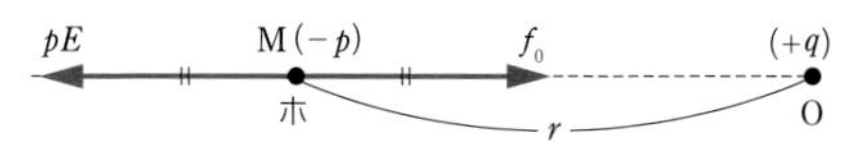

$pE = f_0 = k\dfrac{pq}{r^2}$ より $E = k\dfrac{q}{r^2}$

したがって，正解は ③

問 2 問 1 より，$f_0 = pE$ なので M が受ける静電気力の大きさ F は図より

$$F = \sqrt{p^2E^2 + p^2E^2} = \sqrt{2}\,pE$$

また，向きは，点 O から点ニの向きに等しい。

したがって，正解は，[2] は ①，[3] は ④

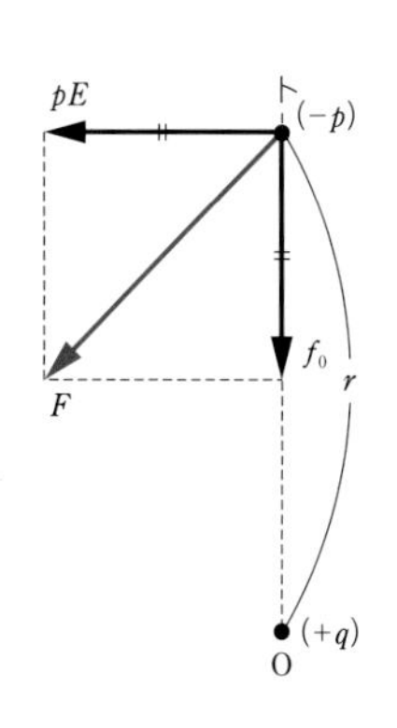

第3章

20日目 コンデンサー①

32. 平行板コンデンサー

[問題のテーマ] 極板間に誘電体を出し入れする場合のコンデンサーの問題である。

解答 問1 [1] ④　問2 [2] ①　問3 [3] ②

[解答の指針] スイッチの開閉，誘電体の出し入れによる極板間の電圧，電気量，電気容量の変化の有無を考える。

Keywords　コンデンサー，誘電体，比誘電率，静電エネルギー

解説

問1 極板間に誘電体を入れると，正の極板に近い表面には負電荷，負の極板に近い表面には正電荷が現れ，それにより誘電体内に極板間の電場と逆向きの電場が発生し，コンデンサーの電場を弱めるはたらきをする。

誘電分極

しかし，電池に接続されているため，極板に電荷が供給されて極板間の電位差は V に保たれる。よって，正解は，問題の図2の場合より極板の電荷は増え，誘電体の上部が負，下部が正になっている ④ となる。

問2 問1での極板の電気量を Q とすると，スイッチを開いているので，誘電体を抜いても電気量は Q のまま変わらない。

電荷が新たに供給されないので，電気量は極板内で一定

また，誘電体を入れないときの電気容量を C，入れたときの電気容量を C' とすると　$C' = \varepsilon_r C$

よって，誘電体を抜いたときの電位差を V' とすると

$Q = CV' = C'V$ より　$CV' = \varepsilon_r CV$

以上より　$V' = \varepsilon_r V$　……①

したがって，正解は ①

問3 誘電体を抜く前後で電気量は変わらないので，コンデンサーに蓄えられている静電エネルギーの式より

$$U_1 = \frac{1}{2}QV,\ U_2 = \frac{1}{2}QV' = \frac{1}{2}Q(\varepsilon_r V)$$

①式より

よって　$\dfrac{U_2}{U_1} = \dfrac{\frac{1}{2}Q\varepsilon_r V}{\frac{1}{2}QV} = \varepsilon_r$　　したがって，正解は ②

33. 平行板コンデンサー

[問題のテーマ] 極板間の距離を変える場合のコンデンサーの問題である。

解答　問1 [1] ②　問2 [2] ④　問3 [3] ②

[解答の指針] コンデンサーの電気容量と極板間の距離の関係，およびスイッチが開または閉のときに変化しないものが何かを考える。

Keywords　極板間の距離，電気容量，平行板コンデンサー，静電エネルギー

解説

問1　極板間の距離が d のときの電気容量を C_0 とすると，電気容量は極板の距離に反比例するので，$2d$ に広げた電気容量 C は

$$C = \frac{1}{2}C_0$$

> $C=\varepsilon\dfrac{S}{d}$
> S：極板の面積
> ε：誘電率

また，Sは閉じているので，電圧 V_0 は一定より，電気量が Q になったとすると

極板間隔を広げる前　$Q_0 = C_0V_0$，極板間隔を広げた後　$Q = CV_0 = \dfrac{1}{2}C_0V_0$

よって　$$\frac{Q}{Q_0} = \frac{\frac{1}{2}C_0V_0}{C_0V_0} = \frac{1}{2}$$　したがって，正解は ②

問2　このときの極板間の電圧を V とする。スイッチを開いてから極板間の距離を変えたので，電気量は Q_0 で一定である。よって，

極板間隔を広げる前　$Q_0 = C_0V_0$　……①　，極板間隔を広げた後　$Q_0 = CV = \dfrac{1}{2}C_0V$　……②

①=②より　$V = 2V_0$　……③

以上より，静電エネルギーは

極板間隔を広げる前　$W_0 = \dfrac{1}{2}Q_0V_0$　，極板間隔を広げた後　$W = \dfrac{1}{2}Q_0V = \dfrac{1}{2}Q_0(2V_0) = Q_0V_0$

> ③式を代入

$$\frac{W}{W_0} = \frac{Q_0V_0}{\frac{1}{2}Q_0V_0} = 2$$　したがって，正解は ④

問3　このときの電気容量 C' は　$C' = 2C_0$

> $C' = \varepsilon_r C$
> (ε_r：比誘電率)

Q_0 は一定なので，極板間の電位差を V' とすると

> スイッチを開く

$Q_0 = C'V' = 2C_0V'$　……④

①，④式より　$V' = \dfrac{1}{2}V_0$

よって　$$\frac{V'}{V_0} = \frac{\frac{1}{2}V_0}{V_0} = \frac{1}{2}$$　したがって，正解は ②

21日目 コンデンサー②

34. コンデンサー回路のスイッチ操作

[問題のテーマ] 充電されているコンデンサーの回路をスイッチ操作で変化させるときの，極板の電気量の変化を考える問題である。

解答　問1 [1] ②　問2 [2] ④　問3 [3] ②

[解答の指針] 充電後にスイッチを切りかえる場合，極板に蓄えられた電気量は，電気量保存の法則をもとに考える。

Keywords　電気量保存の法則

解説

問1　スイッチを a 側に倒すと図1の回路図になる。
よって　$Q = CV$
したがって，正解は ②

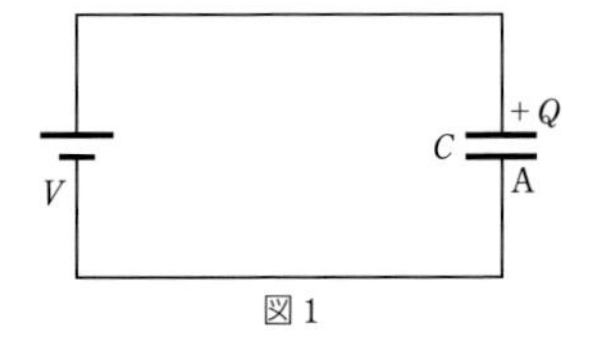

図1

問2　スイッチを b 側に倒すと図2の回路図になる。
スイッチ b を閉じる直前は，A には Q の電気量が蓄えられていて，B には電気量が蓄えられていなかったので，電気量保存の法則により，図2の（＊）の部分の電気量の合計は Q である。
よって　$q_A + q_B = Q$　……①
したがって，正解は ④

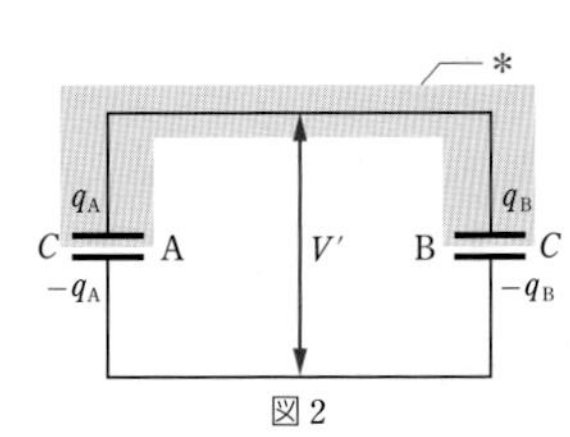

図2

問3　A と B の極板間の電圧 V' は等しい（図2）。

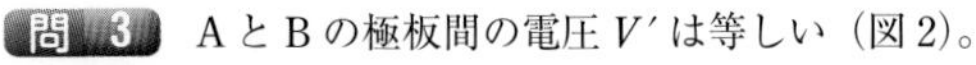

電圧 $V' = \dfrac{q_A}{C} = \dfrac{q_B}{C}$　より

$q_A = q_B$　……②

①，②式より

$q_A + q_A = Q$

よって　$q_A = \dfrac{1}{2}Q$，$q_B = \dfrac{1}{2}Q$

再び，スイッチ a 側に倒すと，A には Q の電気量が蓄えられ，さらにスイッチを b 側に倒すと (2 回目)，A，B それぞれの上側の電極板の電気量 q_{A2}，q_{B2} は，

$$q_{A2} + q_{B2} = Q + q_B = Q + \frac{1}{2}Q = \frac{3}{2}Q \quad \cdots\cdots ③$$

A と B の極板間の電圧は等しいので

$$\frac{q_{A2}}{C} = \frac{q_{B2}}{C} \quad より \quad q_{A2} = q_{B2} \quad \cdots\cdots ④$$

③，④式より

$$q_{A2} + q_{A2} = \frac{3}{2}Q$$

よって　$q_{A2} = \dfrac{3}{4}Q$，$q_{B2} = \dfrac{3}{4}Q$

同様に，$q_{A3} = q_{B3} = \dfrac{7}{8}Q$，$q_{A4} = q_{B4} = \dfrac{15}{16}Q$

となるので，グラフは次の図のようになる。

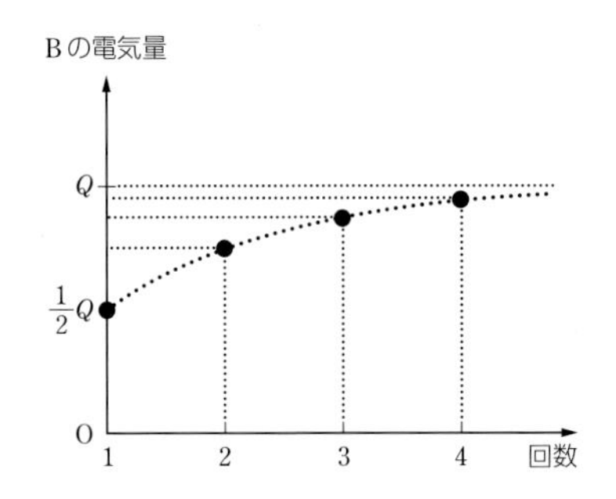

したがって，正解は ②

(補足) 図 2 のようなコンデンサーのみの回路の場合，コンデンサーの並列接続と考えることができるので，回路内の電気量は各コンデンサーの電気容量の比でコンデンサーに分配される。よって，A，B のコンデンサーの電気容量が同じ場合，蓄えられる電気量は A と B で同じになる。スイッチを a 側に倒すと，A のコンデンサーは常に電気量 Q となり，このとき増えた電気量が，b 側にスイッチを倒すときに A，B のコンデンサーで半分ずつに分配される。
この関係は，n 回目と $(n+1)$ 回目の B に蓄えられた電気量を q_{Bn}，$q_{B(n+1)}$ とすると次のように表せる。

$$q_{B(n+1)} = \frac{1}{2}(Q + q_{Bn})$$

スイッチの切りかえをくり返すごとに B の電気量は徐々に増加していくので，このことが理解できれば細かい数値計算をしなくても，② のグラフを選択できる。

22日目 電気回路①

35. 直流回路

[問題のテーマ] キルヒホッフの法則Ⅰ，Ⅱを用いて解く，複雑な回路の問題である。

解答　1 ②　　2 ⑦　　3 ③

[解答の指針] 計算を複雑にしないため，2 は 1 の結果を，3 は 2 の結果を利用して考える。単位の変換をミスしないように注意する。

Keywords　キルヒホッフの法則，オームの法則

解説

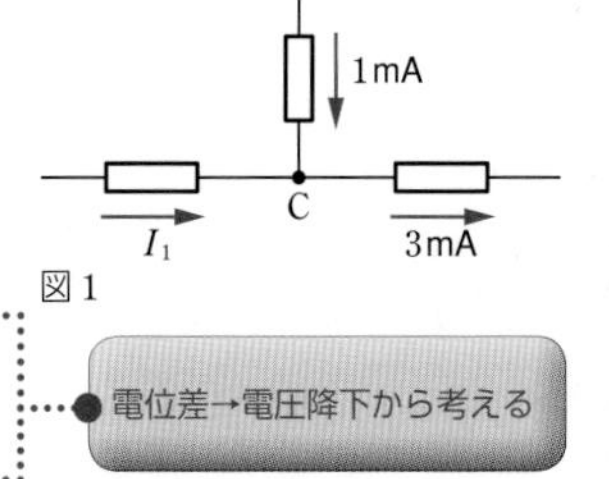

図1

図1の点Cについて，キルヒホッフの法則Ⅰを用いると

$I_1 + 1\ \mathrm{mA} = 3\ \mathrm{mA}$　より　$I_1 = 2\ \mathrm{mA}$　……①

よって，1 の正解は ②

オームの法則より，AC間の電位差 V_{AC} は，①式より

$$V_{AC} = 2\ \mathrm{k\Omega} \times I_1 = (2 \times 10^3\ \Omega) \times (2 \times 10^{-3}\ \mathrm{A}) = 4\ \mathrm{V}$$

同様に，CD間の電位差 V_{CD} は，

$$V_{CD} = 1\ \mathrm{k\Omega} \times 3\ \mathrm{mA} = (1 \times 10^3\ \Omega) \times (3 \times 10^{-3}\ \mathrm{A}) = 3\ \mathrm{V}$$

電位差→電圧降下から考える

よって，AD間の電位差 V_{AD} は

$$V_{AD} = V_{AC} + V_{CD} = 4\ \mathrm{V} + 3\ \mathrm{V} = 7\ \mathrm{V} \quad \cdots\cdots ②$$

したがって，2 の正解は ⑦

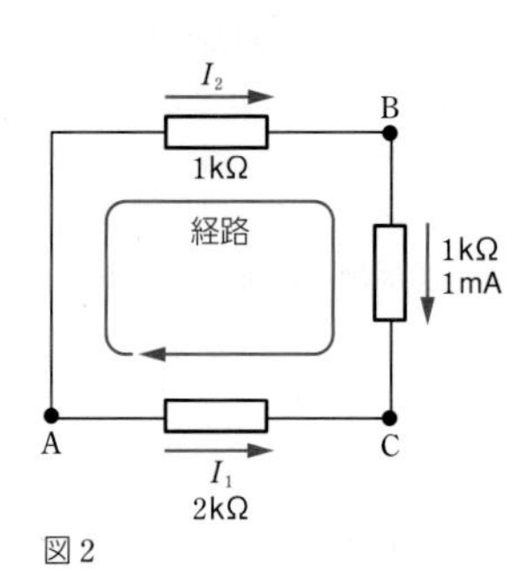

図2

図2の経路について，キルヒホッフの法則Ⅱを用いると

$$1\ \mathrm{k\Omega} \times I_2 + 1\ \mathrm{k\Omega} \times 1\ \mathrm{mA} - 2\ \mathrm{k\Omega} \times I_1 = 0 \quad \cdots\cdots ③$$

①，③式より

$$I_2 = 2\,I_1 - 1\ \mathrm{mA} = 2 \times 2\ \mathrm{mA} - 1\ \mathrm{mA} = 3\ \mathrm{mA}$$

よって，3 の正解は ③

36. コンデンサーを含む直流回路

[問題のテーマ] コンデンサーを含む回路にキルヒホッフの法則，オームの法則を適用する問題である。

解答　問1 [1] ③　　問2 [2] ⑤

[解答の指針] 直流回路では，十分時間がたち，コンデンサーに流れる電流が0になったとして，キルヒホッフの法則を適用する。

Keywords　コンデンサー，可変抵抗器，キルヒホッフの法則

解説

問 1　図1のように点a，a′，b，b′，c，c′および電流I，I_1，I_2をとって考える。
図1で，点aとa′の電位は等しいので，点bとb′の電位が等しいとき，ab間とa′b′間の電圧降下は等しい。
よって，$2RI_1 = rI_2$　……①
また　bc間とb′c′間の電圧降下も等しく

$RI_1 = 2RI_2$　……②

①式÷②式より　$\dfrac{2RI_1}{RI_1} = \dfrac{rI_2}{2RI_2}$

以上より，$r = 4R$
したがって，正解は ③

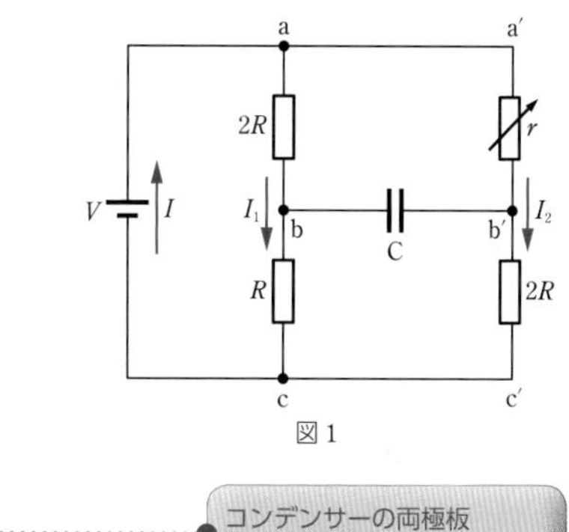

図1

コンデンサーの両極板の電位が等しい。

問 2　$r = 0$であり，また，十分時間が経過した後はコンデンサーに電流は流れない。図2の回路で考えると

$(2R + R)I_1 = V$　より　$I_1 = \dfrac{V}{3R}$　……③

$2RI_2 = V$ より　$I_2 = \dfrac{V}{2R}$　……④

③，④式より電池を流れる電流はIは

$I = I_1 + I_2 = \dfrac{V}{3R} + \dfrac{V}{2R} = \dfrac{5V}{6R}$

したがって，正解は ⑤

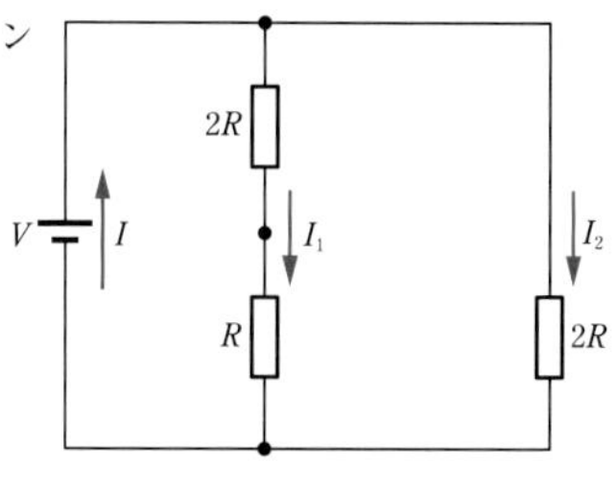

図2

キルヒホッフの法則 I

23日目 電気回路②

37. 電球を含む回路

[問題のテーマ] 非直線抵抗を含む回路の問題である。

解答　(a) 1 ③　　(b) 2 ⑦

[解答の指針] (a) 回路図から，豆電球 M の電圧と電流の関係式を求めてグラフにかき込み，M の電流 - 電圧特性のグラフとの交点を求める。

Keywords　非直線抵抗

解説

抵抗 R のグラフは，I = 100mA，V = 2V の点を通るので，その抵抗値 R は，

$$R = \frac{V}{I \times 10^{-3}} = \frac{2}{100 \times 10^{-3}} = 20\ \Omega$$

I は mA の単位

(a) M の両端の電圧を V_M〔V〕，電流計を流れる電流を I〔mA〕とすると，R と M は直列につながれているので

$$V_M + 20I \times 10^{-3} = 7$$

よって　$V_M = -0.02I + 7$　……①

回路に関する条件（①式）の関係を問題の図 2 にかき込むと，M の V-I 曲線との交点は，I = 200 mA，V = 3V の点である（右図）。

したがって，正解は ③

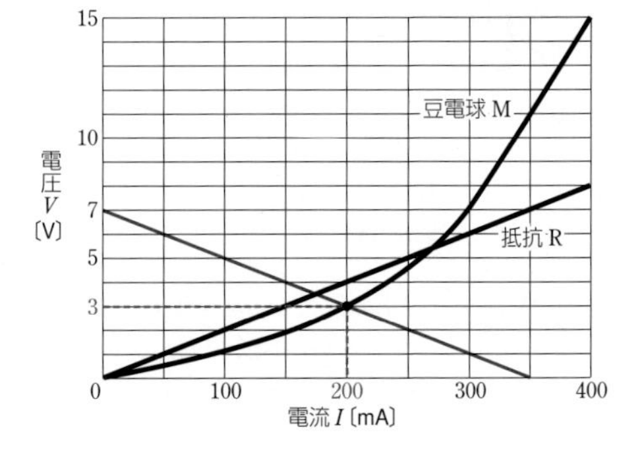

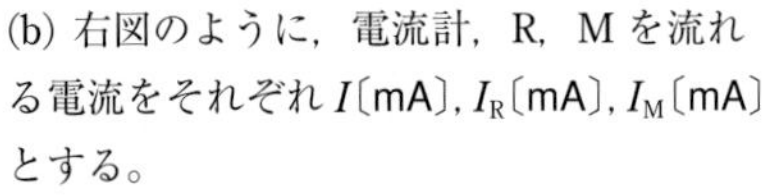

(b) 右図のように，電流計，R，M を流れる電流をそれぞれ I〔mA〕, I_R〔mA〕, I_M〔mA〕とする。

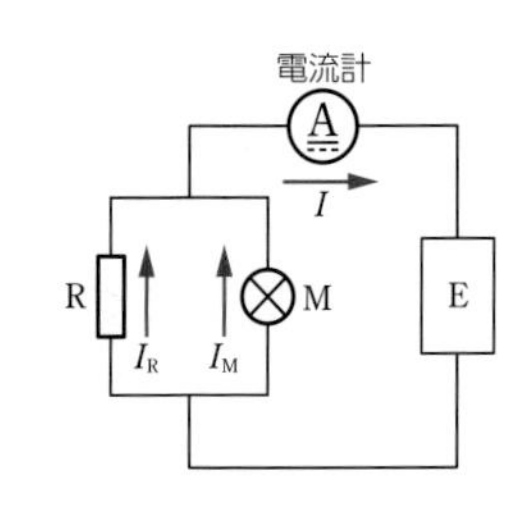

このとき，M と R は，並列につながれているので

$$V_M = 7\ \text{V}\quad\cdots\cdots②$$

$$20I_R \times 10^{-3} = 7\ \text{V}\quad\cdots\cdots③$$

②式より，$V_M = 7$ V のときの I_M〔mA〕を問題の図2のグラフから読み取ると

$I_M = 300$ mA

また，③式より

$$I_R = \frac{7}{20 \times 10^{-3}} = 350 \text{ mA}$$

キルヒホッフの法則Ⅰより

$I = I_M + I_R = 300 + 350 = 650$ mA

したがって，正解は ⑦

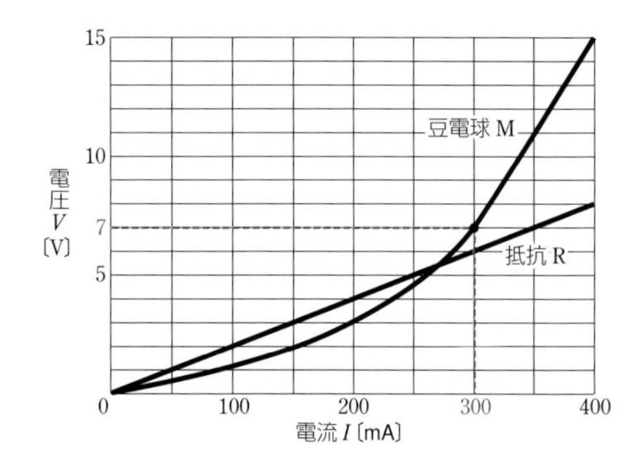

38. ダイオードを流れる電流と電圧

[問題のテーマ] 非直線抵抗として半導体ダイオードを含む直流回路の問題である。

解答　問1 [1] ②　問2 [2] ③

[解答の指針] 電球の場合と同様に，回路に関する条件のグラフをダイオードの電流 - 電圧特性のグラフにかき込み，交点から値を求める。

Keywords　非直線抵抗，半導体ダイオード

解説

問 1　キルヒホッフの法則Ⅱより　$E = V + RI$

よって　$V = E - RI$　……①

したがって，正解は ②

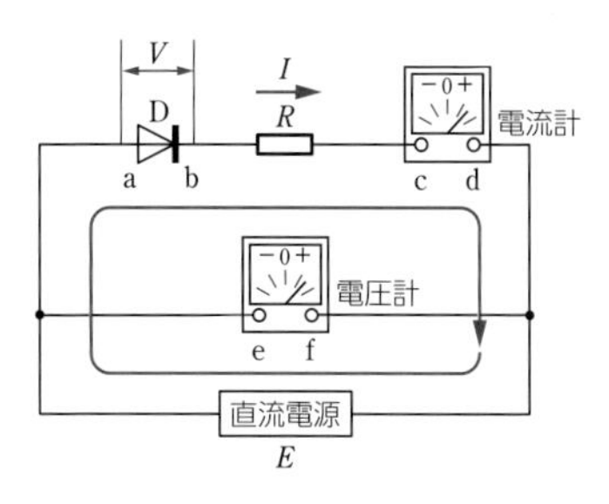

問 2　半導体ダイオードDと抵抗と電流計は直列に接続されているので，Dを流れる電流は電流計が示す電流 I と等しい。いま，電流を mA で表し，$I = I_D \times 10^{-3}$ として，$R = 50\Omega$，$E = 3.0$ V を①式に代入すると

$V = 3.0 - 50\, I_D \times 10^{-3}$

よって　$I_D = 60 - 20V$　……②

回路に関する条件（②式）を問題の図2にかき込むと，交点は

$V = 2.0$ V のとき，$I_D = 20$ mA

と読み取れる。

したがって，正解は ③

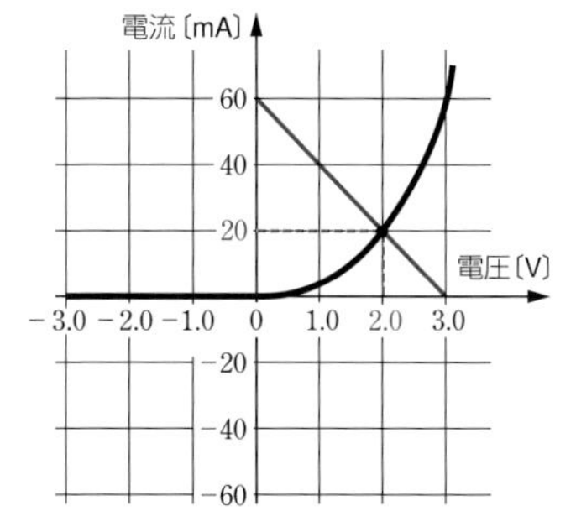

24日目 ローレンツ力

39. 荷電粒子の運動

[問題のテーマ] 一様な電場で加速された荷電粒子が，一様な磁場に突入し，ローレンツ力を受けて等速円運動をする問題である。

解答

問1 [1] ③ [2] ⑤ [3] ⑨
問2 [4] ③ [5] ⑥ 問3 [6] ⑤ 問4 [7] ②

[解答の指針] ローレンツ力が等速円運動の向心力となる荷電粒子の運動方程式を立てる。

Keywords ローレンツ力，荷電粒子，向心力，等速円運動，運動方程式

解説

問1 電気量 q の荷電粒子が領域Ⅱで電場 E から受ける力 F_{II} は

$F_{\text{II}} = qE$ ……① よって， [1] の正解は ③

また，O から S_1 に到達するまでに荷電粒子は l 進むので，電場 E が荷電粒子にした仕事 W_E は，①式より

$W_E = F_{\text{II}}\, l = qEl$ ……② よって， [2] の正解は ⑤

点 O を出たときと S_1 に到達したときの運動エネルギーを K_0，K_{S1} とすると

$K_{S1} - K_0 = W_E$

> 物体の運動エネルギーの変化は，物体にされた仕事に等しい。

$K_0 = \dfrac{1}{2}mv_0^2$，$K_{S1} = \dfrac{1}{2}mv_1^2$

よって $\dfrac{1}{2}mv_1^2 - \dfrac{1}{2}mv_0^2 = qEl$ より $v_1 = \sqrt{v_0^2 + \dfrac{2qEl}{m}}$ ……③

> 等加速度直線運動の式
> $v_1^2 - v_0^2 = 2\dfrac{qE}{m}l$
> からも求められる。

したがって， [3] の正解は ⑨

問2 荷電粒子が領域Ⅰで受けるローレンツ力 F_{I} は

$F_{\text{I}} = qv_1B_{\text{I}}$

よって， [4] の正解は ③

また，このときの等速円運動の半径を r とすると，

F_{I} が向心力になるので，運動方程式は

> 本冊 p.26 Chart 4 参照。

$m\dfrac{v_1^2}{r} = qv_1B_{\text{I}}$

よって $r = \dfrac{mv_1}{qB_{\text{I}}}$ ……④ ④式より $PQ = 2r = \dfrac{2mv_1}{qB_{\text{I}}}$

したがって，[5] の正解は ⑥

問 3 S_2 に到達するとき，S_2 での運動エネルギー K_{S2} は

$K_{S2} \geqq 0$

ローレンツ力は運動方向に垂直であり，仕事をしないので，荷電粒子が S_1 を出るときの運動エネルギーは $\frac{1}{2}mv_1^2$

荷電粒子が S_1 から S_2 に進む間に，電場 E が荷電粒子にする仕事は

$$-qE \times 2l = -2qEl$$

したがって　$K_{S2} = \frac{1}{2}mv_1^2 - 2qEl \geqq 0$　……⑤

③，⑤式より　$K_{S2} = \frac{1}{2}mv_0^2 + qEl - 2qEl \geqq 0$　……⑥

よって　$\frac{1}{2}mv_0^2 \geqq qEl$

したがって，正解は ⑤

問 4 荷電粒子が再び点 O にもどってくるためには，領域Ⅰ，Ⅲでの等速円運動の半径が等しければよい。領域Ⅲに突入するときの荷電粒子の速さを v_2 とすると，領域Ⅲでの運動方程式は

$$m\frac{v_2^2}{r} = qv_2B_{\text{Ⅲ}} \quad より \quad r = \frac{mv_2}{qB_{\text{Ⅲ}}} \quad \cdots\cdots ⑦$$

④，⑦式より

$$r = \frac{mv_2}{qB_{\text{Ⅲ}}} = \frac{mv_1}{qB_{\text{Ⅰ}}}$$

よって　$\frac{B_{\text{Ⅰ}}}{B_{\text{Ⅲ}}} = \frac{v_1}{v_2}$　……⑧

運動エネルギー K_{S2} を v_2 で表すと $\frac{1}{2}mv_2^2$ なので

⑥式より

$$K_{S2} = \frac{1}{2}mv_2^2 = \frac{1}{2}mv_0^2 - qEl$$

よって　$v_2 = \sqrt{v_0^2 - \frac{2qEl}{m}}$　……⑨

③，⑧，⑨式より

$$\frac{B_{\text{Ⅰ}}}{B_{\text{Ⅲ}}} = \sqrt{\frac{v_0^2 + \frac{2qEl}{m}}{v_0^2 - \frac{2qEl}{m}}}$$

したがって，正解は ②

第3章

25日目 電磁誘導

40. 磁場を横切る金属棒

[問題のテーマ] 一様な磁場を垂直に横切る金属棒に生じる誘導起電力，磁場から受ける力の問題である。

解答 問1 [1] ① [2] ⑥ 問2 [3] ④

[解答の指針] 金属棒が磁場を垂直に横切る場合，磁束の変化は磁束密度と面積の変化の積になる。

Keywords ファラデーの電磁誘導の法則，レンツの法則，誘導起電力

解説

問1 PQfc 内の磁束の時間変化 $\dfrac{\varDelta\Phi}{\varDelta t}$ は

$$\frac{\varDelta\Phi}{\varDelta t} = -Blv$$

（単位時間当たりの面積変化）
（磁場を横切る面積が減少していくので，磁束も減少していく）

ファラデーの電磁誘導の法則より

$$V = -N\frac{\varDelta\Phi}{\varDelta t} = -1 \times (-Blv) = Blv \quad \cdots\cdots ①$$

（$N=1$（コイルの巻数））

したがって，[1] の正解は ①

また，金属棒が ab，de の部分の上にあるとき，絶縁体は電気を流さないので，誘導起電力が生じても電流は流れない。

よって，金属棒は磁場から力を受けないので，等速で動かし続けるとき必要な力は 0 N

したがって，[2] の正解は ⑥

(別解) フレミングの左手の法則より，金属棒中の自由電子は磁場から Q → P への力（ローレンツ力）を受けて移動する。よって，起電力の向きは P → Q であり，大きさは $V = Bvl$

問2 金属棒が bc，ef の部分の上にあって動いているときは誘導電流 I が流れる。

①式より

$$I = \frac{V}{R} = \frac{Blv}{R} \quad \cdots\cdots ②$$

I の向きはレンツの法則により P → Q の向きなので，金属棒が磁場から受ける力はフレミングの左手の法則より，進行方向と逆向きとなり，これに等しい大きさの力で糸を引けばよい。

よって　$F' = IBl = \dfrac{B^2l^2v}{R}$

（②式を代入する）

したがって，正解は ④

41. ソレノイドに生じる誘導起電力

[問題のテーマ] ソレノイドに流れる電流がつくる磁場および，変化する磁場中のソレノイドに生じる誘導起電力についての基本問題である。

解答　問1 [1] ⑥　問2 [2] ③

[解答の指針] 磁束の変化は磁束密度の変化と面積の積で求められる。

Keywords　ソレノイド，誘導電流，ファラデーの電磁誘導の法則

解説

問1　ソレノイドを流れる電流 I〔A〕が，ソレノイド内部につくる磁場 H〔A/m〕は，単位長さ当たりの巻数を n〔/m〕とすると

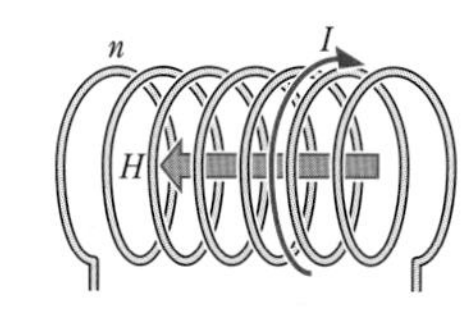

$H = nI$

（本冊 p.170 CHART 27参照。）

$I = 1.0$ A，$n = \dfrac{100}{2.0 \times 10^{-1}} = 5.0 \times 10^2$ /m より

$H = (5.0 \times 10^2) \times 1.0 = 5.0 \times 10^2$ A/m

したがって，正解は ⑥

問2　ソレノイドの断面積 S は，円周率を 3.14 とすると

（ソレノイドの断面積は円と考え，$S = \pi r^2$ より求める。r：半径）

$S = 3.14 \times (1.0 \times 10^{-2})^2 = 3.14 \times 10^{-4}$ m^2

（直径 2.0×10^{-2} mより）

ファラデーの電磁誘導の法則

$V = -N\dfrac{\Delta\Phi}{\Delta t}$　より

ソレノイドに生じる誘導起電力の大きさ V は

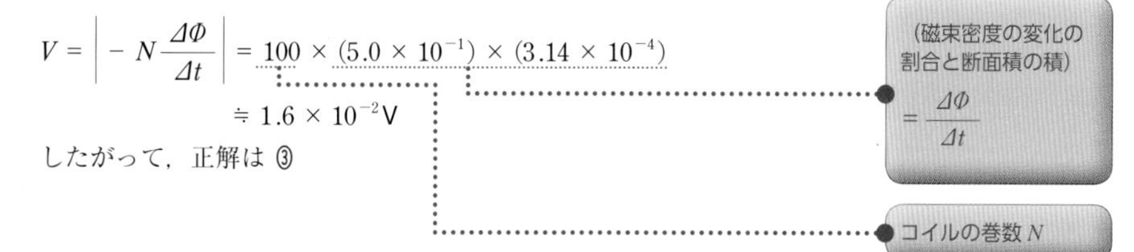

$V = \left| -N\dfrac{\Delta\Phi}{\Delta t} \right| = 100 \times (5.0 \times 10^{-1}) \times (3.14 \times 10^{-4})$

$\fallingdotseq 1.6 \times 10^{-2}$V

（磁束密度の変化の割合と断面積の積）$= \dfrac{\Delta\Phi}{\Delta t}$

（コイルの巻数 N）

したがって，正解は ③

42. 交流回路の電力

[問題のテーマ] 抵抗，豆電球，コイル，コンデンサーを含む交流回路の電力の問題である。周波数と電力の関係を正しく理解することが重要である。

解答
問1(ア) 1 ③　(イ) 2 ②　(ウ) 3 ④
(エ) 4 ①　問2 5 ③

[解答の指針] 問1では電圧は一定なので，周波数を変えたときの電流の流れやすさから判断する。問2は透磁率が大きくなると自己インダクタンスが大きくなることを踏まえて考える。

Keywords 周波数，電力，自己インダクタンス

解説

問1 電球の明るさは電球の消費電力で決まる。
ここでは，交流電圧が一定なので，周波数を変えたときの電流の流れやすさでどのグラフになるかを判断できる。
(ア) 電球および抵抗器の回路であり，ともに抵抗として考えられる。抵抗は交流の周波数によらないので，周波数を変えても電力は一定。
したがって，正解は ③
(イ) 電球およびコンデンサーの回路。コンデンサーに流れる電流は，周波数が高くなるほど流れやすくなるので，電力も大きくなる。
したがって，正解は ②
(ウ) 電球およびコイルの回路。コイルに流れる電流は，周波数が高くなるほど流れにくくなるので，電力も小さくなる。
したがって，正解は ④
(エ) 電球およびコイルとコンデンサーの回路。この回路は共振回路となるので，ある特定の周波数(共振周波数)で電流が最大となる。グラフでも，ある特定の値で極大値をとるので，正解は ①

問 2 自己インダクタンス L は

$L = \mu n^2 lS$ （μ：透磁率，n：単位長さ当たりの巻数，l：長さ，S：断面積）

と表され，透磁率が大きくなると自己インダクタンス L も大きくなる。
L が大きくなると誘導起電力も大きくなるので，電流が流れにくくなる。
よって，電力も小さくなるので暗くなる。
したがって，正解は ③

（補足）交流回路の電力の導出

電圧の実効値を V_e，電流を I_e，回路のインピーダンスを Z，豆電球の抵抗を r，周波数を f とする。
明るさは，消費電力 P に比例する。

> 回路全体の，交流に対する抵抗のはたらきをする量。直列回路のインピーダンス Z は
> $Z=\sqrt{R^2+\left(\omega L-\frac{1}{\omega C}\right)^2}$
> ω：交流の角周波数
> R：抵抗，C：電気容量
> L：自己インダクタンス

（ア）の豆電球と抵抗器の回路の場合

$$P_{ア} = I_e^2 r = \left(\frac{V_e}{r+R}\right)^2 r$$

で，周波数に無関係となる。

（イ）の豆電球とコンデンサーの回路の場合

$$Z_{イ} = \sqrt{r^2+\left(\frac{1}{2\pi fC}\right)^2}$$

> コンデンサーのリアクタンス
> $X_C = \frac{1}{\omega C} = \frac{1}{2\pi fC}$

ゆえに　$P_{イ} = I_e^2 r = \left(\frac{V_e}{Z_{イ}}\right)^2 r = \frac{V_e^2 r}{r^2+\left(\frac{1}{2\pi fC}\right)^2}$

この式で $f = 0$ のとき　$P_{イ} = 0$，$f \to \infty$ のとき　$P_{イ} = \frac{V_e^2}{r}$ に近づく。

（ウ）の豆電球とコイルの回路の場合

$$Z_{ウ} = \sqrt{r^2+(2\pi fL)^2}$$

> コイルのリアクタンス
> $X_L = \omega L = 2\pi fL$

ゆえに　$P_{ウ} = I_e^2 r = \left(\frac{V_e}{Z_{ウ}}\right)^2 r = \frac{V_e^2 r}{r^2+(2\pi fL)^2}$

この式で $f = 0$ のとき　$P_{ウ} = \frac{V_e^2}{r}$，$f \to \infty$ のとき $P_{ウ} = 0$ となる。

（エ）の豆電球とコイル・コンデンサーの回路の場合

$$Z_{エ} = \sqrt{r^2+\left(2\pi fL-\frac{1}{2\pi fC}\right)^2}$$

ゆえに　$P_{エ} = I_e^2 r = \left(\frac{V_e}{Z_{エ}}\right)^2 r = \frac{V_e^2 r}{r^2+\left(2\pi fL-\frac{1}{2\pi fC}\right)^2}$

この式で $f = 0$ のとき　$P_{エ} = 0$，$f \to \infty$ のとき $P_{エ} = 0$ となる。

また，$2\pi fL-\frac{1}{2\pi fC} = 0$ 　$\left(すなわち\quad f = \frac{1}{2\pi\sqrt{LC}}\right)$ 　のとき

$P_{エ}$ は最大値 $\frac{V_e^2}{r}$ となる。

27日目 小問集合③

43. 小問集合（電気と磁気）

[問題のテーマ] 問 1 は箔検電器，問 2 は電位のグラフの読み取り，問 3 は平行な直線電流間にはたらく力，問 4 は円形電流がつくる磁場とレンツの法則の問題である。

解答 問 1 [1] ① 問 2 [2] ③ 問 3 [3] ① 問 4 [4] ④

[解答の指針] 問 1 箔検電器をアースすると箔の電荷は中和し，閉じる。
問 2 電位のグラフから点電荷の正負と大きさを類推する。
問 3 右ねじの法則より電流の位置につくる磁場を求め，フレミングの左手の法則よりそれぞれの導線が受ける力の向きを求める。
問 4 レンツの法則，右ねじの法則を用いて，誘導電流の向きを考える。

Keywords 問 1 箔検電器，問 2 点電荷のまわりの電位，問 3 フレミングの左手の法則 直線電流がつくる磁場，問 4 レンツの法則，右ねじの法則

解説

問 1 手で触れているときはアースされ，電子がいつでも手を通して供給される。
(i) 正に帯電しているガラス棒を近づけると，ガラス棒の正電荷と引きあう電子が手を通して箔検電器の電極に供給される。その結果，箔の電荷に変化はなく，閉じたままである。
(ii) 手をはなしても，ガラス棒の正電荷と引きあう負電荷は箔検電器の電極に供給された後なので，箔の電荷に変化はなく，閉じたままである。
(iii) ガラス棒を遠ざけると，電極上でガラス棒の正電荷と引きあっていた負電荷が箔検電器の金属部分 (電極と箔) に均等に分散する。よって，箔は負に帯電し，反発するので，箔は開く。

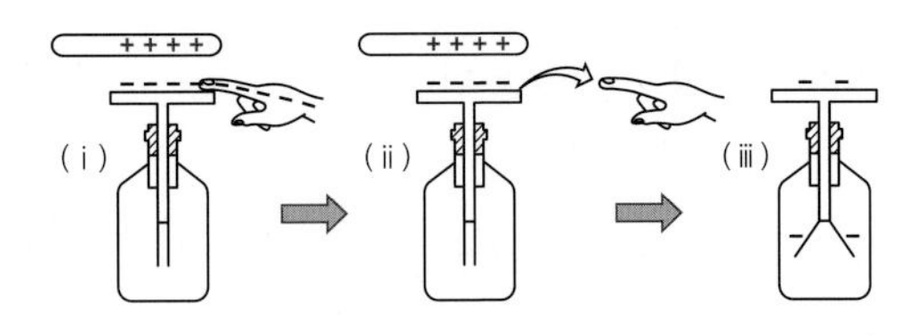

したがって，(i)，(ii)，(iii) より正解は ①

問 2 電気量 Q の点電荷の電位 V は，無限遠の電位を 0，点電荷からの距離を r とすると

$$V = k\frac{Q}{r} \qquad (k \text{ はクーロンの法則の比例定数})$$

と表されるので，問題のグラフの形から $Q_1 > 0$，$Q_2 < 0$ がわかる。

また，Q_1，Q_2 から等距離の $x = 0$ での電位が負であることから，$|Q_1| < |Q_2|$ であることがわかる。
よって，適当な Q_1 と Q_2 の組合せは $(Q_1,\ Q_2) = (Q,\ -2Q)$
したがって，正解は ③

問 3　大きさ I の直線電流が距離 r の位置につくる磁場 H は

$$H = \frac{I}{2\pi r}$$

Hの向きは右ねじの法則で電流の向きよりわかる。

よって，I_1 が I_2 の位置につくる磁場 H_1 と，I_2 が I_1 の位置につくる磁場 H_2 は，それぞれ

$$H_1 = \frac{I_1}{2\pi r}\ ,\ H_2 = \frac{I_2}{2\pi r}$$

であり，磁場の向きは右ねじの法則より，図の向きになる。
また，I_1，I_2 それぞれの長さ l の部分が，磁場 H_2，H_1 から受ける力の大きさ F_2，F_1 はともに等しく，真空の透磁率を μ_0 すると

$$F_1 = F_2 = \frac{\mu_0 l}{2\pi} \cdot \frac{I_1 I_2}{r}$$

であり，向きはフレミングの左手の法則より，図のようになる。
したがって，正解は ①

問 4　中心軸を x 軸にとり，右向きを正とする。
コイルPに流れる円形電流は，P，Q を貫く $+x$ 方向の磁束を生じさせる。このとき，Q を貫く磁束を Φ とする。
(ⅰ) 時刻 t_1 の前後でコイル Q を貫く磁束は 0 から Φ へ増加する。よってこのとき，レンツの法則により，Q には Φ を打ち消す $-x$ 方向の磁束をつくるように図(ⅰ)の向きに誘導電流が流れ，検流計は負の値を示す。

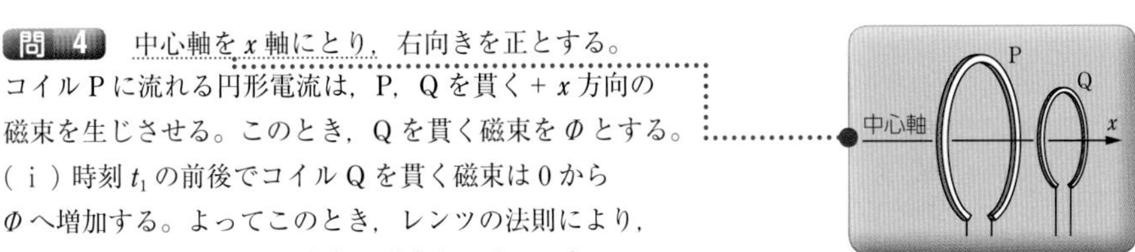

右ねじの法則で電流の向きはわかる

(ⅱ) その後，時刻 t_2 まで一定の電流が流れ続けるので，Q を貫く磁束は Φ のまま変化しない。
よって，Q に誘導起電力は発生せず，誘導電流は流れない。

(ⅲ) 時刻 t_2 の前後でコイルを貫く磁束は Φ から 0 へ減少する。よってこのとき，レンツの法則により，Q には $+x$ 方向の磁束を補うように，図(ⅲ)の向きに誘導電流が流れ，検流計は正の値を示す。
したがって，(ⅰ)～(ⅲ) より正解は ④

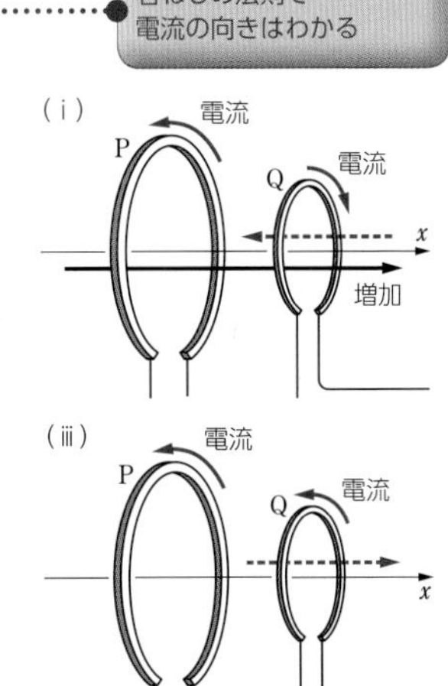

28日目 電子と光

44. 光電効果

[問題のテーマ] 情報をグラフから読み取る光電効果の問題である。

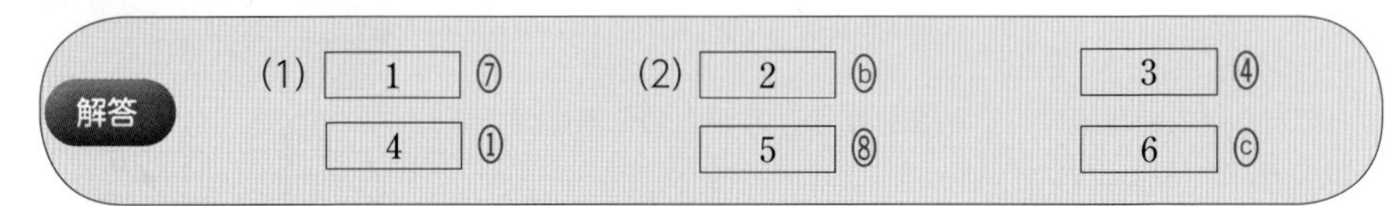

解答 (1) 1 ⑦　(2) 2 ⓑ　3 ④
4 ①　5 ⑧　6 ⓒ

[解答の指針] 光子のエネルギーや光電効果の基本式をもとに解答する。また，グラフから，阻止電圧や仕事関数を読み取り，これをもとに計算する。

Keywords　光電効果，仕事関数，限界振動数

解説

光電効果で，金属に照射した光子のエネルギーは，金属から飛び出した光電子の運動エネルギーの最大値と金属内から外部に電子を取り出すのに必要なエネルギー (仕事関数) の和に等しい。

(1) 最大運動エネルギーをもつ光電子は，陽極 P に達するまでに電場から $-eV_0$〔J〕の仕事を受けたため，直前に運動エネルギーが 0 になる。よって，求めるエネルギーは eV_0〔J〕

1 の正解は ⑦

(2) 基本式より，光子のエネルギーは　$h\nu$

2 の正解は ⓑ

光子のエネルギーは，光電子の最大運動エネルギーと仕事関数の和となるから

$$h\nu = eV_0 + W$$

よって　$V_0 = \dfrac{h}{e}\nu - \dfrac{W}{e}$

3 の正解は ④，4 の正解は ①

問題の図 3 の直線と縦軸の交点の値をエネルギー単位 (eV) で表したものが仕事関数であるから

$$W = 1.9 \times (1.6 \times 10^{-19}) \fallingdotseq 3.0 \times 10^{-19}\ \mathrm{J}$$

5 の正解は ⑧

問題の図 3 より，限界振動数 ν_0 は 4.6×10^{14} Hz であるから

$$h = \frac{W}{\nu_0} = \frac{3.0 \times 10^{-19}}{4.6 \times 10^{14}} \fallingdotseq 6.5 \times 10^{-34}\ \mathrm{J{\cdot}s}$$

6 の正解は ⓒ

（参考）X 線の波動性と粒子性

光電効果は光の波動性ではなく，粒子性で説明できる現象である。光は，波動性と粒子性の二重性を示す。

ここでは，X 線の波動性と粒子性を示す現象についてもみておこう。

① X 線の波動性（ブラッグ反射）

結晶に X 線を当てると，結晶内の原子によって散乱された X 線が干渉して，干渉模様の写真（ラウエ斑点）が得られる。このような現象を X 線回折という。強めあう条件（ブラッグの条件）は次の式で表せる。

$$2d\sin\theta = n\lambda \qquad (n = 1, 2, 3, \cdots)$$

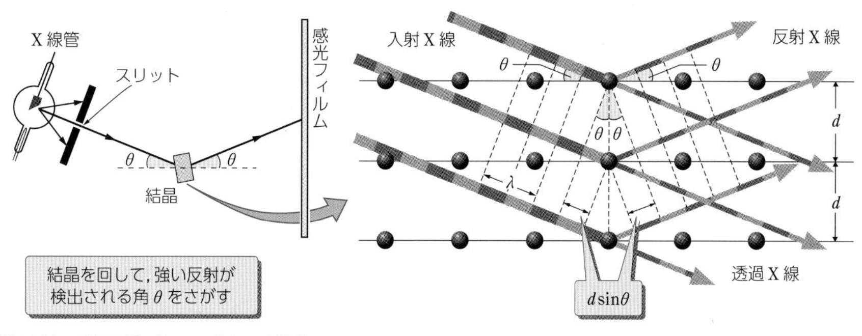

② X 線の粒子性（コンプトン効果）

物質に X 線（波長 λ）を当てると，散乱 X 線に波長の長い X 線（波長 λ'）が含まれる。X 線光子がエネルギー $\dfrac{hc}{\lambda}$，運動量 $\dfrac{h}{\lambda}$ の粒子であり，電子と平面上で衝突したと考えると

エネルギー保存 $\quad \dfrac{hc}{\lambda} = \dfrac{hc}{\lambda'} + \dfrac{1}{2}mv^2 \quad \cdots\cdots①$

運動量保存 $\quad x$ 方向 $\quad \dfrac{h}{\lambda} = \dfrac{h}{\lambda'}\cos\phi + mv\cos\theta \quad \cdots\cdots②$

y 方向 $\quad 0 = \dfrac{h}{\lambda'}\sin\phi - mv\sin\theta \quad \cdots\cdots③$

①～③式より $\quad \lambda' - \lambda = \dfrac{h}{mc}(1 - \cos\phi)$

となる。

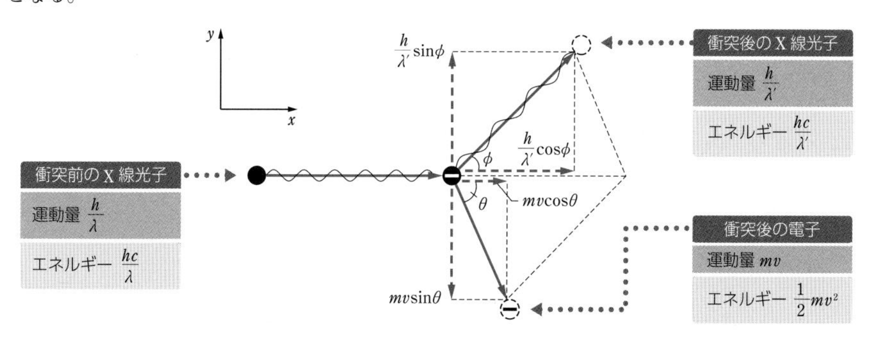

第4章

29日目 原子と原子核

45. 年代測定

[問題のテーマ] 放射性元素の崩壊の過程および崩壊していく原子の割合の時間変化のグラフから，年代を推定する問題である。

解答 問 1 [1] ① 問 2 [2] ④

[解答の指針] 問 1 は崩壊の前後での質量数，または原子番号の比較から考える。問 2 ではグラフを読み取り推定する。

Keywords 放射性崩壊，半減期，年代測定

解説

問 1 放射性崩壊の前後では，質量数・電気量の和は一定に保たれる。

$^{14}_{6}$C の電気量は $6e$ であり，

（eは電気素量）

$^{14}_{7}$N の電気量は $7e$ なので，

$^{14}_{6}$C から $^{14}_{7}$N への崩壊の過程で電子 $-e$ を放出したと考えられる。

$$6e = 7e + (-e)$$

したがって，正解は ①

(補足) 質量数に変化がないので，②，③，④ は考えられない。

問 2 $^{12}_{6}$C は崩壊せず，数は変わらないので，ある古い木片中の $^{14}_{6}$C の $^{12}_{6}$C に対する割合と，生きている木での割合との比は，$\dfrac{N}{N_0}$に等しい。

$\dfrac{N}{N_0}$ が 31% となる $\dfrac{t}{T}$ は，グラフから読み取ると，およそ 1.7 である。

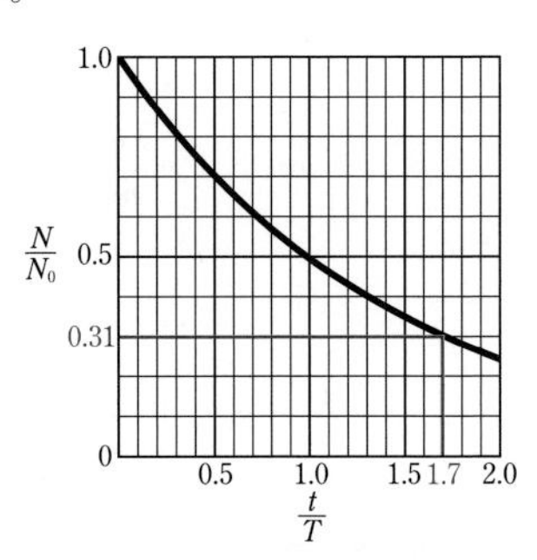

$$\frac{t}{5.7 \times 10^3} \fallingdotseq 1.7 \text{ より}$$

$$t \fallingdotseq 9.7 \times 10^3$$

したがって，正解は ④

46. 半減期

[問題のテーマ] 半減期がわかっている放射性物質について，数の減少のしかたを考える問題である。

[解答の指針] 示されている半減期を用いて，具体的に書き出して調べていく。

Keywords　半減期

解説

初めに N 個ずつあった窒素 13 とインジウム 112 の個数は，それぞれ次のように減少していく。

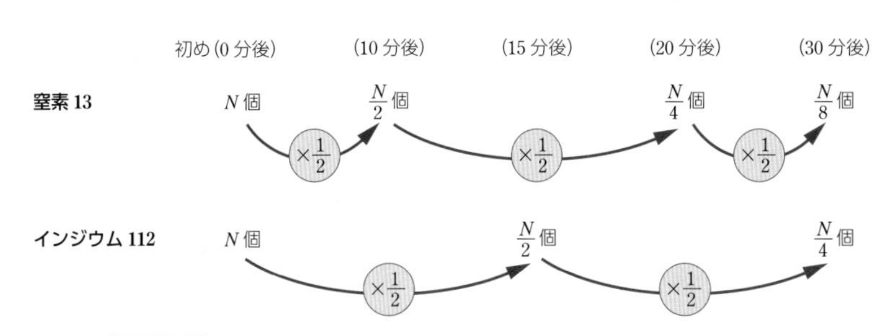

したがって，[1] の正解は ⑤

また，$\frac{N}{4} \div \frac{N}{8} = 2$

したがって，[2] の正解は ①

第4章

30日目 小問集合④

47. 小問集合（原子）

[問題のテーマ] 問 1 は光量子説に関連する問題，問 2 はドブロイ波長の関係式のグラフの問題，問 3 はα粒子の散乱実験の問題，問 4 は放射性崩壊の問題である。

解答

問 1 [1] ④　[2] ⓑ　[3] [4] ⑦，⓪（順不同）
問 2 [5] ③　問 3 [6] ④　問 4 [7] ③

[解答の指針] 問 1 ～ 4 ではそれぞれの物理的な意味を理解しておく。

問 1　光の粒子性を示す現象
問 2　ドブロイ波長
問 3　ラザフォード達のα粒子の散乱実験
問 4　α崩壊，β崩壊

問 1　光量子説，コンプトン効果，光電効果，問 2　ドブロイ波長，
問 3　α粒子，原子核，散乱実験，問 4　α崩壊，β崩壊

解説

問 1　光は電磁波としての波動性と，光子（光量子）としての粒子性の二重性をもつ。光の振動数を ν，プランク定数を h とすると，光子のエネルギー E は

$$E = h\nu$$

と表される。
したがって，正解は，[1] ④，[2] ⓑ
光電効果は光子が金属中の電子をたたき出す現象，コンプトン効果はX線の光子が電子をはじき飛ばす現象で，いずれも光の粒子性の現れである。
よって正解は，[3] [4] ⑦，⓪（順不同）

問 2　速さ v の電子波の波長 λ は，電子の質量を m，プランク定数を h として

$$\lambda = \frac{h}{mv}$$

よって，λ は v に反比例する。
したがって，正解は ③

ドブロイ波長
$$\lambda = \frac{h}{p} = \frac{h}{mv}$$
（p：粒子の運動量）

問 3 原子では，その質量の大部分と正電荷は中心のごく小さい部分に集中しており，これを原子核とよぶ。α 粒子は正の電荷をもっているので，同じ正電荷をもつ原子核から斥力を受けて曲げられる。このとき，原子核は α 粒子より非常に重いので，α 粒子は大きく向きを変える。
また，電子は α 粒子に比べて非常に軽いので，原子核以外の電子が分布する部分では，α 粒子はほとんど向きを変えずに直進する。
以上より，正解は ④

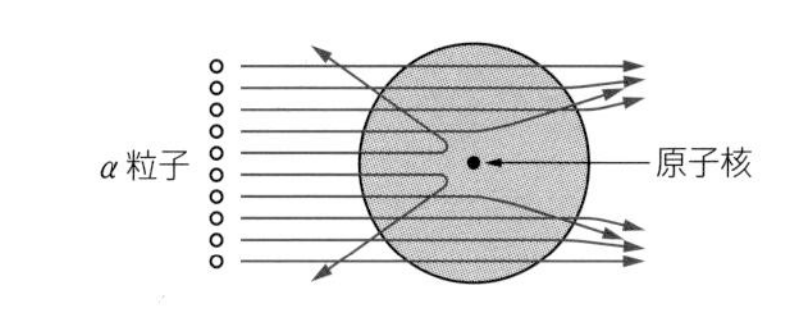

問 4 α 崩壊では質量数が 4 減少し，原子番号が 2 減少する。　……①
β 崩壊では質量数は変化せず，原子番号が 1 増加する。　……②

①より，ウラン $^{235}_{92}\mathrm{U}$ と求める鉛の同位体の質量数の差は 4 の倍数になる。
したがって，選択肢の中で当てはまるのは，
$^{207}_{82}\mathrm{Pb}$ のみなので，正解は ③ である。

$235-207=28=4\times7$

(参考) α 崩壊 7 回で原子番号は　$2\times7=14$ 減少するので
$92-14=78$ となる。
よって，$82-78=4$　より，β 崩壊も 4 回起こったことがわかる。

第4章

31日目 グラフ・図の読み取り

48. エレキギターのしくみと電磁誘導

[問題のテーマ] 弦をはじく強さを変えたり，たたくおんさの材質を変えたときに，オシロスコープの画面に表示される波形の変化とその原因を考える問題である。

解答　問 1 [1] ④　　問 2 [2] ⑥

[解答の指針] 弦をはじいてから誘導起電力が生じるまでの流れを考える。

Keywords　図の読み取り，誘導起電力，コイル，磁性体

◆問題のポイント①（p.198 図 3）

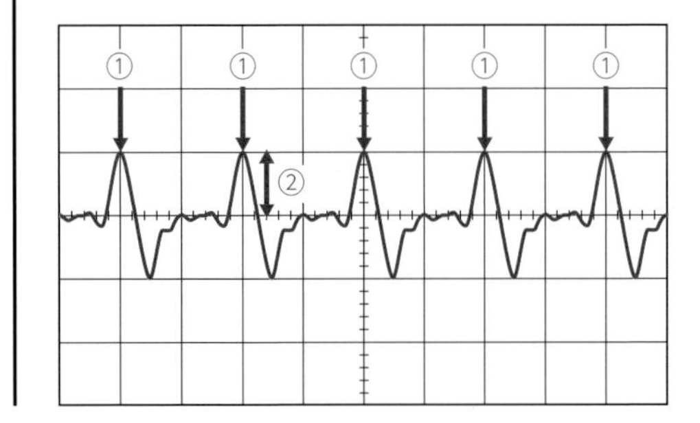

誘導起電力が生じる過程を考えると，図に見られる特徴と弦の振動とで，次のように関連づけることができる。
①電圧が変化する回数
　→弦が振動する回数
②電圧の変化の大きさ
　→弦が振れる大きさ

◆問題のポイント②（p.199 図 6）

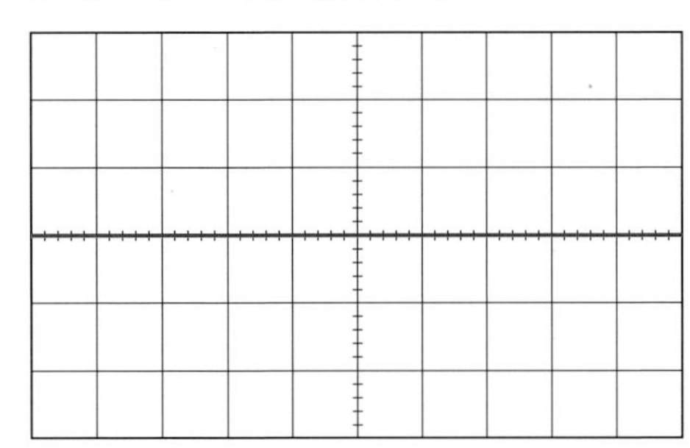

一見，電圧に変化がないように見受けられるが，正確には，鉄製の場合と比べて変化が著しく小さい，と考えるべきである。

解説

問 1 問題文より，弦をはじくとコイルを貫く磁束が変化することがわかっている。図3のオシロスコープの画面で電圧に周期的な変化が見られるのは，弦の振動の周期性によるものと考えられる。つまり，弦の振動数が増えれば，オシロスコープに現れる電圧の周期的な変化も回数が増えることになる。

ただし本問では，弦を強くはじいただけなので，弦の振幅は大きくなるが，振動数は変化しない。

> 波の波長は弦の長さ，波の速さは弦の張力と線密度で決まるので，いずれも変化せず，したがって，振動数も変化しない。

① 電圧の周期的な変化の回数が図3よりも増加している。弦の振動数は変化していないので不適。

② 電圧の周期的な変化の回数が図3よりも減少している。よって，①と同様に不適。

③ 弦が鉄心に近づくときと遠ざかるときとで，コイルを貫く磁束の増減は逆になると考えられるから，誘導起電力は正になったり，負になったりするはずである。よって，この選択肢は不適である。

④ 弦の振動数は変わらず，振幅は大きくなっているので，コイルを貫く磁束の変化についても振動数は変わらず，変化の幅は大きくなる。したがって，誘導起電力も振動数は変わらず，振幅が大きくなる。

以上より，正解は ④

問 2 オシロスコープで見られる誘導起電力は，コイルを貫く磁束が変化することにより生じる。つまり，鉄製のおんさの場合は磁束に大きな変化をもたらしたが，銅製のおんさの場合はほとんど影響を及ぼさず，誘導起電力がほとんど生じなかったのである。磁場中の鉄と銅の性質について考えると，鉄は周囲の磁場と同じ向きにきわめて強く磁化される性質をもつ。

> このような物質を強磁性体という。

一方，銅は周囲の磁場と逆向きに弱く磁化される性質をもつ。

> このような物質を反磁性体という。

よって，強く磁化される鉄製のおんさのほうが，強く磁化される分だけ周囲の磁場に与える影響が大きくなると考えられる。

したがって，選択肢の中で磁場に関連するものを選べばよい。

> 鉄の比透磁率は約8000，銅の比透磁率はほぼ1とみなせる。

以上より，正解は ⑥

32日目 資料の読み取り

49. 乾電池と太陽電池の特性

[問題のテーマ] 資料をもとに乾電池と太陽電池の特性を考える問題である。

解答

問1	1 ⑦	2 ⑦	3 ⑧	4 ④
問2	5 ④	6 ②		

[解答の指針] 資料の数値から傾向をつかみ，その特徴をグラフにしたとき，どのように表されるかを考える。

Keywords 資料の読み取り，オームの法則，ジュール熱

◆問題のポイント①（p.204 表1）

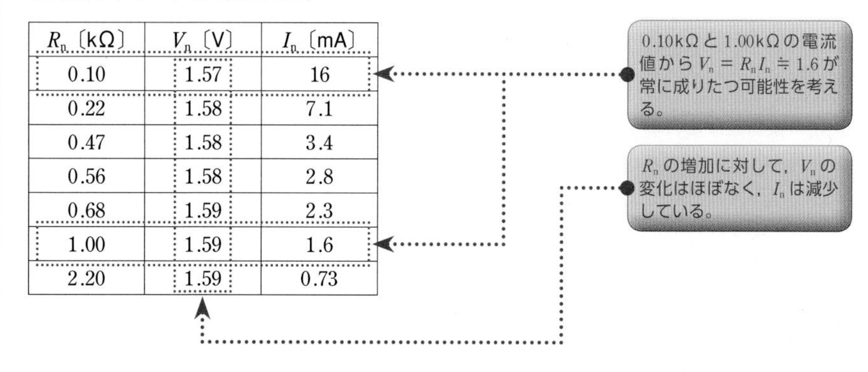

R_n〔kΩ〕	V_n〔V〕	I_n〔mA〕
0.10	1.57	16
0.22	1.58	7.1
0.47	1.58	3.4
0.56	1.58	2.8
0.68	1.59	2.3
1.00	1.59	1.6
2.20	1.59	0.73

◆問題のポイント②（p.204 表2）

R_n〔kΩ〕	V_n〔V〕	I_n〔mA〕
0.10	0.31	3.1
0.22	0.67	3.0
0.47	1.23	2.7
0.56	1.39	2.5
0.68	1.54	2.3
1.00	1.80	1.8
2.20	2.16	1.0

R_nの増加に対して，V_nは増加，I_nは減少している。

V_n，R_n，I_nは，ほぼオームの法則に従っている。
R_n ＝1.0kΩのようにグラフ上で判断しやすい値と，グラフの両端でのI_nの値の大小関係をもとに考える。

解説

問 1 まず，乾電池に抵抗を接続した場合を考える。
表1を見ると，抵抗に加わる電圧は抵抗の抵抗値によらず，ほぼ一定である。このことと，

オームの法則「$I = \dfrac{V}{R}$」より，I_n と R_n は反比例に近い関係にあると考えられる。

よって，I_n と R_n の関係を表すグラフは ⑦ …… [1] の答え
また同様に，抵抗に加わる電圧を定数とみなすことにより，電力と電圧，抵抗の関係式

「$P = \dfrac{V^2}{R}$」より，P_n と R_n も反比例に近い関係にあると考えられる。

ゆえに，P_n と R_n の関係を表すグラフは ⑦ …… [2] の答え

(別解) オームの法則「$I = \dfrac{V}{R}$」より，I_n が R_n に反比例していることが推測できる。表1より

$R_n I_n \fallingdotseq 1.6$ がほぼ成りたつので，I_n と R_n は反比例に近い関係にあると考えられる。

次に，太陽電池に抵抗を接続した場合を考える。
表2の数値のうち，グラフ上で判別しやすい点に着目すると

$R_n = 0.10\text{k}\Omega$ のとき，$I_n = 3.1\text{mA}$
$R_n = 1.00\text{k}\Omega$ のとき，$I_n = 1.8\text{mA}$
$R_n = 2.20\text{k}\Omega$ のとき，$I_n = 1.0\text{mA}$

$R_n = 2.20\text{k}\Omega$ のときを基準とし，$0.10\text{k}\Omega$，$1.00\text{k}\Omega$ のときの I_n の比率を考えると，適切なグラフは ⑧ …… [3] の答え
また，電力と電圧，抵抗の関係式「$P = I^2R$」より，上の3つの条件を当てはめると

$R_n = 0.10\text{k}\Omega$ のとき，$P_n \fallingdotseq 9.6 \times 10^{-4}\text{W}$
$R_n = 1.00\text{k}\Omega$ のとき，$P_n \fallingdotseq 3.2 \times 10^{-3}\text{W}$
$R_n = 2.20\text{k}\Omega$ のとき，$P_n = 2.2 \times 10^{-3}\text{W}$

3点の P_n は増減しており，そのようなグラフは ③ と ④。ここで，$0.10\text{k}\Omega$ の P_n と $1.00\text{k}\Omega$，$2.20\text{k}\Omega$ のときの P_n の比率を考えると，適切なグラフは ④ …… [4] の答え

問 2 問1より，乾電池と抵抗を接続した場合の P_n と R_n は反比例に近い関係にあるので，抵抗値が大きくなるほど，P_n は小さくなる。
よって，正解は ④ …… [5] の答え
また，太陽電池と抵抗を接続したときの P_n と R_n の関係を表す右のグラフから，抵抗値 R_n が特定の値をとるときに極大値をとっており，かつ最大値となっている。
ゆえに，正解は ② …… [6] の答え

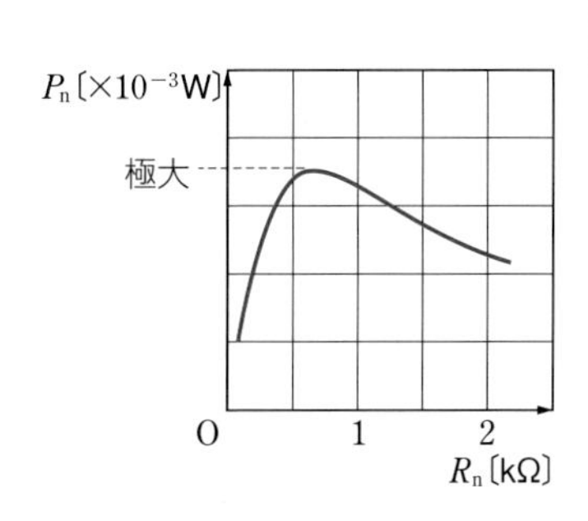

第5章

33日目 考察問題

50. ばねの単振動の周期

[問題のテーマ] ばねを用いた単振動について，その周期が何に依存しているかを考えさせる問題である。

解答　1　④

[解答の指針] 斜面の角度を θ とし，ばねにつながれた小球の単振動について，運動方程式を立て，θ に適切な値を代入して周期を比較する。

Keywords　考察問題，単振動，周期

解説

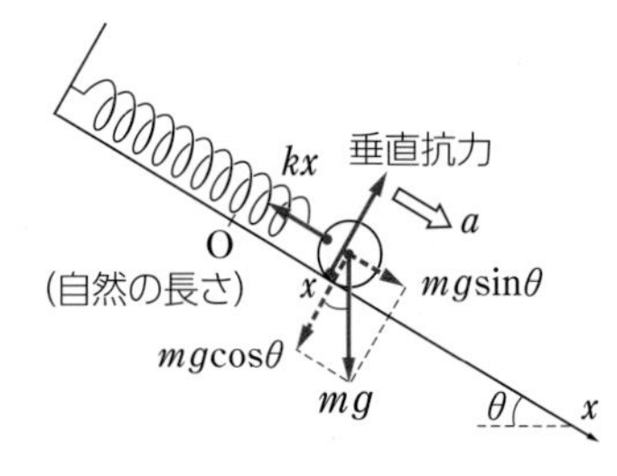

斜面の傾きの角を θ とすると，(a) は $\theta = 0°$，(b) は $\theta = 30°$，(c) は $\theta = 90°$ の場合とみなすことができる。
図のように斜面にそって下向きに x 軸をとり，ばねが自然の長さのときの小球の位置を原点とする。また，小球が座標 x にあるときの小球の加速度を a，重力加速度の大きさを g とすると，小球の運動方程式は

$$ma = mg\sin\theta - kx$$

よって　$a = -\dfrac{k}{m}\left(x - \dfrac{mg\sin\theta}{k}\right)$

となり，小球は，$x = \dfrac{mg\sin\theta}{k}$ を振動の中心とし，角振動数が $\omega = \sqrt{\dfrac{k}{m}}$ の単振動を行うと考えられる。

ゆえに，単振動の周期は $\dfrac{2\pi}{\omega} = 2\pi\sqrt{\dfrac{m}{k}}$ となり，θ によらないので，

$T_a = T_b = T_c$ と考えられる。

したがって，正しいものは ④

51. 電磁気の性質を用いた選別

[問題のテーマ] 電磁気の性質を用いて選別作業を行う機械について，選別される物体の性質から，適切な選択肢を考える問題。

解答　1　③

[解答の指針] まず，どのような現象が起こっているかを正確に把握する。そのうえで，適切な物質を考える。

考察問題，磁性体，導体，電磁誘導，渦電流，絶縁体

解説

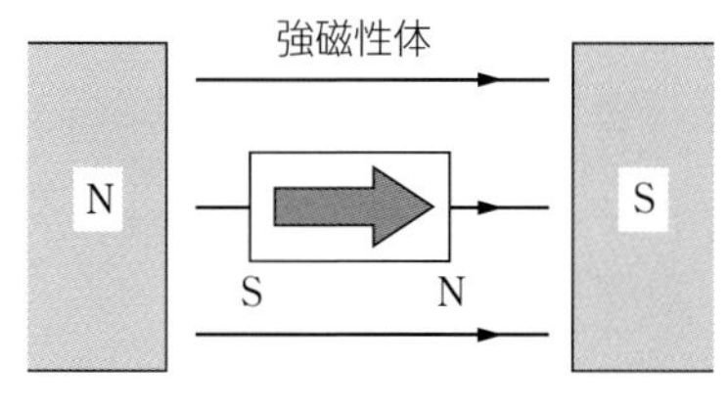

鉄は磁場の中に置かれたときに磁場の向きに強く磁化され，磁石の性質を強く帯びる物質（強磁性体）である。したがって，鉄は電磁石Aに強く引かれる。
残りの破片が磁石ドラムの位置にさしかかると，破片を貫く磁束が変化する。このとき，導体であるアルミニウムの内部には，電磁誘導によって渦電流が流れる。
渦電流により，永久磁石による磁束とは逆向きの磁場が生じるので，アルミニウムは磁石ドラムから反発力を受け，ベルトコンベアから離れた容器Bに入る。一方，プラスチックは導体ではないので力を受けず，そのまま落下し容器Cに入る。
以上より，正しいものは ③

(参考) 磁性体の種類
先述の通り，磁場の中に置かれたときに磁場の向きに強く磁化される物質を強磁性体という。ほかにも，同様の条件下で，磁場の向きに弱く磁化される物質を常磁性体，磁場の向きに対して逆向きに弱く磁化される物質を反磁性体という。

磁性体の例　強磁性体→鉄，コバルト，ニッケル
　　　　　　常磁性体→アルミニウム，空気
　　　　　　反磁性体→銅，水，水素

34日目 読解問題①（会話文）

52. 運動の勢い

[問題のテーマ] 運動の勢いの表記についての 2 つの意見を，それぞれ検討する問題である。

解答 　1 ⑨　2 ⓪　3 ⑤　4 ⑥

[解答の指針] 2 つの意見の内容を実際に式として立て，それらの式が何を表しているかを考える。

会話文の読み取り，運動量，力積，運動エネルギー，仕事

◆問題のポイント（p.216 問題文 5 〜 8 行目）

時間をはかり，その時間と力の大きさをかけたものを目安にすればよい」と主張した。花子は「それよりも，太郎君と同じように一定の力をはたらかせて，物体が止まるまでに進む距離をはかり，その距離と力の大きさをかけたものを目安にするほうがよい」と主張した。

（力の大きさ）×（時間）＝（力積の大きさ）

（力の大きさ）×（距離）＝（仕事の大きさ）

解説

図のように，質量 m，初速度 v_0 の台車に，一定の大きさの力 F を加え続けて静止させたとする。このときの移動距離を x，静止するまでの時間を t とおく。
太郎の考えは力積と運動量の関係から

$$-Ft = 0 - mv_0 \quad \text{ゆえに} \quad Ft = mv_0$$

となり，運動の勢いを運動量 mv_0 で表し，それを力積 Ft で測定しようというものである。
花子の考えは，仕事と運動エネルギーの関係から

$$-Fx = 0 - \frac{1}{2}mv_0^2 \quad \text{ゆえに} \quad Fx = \frac{1}{2}mv_0^2$$

となり，運動の勢いを運動エネルギー $\frac{1}{2}mv_0^2$ で表し，それを仕事 Fx で測定しようというものである。よって答えは

1 ⑨，2 ⓪，
3 ⑤，4 ⑥

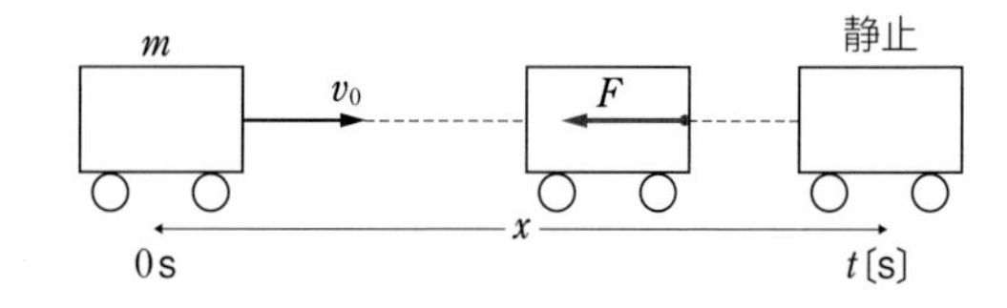

53. 落下運動と衝突

[問題のテーマ] たまごが割れないように，加わる力を小さくする方法を考え，実際に計算を行う問題。最後は，それまで考えた内容が周囲にどのように活用されているかを考える。

解答　問 1 [1] ③　　問 2 [2] ④　　問 3 [3] ⑤

[解答の指針] 会話文と問題文から，力と時間に着目していることが読みとれる。このことから，利用できそうな数式に当てはめて考えていく。

Keywords　会話文の読み取り，力積，加速度，運動方程式

◆問題のポイント (p.217 問題文 1 ～ 2 行目)

B：かごは空気抵抗を小さく，なおかつ，着地後に壊れてクッションの役割をしなきゃいけないわけか。

たまごに長く接することで，たまごに加わる力の大きさを小さくするはたらきのこと。

解説

問 1　速さ v でかごが地面に接触してから，質量 m のたまごが止まるまで，たまごの運動量は $+mv$ から 0 に変化する。この変化の大きさ mv は，たまごが受けた力積の大きさに等しい。たまごにはたらく力 F の時間変化が右のグラフのような場合，重力を無視できるとすると力積の大きさはこのグラフの面積になる。

接触　力 F　静止　v　+　Δt

力 F　力積　Δt　時間 t

したがって，接触時間 Δt を長くして力 F の最大値を小さくすれば，同じ運動量の変化があってもたまごは割れない。

よって，[ア] は小さく，[イ] は長く，となる。

以上より，最も適当なものは ③

問 2　たまごに作用している力を f とすると，下向きを正として，たまごの運動方程式

$0.06 \times (-500) = f$　　より　$f = -30\,\mathrm{N}$

以上より，最も適当な数値は ④

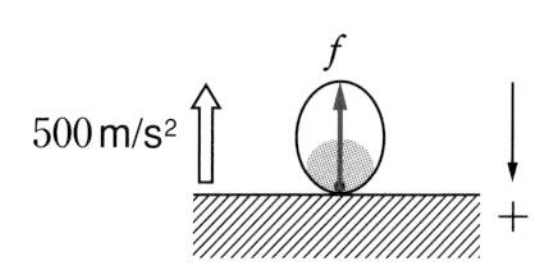

問 3　この競技で求められている工夫は，同じ運動量の変化があるときに作用する力を小さくすることである。この工夫によって，自動車が衝突したときに作用する力を小さくできる。

以上より，最も関係が深いものは ⑤

35日目 読解問題②（長文）

54. 半減期

[問題のテーマ] 原子核の崩壊現象と半減期について，知識だけでなく，問題文からも引用して考えさせる問題である。

解答 問 1 [1] ⑧　問 2 [2] ③　問 3 [3] ④

[解答の指針] 崩壊せずに残っている原子核の数をもとに，経過した時間と半減期の比を考える。

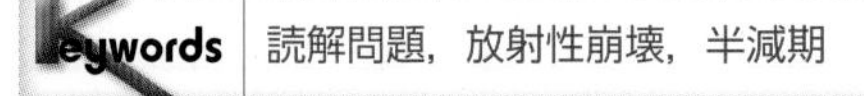

Keywords 読解問題，放射性崩壊，半減期

◆問題のポイント①（p.222　問題文 5 ～ 8 行目）

子核の個数が半減する，というように起きる。つまり，初めに N_0 個の放射性原子核が存在していると，それから時間 t の後に残っている放射性原子核の個数 $N(t)$ は

$$N(t) = N_0\left(\frac{1}{2}\right)^{\frac{t}{T}}$$

となる。この T を半減期とよぶ。

半減期の何倍 $\left(\frac{t}{T}\text{倍}\right)$ の時間が経過したのかを考える。

◆問題のポイント②（p.222　問題文 10 ～ 13 行目）

個数の比率 $R = \frac{{}^{14}_{6}\mathrm{C}\text{の個数}}{{}^{12}_{6}\mathrm{C}\text{の個数}}$ は，ほぼ一定であることが知られている。この ${}^{14}_{6}\mathrm{C}$ は，${}^{12}_{6}\mathrm{C}$ といっしょに光合成や食物連鎖を通して生物体内に取りこまれるため，生物が生きている間は，体内の R は一定に保たれるが，生物が死んで活動を停止すると，それ以後の取りこみは行われず，R は ${}^{14}_{6}\mathrm{C}$ の崩壊により減少していく。

${}^{12}_{6}\mathrm{C}$ は崩壊しないので，R が何倍になったかは，${}^{14}_{6}\mathrm{C}$ が何倍になったかを表している。

◆問題のポイント③（p.223　問 3　1 行目）

問 3 ある遺跡で見つかった木片の R を測定したところ，新しい木の $\frac{1}{8}$ であった。

新しい木では，${}^{14}_{6}\mathrm{C}$ の割合は減少していない。

解説

問 1 α 崩壊は，原子核中から中性子 2 つと陽子 2 つを 1 つの $^{4}_{2}$He 原子核として放出する現象である。1 回の α 崩壊により 1 つの $^{4}_{2}$He が放出されたとき，原子核は質量数が 4，原子番号が 2 減少した原子核になる。
一方 β 崩壊は，原子核中の中性子が陽子に変化し，電子が飛び出す現象である。1 回の β 崩壊により，1 つの電子が放出されたとき，原子核中の 1 つの中性子が 1 つの陽子に変化するため，原子核の質量数は変化せず，原子番号が 1 増加した原子核になる。
問題文より，$^{14}_{6}$C は崩壊することにより $^{14}_{7}$N となり，質量数が変化せず原子番号が 1 増加している。よって，この崩壊現象は β 崩壊であるとわかる。
以上より，正解は ⑧

問 2 半減期は，残留率 $\left(\dfrac{N(t)}{N_0}\right)$ が半分になるまでの時間である。
ここで，$\dfrac{1}{1024} = \left(\dfrac{1}{2}\right)^{10}$ であるから，問題文中の式と照らし合わせると $\dfrac{t}{T} = 10$
よって，半減期の 10 倍の 3.01×10^2 年が必要である。
ゆえに，正しいものは ③

問 3 木片の $^{12}_{6}$C の個数は変わらず，$^{14}_{6}$C の個数が $\dfrac{1}{8} = \left(\dfrac{1}{2}\right)^{3}$ 倍になっているので，半減期の 3 倍の $5700 \times 3 = 17100 \fallingdotseq 2 \times 10^4$ 年経過していることになる。
よって，正しいものは ④

第5章

ISBN978-4-410-11937-8

チャート式®問題集シリーズ
35日完成！大学入学共通テスト対策
物理
解答編

編　者　数研出版編集部
発行者　星野泰也
発行所　**数研出版株式会社**
本　社
〒101-0052　東京都千代田区神田小川町2丁目3番地3
〔振替〕00140-4-118431
〒604-0867　京都市中京区烏丸通竹屋町上る大倉町205番地
〔電話〕代表　(075) 231-0161
ホームページ　https://www.chart.co.jp
印　刷　河北印刷株式会社

211002

11937 A